中等职业学校规划教材

仪器分析

—— 第三版 ——

谭湘成　主编

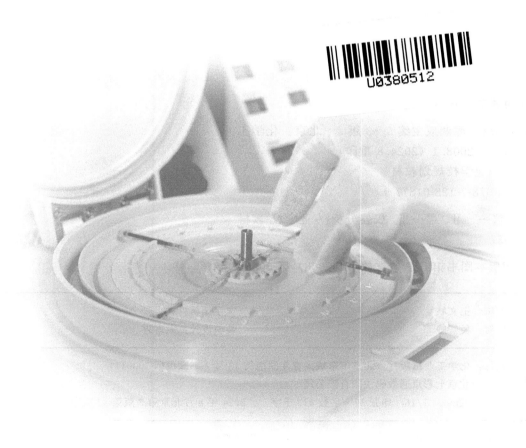

U0380512

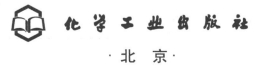

化学工业出版社

·北 京·

内容提要

本书是在 2001 年出版的《仪器分析》第二版基础上修订而成的。全书共十一章，内容包括紫外可见分光光度法、红外光谱法、原子吸收分光光度法、气相色谱法、高效液相色谱法、电位分析、库仑分析、电位溶出分析与极谱分析、原子发射光谱分析、质谱分析、核磁共振波谱分析、X 射线荧光分析。为便于教学，编排了适量例题、习题或思考题，部分章节还附有教学建议。

本书为中等职业学校工业分析专业教材。书中有较多应用知识，亦可作厂矿分析技术人员的参考书。

图书在版编目（CIP）数据

仪器分析/谭湘成主编 . —3 版 . —北京：化学工业出版社，2008.1（2024.8 重印）
中等职业学校规划教材
ISBN 978-7-122-01877-9

Ⅰ. 仪⋯ Ⅱ. 谭⋯Ⅲ. 仪器分析-专业学校-教材
Ⅳ. O657

中国版本图书馆 CIP 数据核字（2008）第 008588 号

| 责任编辑：王文峡 | 文字编辑：林　丹 |
| 责任校对：吴　静 | 装帧设计：尹琳琳 |

出版发行：化学工业出版社（北京市东城区青年湖南街 13 号　邮政编码 100011）
印　　装：北京七彩京通数码快印有限公司
787mm×1092mm　1/16　印张 17　字数 413 千字　2024 年 8 月北京第 3 版第 11 次印刷

购书咨询：010-64518888　　　　　　售后服务：010-64518899
网　　址：http://www.cip.com.cn
凡购买本书，如有缺损质量问题，本社销售中心负责调换。

定　价：36.00 元

第三版 前 言

1991 年本书第一版问世,满足了当时教学的需要,在此基础上,2001 年做了一些去旧更新工作出版了第二版,在过去的 17 年中,本书得到了同仁的认可和支持,在此深表感谢。

为提高教学质量,因材施教显得十分重要。此次对教材部分内容进行了完善,例如增补应用实例的计算示范,解决部分同学计算难的问题。此次还对本书的必学内容提出了教学建议,如可见分光光度法、原子吸收光谱法、电位分析法、气相色谱及高效液相色谱法。

本书注重理论的应用性和通俗性,注重技能的介绍,许多应用实例以列表形式作了介绍,有些经验的分析工作者即可根据表中的实验条件,制订出操作规程,进行样品分析。此次增补的应用实例计算示范、教学建议及评述,力求使学生在有限的学时里熟练掌握重点内容和专业技能。

笔者虽有 40 余年工作经历,但限于水平,书中难免存在不妥之处,欢迎各位同仁、读者批评指正。

编者
2008 年 1 月

第一版 前 言

本书是在使用多年的《仪器分析》讲义基础上，根据 1987 年 2 月化工部化工中专工业分析专业教材编委会在广州会议修订的"仪器分析教学大纲"所规定的教学内容修改编写而成的。

仪器分析方法包括的内容很广，本书根据教学大纲的要求，重点阐述比色及可见紫外分光光度分析、原子吸收光谱分析、气相色谱分析、电位分析；对红外光谱分析、液相色谱分析、库仑滴定分析、极谱分析、原子发射光谱分析作精简论述；对于教学大纲不要求的质谱分析、核磁共振波谱分析、X 射线荧光分析也作了极简单介绍，作为选修内容。本节各章的重点是仪器分析方法原理，仪器结构原理，定性定量方法，操作条件的选择。本书注重实践经验和指导实践的基本理论、基本知识，也注意到了内容精简适用，通俗易懂。

本书 1983 年编写成讲义试用多年，后经化工部化工中专工业分析专业教材编委会征稿，评审择优，1988 年 11 月编委会又讨论并通过了编写大纲，重新编写。由湖南化工学校谭湘成担任主编，并编写了第一、二、五、六、七、八、十一章，北京化工学校秦世瑞编写第三、四、九、十章，由谭湘成负责统稿。1989 年 12 月教材编委会在湖南株洲召开了审稿会，由新疆化工学校高级讲师刘德生担任主审。

限于水平，缺点和错误难免，敬请各位同仁、读者批评指正。

编者
1990 年 6 月

第二版　前　言

本书第一版自 1991 年出版以来已有 10 年，得到同仁的支持和认可，在此深表谢意。

由于现代仪器分析技术的高速发展，本书有必要对一部分内容进行去旧更新，并同时兼顾高等职业教育的需要。建议"中职"学好第二章紫外-可见分光光度法、第四章原子吸收光谱法、第五章气相色谱法、第六章高效液相色谱法、第七章电位分析法，其他作自学或选学内容。"高职"则要求知识面、技术面宽一点，除第十一章为选修内容外，其他基本上都应作必修内容。但是就业方向不同，侧重点应有区别，例如去地质、冶金系统就业者，色谱分析的学习课时可减少，而原子发射光谱分析，特别 ICP 光谱应该学习和了解。如果从事环境监测则溶出伏安法必须学习。

本书注重理论的应用性和通俗性，注重知识应用和技能的介绍。例如火焰原子吸收法应用表，列举了十多个常见元素的实测方法，按表中的操作条件，就可完成常见元素的测定。又例如色谱数据处理机的应用，其具体操作也作了介绍。高效液相色谱在农药、医药获得较广的应用和发展，故本书充实了一些内容。ICP 多通道自动光谱，是测定各种元素的快速准确的先进方法，本书增补了这方面的知识。

李继睿参加了第三章红外分光光度的编写。张桂文对少数实验资料提供了帮助。本书初稿完成后，李继睿对全稿进行阅读核查，然后由主编再详细检查修改，最后又由张桂文阅览。虽然工作比较细致，但限于水平，不妥之处仍然难免，敬请同仁、读者批评指正。

编者
2001 年 6 月

目　　录

绪　　论

　　分析化学是研究物质组成的科学，它包括化学分析、仪器分析两部分。化学分析包括滴定分析和称量分析，它是根据物质的化学性质来测定物质的组成及相对含量。仪器分析的方法很多，它是根据物质的物理性质或物质的物理化学性质来测定物质的组成及相对含量。仪器分析需要精密仪器来完成最后的测定，它具有快速、灵敏、准确的特点。化学分析是基础，仪器分析是目前的发展方向。

　　仪器分析自 20 世纪 60 年代以来发展速度极快，新的仪器、新的方法不断涌现，使分析化学进入黄金时代。仪器分析在我国的石油、化工、冶金、地质、国防、环境保护、生命科学等领域的应用突飞猛进。在精密仪器分析制造方面也发展迅速，自动化和半自动化仪器不断出现，目前分析仪器开始进入微机化，能自动扫描、自动处理实验数据，自动、准确打印分析结果。仪器分析应用日趋广泛，前途宽广。

一、仪器分析方法分类

　　根据测定的方法原理不同，可分为光化学分析法、电化学分析法、色谱法、其他分析法等四类。

　　（一）光化学分析法

　　光化学分析包括吸收光谱、发射光谱两类，它是基于物质对光的选择性吸收或被测物质能激发产生一定波长的光谱线来进行定性、定量分析。它包括下列方法。

　　（1）比色法　比较溶液颜色深浅来确定物质含量的分析方法。它包括目视比色法、光电比色法。

　　（2）分光光度法　又称吸光光度法，是基于物质的分子或原子对光产生选择性吸收，根据对光的吸收程度来确定物质含量。它包括紫外-可见分光光度法、红外分光光度法、原子吸收分光光度法。

　　（3）原子发射光谱法　基于物质中的原子能被激发产生特征光谱，根据光谱的波长及强度进行定性定量分析。

　　（二）电化学分析法

　　基于物质的电化学性质，产生的物理量与浓度的关系来测定被测物质的含量。它包括下列方法。

(1) 电位分析法　直接电位法，电位滴定法。

(2) 电导分析法　直接电导法，电导滴定法。

(3) 库仑分析法　库仑滴定法，控制电位库仑法。

(4) 极谱分析法　经典极谱法，示波极谱法，溶出伏安法。

（三）色谱分析法

基于物质在两相中分配系数不同而将混合物分离，然后用各种检测器测定各组分含量的分析方法。目前应用最广的有如下四种方法。

(1) 气相色谱分析　流动相为气体，固定相为固体或液体者。

(2) 高效液相色谱法　流动相为液体，固定相为固体或液体者。

(3) 薄层层析法　将载体均匀铺在一块玻璃板上形成薄层，被测组分在此板上进行色谱分离，用双波长薄层扫描仪自动扫描测定其含量。载体上被分离的被测物亦可刮下，用其他方法测定之（如滴定法、分光光度法）。

(4) 纸色谱　以层析纸作载体，以水或有机溶剂浸析点在纸上的被测样品，达到被测组分与其他组分彼此分离。

（四）其他分析法

以上三种方法是目前最常见的分析方法，由于仪器分析发展迅速，其他仪器分析方法甚多，如差热分析法、质谱分析法、放射分析法、核磁共振波谱法、X射线荧光分析等。

二、仪器分析的作用

仪器分析在各个领域中的应用日趋广泛，进展迅速，由于科学技术的发展，对现代分析化学提出许多新课题，仪器分析与化学分析取长补短，在各个战线上发挥重要作用。

（一）石油工业和化学工业方面

建国50余年来，我国石油工业和化学工业取得了巨大的成就，分析化学在此领域中也取得了很大的进展，先进的分析技术广泛应用于化工生产，例如高效毛细管色谱，红外和紫外光谱、核磁共振、色谱-质谱-计算机联用，已在石油、化工的生产和科研中广泛应用。对原油中的气体、汽油、柴油至润滑油的组成都作了系统分析，从而对我国石油有了一定的了解。对原油中 $60 \sim 165 ℃$ 的馏分，用 $80m$ 长、内径 $0.3mm$、以角鲨烷涂渍的毛细管柱进行色谱分析，得到了130个色谱峰。还用毛细管色谱-质谱-计算机联用鉴定未知峰，共鉴定出123个组分，解决了复杂组分的测定。对石油中的无机元素，采用了原子发射光谱、原子吸收光谱、X射线荧光光谱、微库仑、极谱、离子选择性电极等先进分析手段，解决了微量元素的分析。

对于有机化工厂的控制分析，大型氮肥厂的气体分析，石油工业的天然气、油田气、裂解气，大都采用先进的气相色谱技术，配有微机的气相色谱仪，能自动画出色谱图、自动打印保留时间，自动打印出分析结果，大大提高了分析速度和准确度。

（二）环境保护

近年来环境保护及其研究已在世界各地受到普遍重视。通过环境监测还揭示了一些奥妙，例如饮软水区域的居民，心血管病死亡率比饮硬水[含 $Ca(HCO_3)_2$]区域的高约 50%；

缺锂、钒区域冠心病死亡率显著增高；食道癌高发地，土质中钼、镁元素缺乏并发现亚硝酸和二级胺有致癌作用；高血脂引起心血管与缺锌、铜有关，动物实验也证明了这一点；癌组织分析，其中含镍、铍、镉、硒较多。法国一液相色谱工作者通过分析发现，香烟烟雾中含致癌物质苯并芘。水中、空气中的有害物质，农作物中的农药残毒，其含量都是微量，都需靠仪器分析手段来完成，故仪器分析是环境监测的顶梁柱，几乎所有现代分析手段，如气相色谱、液相色谱、原子吸收光谱、中子活化、火花质谱、电子探针、离子探针、电子光谱都得到应用。多种现代分析方法与计算机联用的大型监测站、监测车、监测船也在环境监测中得到应用和发展。

（三）冶金分析

黑色冶金与有色冶金方面，化学分析在仲裁分析及湿法快速分析中仍继续起重要作用。由于仪器分析的发展，使分析速度、灵敏度和自动化程度有很大提高。成绩显著的是 ICP 原子发射光谱、原子吸收光谱、X 射线荧光光谱等。

由于炼钢速度加快，新钢种的研制及计算机对生产的自动控制，对分析提出新的要求。如氧气顶吹转炉炼钢只需二十多分钟，而炉前分析是关键。采用 ICP 光谱，X 射线荧光光谱，几分钟可测 20 多个元素，可电传在车间显示分析结果，满足了快速炼钢的要求。对钢铁及合金物相（成分、分布、形态、晶体结构等）及表面分析已采用电子探针、离子探针、电子光谱等。

（四）药物分析

仪器分析在药物的结构分析、成分分析、中草药分析中得到了广泛应用。例如混合物分离方面，广泛采用气相色谱、液相色谱。药物的结构分析，近年来主要依靠红外光谱、紫外光谱、核磁共振、质谱分析等先进手段。

（五）食品工业

食品是人类生存、社会发展的物质基础。人们膳食结构的好坏，不仅影响当代人的健康和寿命，还关系到子孙后代的生长发育和智力的发展。所以现代食品工业都要对食品中的有益成分和有害成分进行检测。

目前食品分析中除采用化学法外，已广泛应用紫外-可见分光光度分析法、原子吸收光谱法、气相色谱法。例如用原子吸收光谱法测定食品中的微量元素，用气相色谱仪测定农作物中的农药残毒及其他有机物，用氨基酸仪对食品中的氨基酸进行定性、定量测定。酿酒工业目前已广泛采用气相色谱进行控制分析。现代分析手段引入食品工业，大大促进了食品工业的发展，保证了食品的质量。

（六）科学研究方面

各个科学领域，其研究工作必须有现代分析手段相配合，它是科学实验的眼睛，而现代分析的不断改进又促进科学技术的发展。例如 1953 年在生物学上出现了一次引人注目的重大突破，揭示了遗传之谜，发现了遗传密码——核糖核酸，从而使生物学进入了第三阶段的发展，即分子生物学阶段。生物学之所以发展到这一阶段，主要引入了大量的高精密实验观测手段和检测手段，如核磁共振波谱仪，激光发射光谱仪、色谱仪等，而高效液相色谱仪可以分析和制备核糖核酸。核糖核酸的提取和制备，对动植物品种改良带来可喜前景，科学家幻想将豆科植物根部有固氮作用的遗传密码注入稻种中，如果稻种的根部也有固氮作用，则稻田中就出现了千千万万个微型氮肥厂。

三、仪器分析的发展概况

科学技术的发展，对分析检测技术不断提出新的研究课题：从常量到痕量分析；从总体到微区分析；从整体到表面分析；从定性定量到微观结构分析；从静态到追踪分析。要求快速、灵敏、准确、多效、自动化地检测物质的组成、含量、状态、价态及结构。它鞭策着仪器分析技术不断向前发展。目前仪器分析的发展趋势仍具如下三大特点。

（一）新的仪器、新的仪器分析方法不断涌现

现代最新科学技术成就，如等离子体、激光、计算机都引入了分析仪器中，使这一门科学技术得到飞速发展。使新的分析仪器不断推出，如 ICP 发射光谱仪、激光光谱仪等。由于科学技术的发展，新的仪器分析方法也不断涌现，如电子能谱法、溶出伏安法等。

（二）分析仪器微机化和自动化

目前世界各地展出的分析仪器，一个共同的特点是微机化和自动化，例如 ICP 直读光谱仪、X 射线荧光光谱仪都微机化和自动化了，几分钟之内能自动报出几十个分析结果。又例如我国生产的色谱数据处理机，能自动打印出色谱图、保留时间、归一化法报出各组分的含量。国产的 7530 紫外分光光度计能自动扫描绘制吸收光谱曲线，能同时打印九个曲线，能自动校正波长，自动打印工作曲线。

（三）多机联用

为解决一些复杂课题，根据各仪器的特长，两种以上的仪器组合在一起，取长补短，例如气相色谱仪、液相色谱仪分离效能最佳，而红外光谱仪、质谱仪定性、确定分子结构的能力最佳，故目前有气相色谱-质谱联用仪，液相色谱-质谱联用仪，气相色谱-红外光谱联用仪，还可以与计算机联用。

第 57 届匹兹堡分析化学及应用光谱学学术会议暨展览会，2006 年 3 月 12～17 日在美国佛罗里达州中部城市举行，注册人数达两万余人，有 120 个国家及 130 余家厂商参加，中国派有较大代表团。

会议论文甚多，涉及生命科学、生物技术、分析化学、食品科学、制药工业、纳米材料等热点领域。会议报告：质谱仪器及其应用趋热，手提式质谱仪问世。其他仪器的新进展有：①美国研发体积小、价格低的 ICP 光谱仪；②意大利的 Dario Narducci 提出了一种检测痕量炸药的气体检测器，传感器可以检测数十个 10^{-9} 的气体。

在该会议上，仪器分析具有如下特点：①现场在线仪器快速发展，如现场同位素气体检测；②仪器体积微型化；③信息技术广泛应用；④环境监测和生命科学成为主要的应用领域。

总之，现代分析化学已成为科学技术的先进领域，并且不断向前发展，需要不断学习新知识，掌握先进技术。

思　考　题

1. 简述仪器分析与化学分析的异同。
2. 仪器分析在各个领域中的作用是什么？
3. 仪器分析的发展概况如何？

4. 仪器分析有哪些分析方法？

教 学 建 议

　　第一章绪论，其目的是使初学者了解本课程的基本内容，了解主要的仪器分析方法在各个领域中所起到的重要作用。

　　仪器分析作为一种重要的分析检测手段，分析方法、分析仪器在不断更新、完善，在学校的学习时间有限，不可能掌握所有的仪器分析方法。作为中等专业技术员的培养，可选择实际使用较广的紫外-可见分光度法，电位分析法，原子吸收光谱法，气相色谱法及高效液相色谱法作为学习重点，作为必学内容。

拓 展 知 识

　　① 紫外-可见分光法：在所有的分析检测单位中都有此种分析方法。可见分光光度计，价格便宜，操作简单，可测低含量的有机物及无机金属离子等，例如测水中微量铁，纯碱中及其他化工产品中的微量铁，和测尿素中的微量缩二脲（不利植物生长）。用差示光度法可测高含量成分。

　　紫外分光光度法，目前广泛应用于医药、农药分析，紫外分光光度计或紫外-可见分光光度价格也不很贵，操作也较简单（带微机者稍复杂一点），此方法对所有不饱和的有机化合物都产生吸收，都可进行测定，既可测低含量，也可测高含量。

　　② 电位分析：在所有的分析室中广泛使用，直接电位法测溶液 pH，能准确至0.02pH，氟离子选择性电极测 F⁻，已定为国家标准。此法可测数十个（约50）无机正、负离子，以测低含量为主。电位滴定法可测高、低含量，可测混浊、有色溶，即普通滴定分析找不到合适指示剂，可用电位滴定法。

　　③ 原子吸收分光光度法：以测定金属元素为主，主要测低、微含量，也可测中、高含量，不过对于高含量的金属元素，化学分析中的滴定分析仍承担重要任务。原子吸收分光光度法广泛应用于地质、冶金、环保、化工等，分析速度很快，如果是液体样品，1min 即可测一个样品。原子吸收光谱仪虽属大型仪器，但国产仪器质量已过关，价格亦较为适中。

　　④ 气相色谱及高效液相色谱法：气相色谱可测相对分子质量小于 400 的有机物，亦能测部分在 400℃ 以下能气化的无机物，气相色谱法高低含量都能测定。高效液相色谱能测相对分子质量大于 400 的有机物。有机物种类繁多，当今的石油化工及各种有机工厂离不开色谱分析。目前国产气相色谱分析仪质量已经过关（一般色谱仪），附两个检测器的气相色谱仪价格较适宜，应用已经普及。至于高效液相色谱仪，普及程度略低，因为高效液相色谱仪进口居多。

　　关于选修的仪器分析法，不是说这些方法不重要，而是大多数属高科技，且仪器较贵，只有少数科研单位或大工厂才具备买这些大型仪器的条件，应用不广泛，故定为选修内容。如果今后工作需要可派出短期实训。

　　① 红外分光光度法：主要用来测有机物的分子结构，不同的物质有不同的红

外光谱图，不会完全雷同，将未知物的红外光谱图与已知（标准）光谱图对照，即可知道未知物属何物。当然也可作一部分定量分析。但红外光谱应用还不普及，此仪器管理要求较高，因为分光系统的窗口需要 KBr 等晶片，红外线才能通过。水是晶片的腐蚀剂，因此仪器的工作室湿度要求低，至少要求置放吸湿机，有的还采用空调器，再加上去湿机。

② 原子发射光谱法：是一种测定物料中低、微含量金属元素的有效方法，它是通过电弧使物料中的各元素激发，原子中的电子跃迁产生不同波长的光谱线，一种元素能产生许多谱线，混合物（如矿物）的谱线就更多了，这些谱线通过摄谱仪，在乳胶板上摄下色散了的谱线，在固定的条件下，显影、定影，产生了元素的光谱图（相当于照相底片），根据光谱图可以对物料所有元素定性、定量、半定量。此种方法操作稍复杂，仪器较昂贵，元素谱线太多，要熟练掌握需要加以时日。

近年来生产的 ICP 光谱仪，通过高频感应在 Ar 气中产生等离子体焰炬，温度可达 10000K。仪器具有多通道分光系统，能自动检测物料中各元素的含量，目前广泛应用于地质、冶金等。ICP 光谱仪虽然方法先进，但由于价格较高等因素，普及还不容易。据报道，我国有 JXY-1010 型 MPT 光谱仪，波长 180～800nm，是微波等离子体炬原子发射光谱仪，在国内实现了商品化，报道称微波功率低（50～200W），分析速度快。第 57 届匹兹堡分析化学及应用光谱学学术会议的报告中，美国在研发体积小、价格低廉的 ICP 光谱。如果有了物美价廉的 ICP 光谱，则普及有望。教学重点也会随之发生变化。

③ 库仑分析法：通过测量电解的电量（时间×电流），即可算出被测物的含量。可通过自动库仑仪测定石油中硫、金属中含碳量。此法不需要基准物，只需准确测出电解的时间和电流，即可计算被测物含量。例如用 KI 电解液，将被测试液（含 $Na_2S_2O_3$）放入电解液中，并加入指示剂淀粉溶液，将二铂电极插入溶液，使 Pt 阳极产生 I_2 与 $Na_2S_2O_3$ 反应，终点呈蓝色，记下电解的时间（s）和电流（mA），即可以计算出 $Na_2S_2O_3$ 的量（mg）。此方法宜推广，但目前实际应用不十分广泛，故本书仍定为选修内容。

④ 极谱法与阳极溶出伏安法及阴极溶出伏安：此法主要测低含量金属元素，亦可测定能在汞电极上产生氧化还原反应的有机物。该法早期得到了广泛应用，是仪器分析的重要学习内容，后来随着原子吸收光谱、气相色谱的发展，极谱分析的地位下降，使用单位减少，但冶金、地质等行业仍有部分在使用。溶出伏安法是在极谱分析（特殊的电解分析）的基础上，加一个富集装置，可以测出超微量的组分，目前在环保分析中得到应用。

⑤ 质谱分析法：是分析 ^{235}U 的唯一重要的分析工具，系大型分析仪器之一，除分析不同质量的金属离子外，还可研究高分子的分子结构。1987 年清华大学实验室已拥有质谱仪，核磁共振波谱仪，系用来研究高分子的分子结构等。

第 57 届分析化学及应用光谱学学术会议报道，质谱仪应用趋热，手提式仪器问世，估计将会加速应用、推广。

⑥ 核磁共振波谱法：是测定有机物分子结构的重要工具之一，基于化合物中的 ^1H（氢）质子等对 10～100nm 的射频波谱产生吸收，各种质子产生不同程度的

吸收，且 H^+ 的吸收程度与分子中的周边环境（同一碳中连有其他杂原子团）有关，是研究杂原子团分子结构的重要工具。

⑦ X 射线荧光分析：主要测固体样品中的金属元素。基于用 X 射线照射样品，样品中原子的内层电子产生荧光 X 射线，不同元素，波长不同，经晶体分光系统分开，能同时测出各元素含量。它是一种大型分析仪器。

第二章

紫外-可见分光光度法

◆ 概述
◆ 物质对光的选择性吸收
◆ 光的吸收定律
◆ 目视比色法与比浊法
◆ 紫外-可见分光光度计
◆ 紫外吸收光谱
◆ 紫外-可见分光光度法的应用
◆ 显色与操作条件的选择

第一节　概　述

许多物质是有颜色的，如 $KMnO_4$ 呈紫红色，$K_2Cr_2O_7$ 呈橙色，$NiNO_3$ 呈绿色，含水 $CoCl_2$ 呈红色，无水 $CoCl_2$ 呈蓝色。无色物质也可通过化学反应生成有色化合物，例如四价钛离子在水溶液中与过氧化氢生成黄色配合物，铋和铅离子能与二甲酚橙生成红色螯合物，铜、镉、汞等金属离子与二硫腙（打萨腙）生成红色配合物，二价铜离子与氨生成深蓝色配合物，三价铁离子与硫氰离子生成血红色配合物，二价铁离子与邻二氮菲（又名邻菲罗啉）生成橙红色配合物。这些溶液的颜色深浅与浓度有关，浓度愈大，溶液颜色愈深。因此，用比较溶液颜色深浅来确定物质含量的方法叫比色分析法。

用目视比色法测定物质浓度的方法，已不广泛使用，而是用可见分光光度计来测定有色物质对某波长光的吸收程度来确定物质含量的方法，叫可见分光光度法。实验证明，不少无色物质也能吸收紫外光和红外光，所以用紫外分光光度计来测定物质含量的方法称紫外分光光度法；用红外分光光度计来测定物质的分子结构或含量的方法，称红外光谱法。本章仅讨论紫外-可见分光光度法。紫外-可见分光光度法具有如下特点。

（一）灵敏度高

滴定分析和称量分析一般只适用于常量组分的测定，不能测定微量组分，而紫外-可见分光光度法可测 $10^{-6} \sim 10^{-5} \text{mol/L}$，相当于含量为 $0.0001\% \sim 0.001\%$ 的物质。

【例 2-1】　某纯碱含铁 0.0015%，若称样 4.000g，用 $0.05\text{mol/L}\left(\dfrac{1}{6}K_2Cr_2O_7\right)$ 的标准溶液去滴定此样品，需消耗 $K_2Cr_2O_7$ 溶液多少毫升？

解　按等物质的量反应公式可以计算。

$$V_{K_2Cr_2O_7} \times c\left(\frac{1}{6}K_2Cr_2O_7\right) = \frac{m_{Fe}}{M_{Fe}} \times 1000$$

$$V_{K_2Cr_2O_7} = \frac{0.0015\% \times 4.000}{55.85 \times 0.05} \times 1000 \approx 0.02(ml)$$

这样微量的物质当然不能用滴定分析方法来完成。但是，如果将 4g 上述纯碱试样溶于 50ml 容量瓶中，在微酸性溶液中，加入还原剂盐酸羟胺或抗坏血酸，再加入邻二氮菲显色剂，可得到明显的橙红色邻二氮菲亚铁配合物溶液，用分光光度计可准确测定其含量。

（二）准确度较高

一般比色分析的相对误差为 5%～20%，分光光度法相对误差为 2%～5%，其准确度虽不如滴定分析和称量分析，但对微量分析是符合要求的。例如某物质的真实含量为 $10\mu g/ml$，如果测定结果为 $9\mu g/ml$ 或 $11\mu g/ml$，其相对误差为 ±10%，这样的分析结果还是令人满意的，这样低的含量，化学分析法是无法完成的。

（三）操作简便、分析速度快

分光光度法的操作比较简便，容易掌握，试样处理成溶液后，一般只要显色和测定两个步骤即可得到分析结果。近年来不断研制出灵敏度高、选择性好的显色剂，而掩蔽剂也不断增加，所以测定过程中一般不需要经过分离手续就可进行测定。在控制分析中，几分钟即可得到分析结果，例如炼钢中硅、锰、磷三元素炉前快速光电比色测定，数十秒钟即可报出分析结果。

（四）应用广泛

大部分无机离子和有机物，都可以直接或间接用紫外、可见分光光度法进行测定。凡有分析任务的工厂、矿山、科研单位都获得广泛应用。例如尿素中微量铁及缩二脲的测定。

第二节   物质对光的选择性吸收

一、光的特性

光是一种电磁辐射，具有波和粒子的二象性。光的最小单位为光子，光子具有一定的能量（E），它与光波频率（ν）或波长（λ）的关系为

$$E = h\nu = h\frac{c}{\lambda \times 10^{-7}}$$

式中 E ——能量，eV；

       h ——普朗克常数，6.626×10^{-34} J·s；

       ν ——频率，Hz；

       c ——光速，真空中约为 3×10^{10} cm/s；

       λ ——波长，nm❶。

表 2-1 为各种电磁波谱的波长范围。

---

❶   1m（米）$= 10^2$ cm（厘米）$= 10^3$ mm（毫米）$= 10^6 \mu m$（微米）$= 10^9$ nm（纳米）$= 10^{10}$Å（埃）。

表 2-1　各种电磁波谱的波长范围

区　域	波长单位		区　域	波长单位	
	m	常用单位		m	常用单位
γ 射线	$10^{-12} \sim 10^{-10}$	$10^{-3} \sim 0.1\text{nm}$	红　外	$7.6 \times 10^{-7} \sim 5 \times 10^{-5}$	$0.76 \sim 50\mu\text{m}$
X 射线	$10^{-10} \sim 10^{-8}$	$0.1 \sim 10\text{nm}$	远红外	$5 \times 10^{-5} \sim 10^{-3}$	$50 \sim 1000\mu\text{m}$
远紫外	$10^{-8} \sim 2 \times 10^{-7}$	$10 \sim 200\text{nm}$	微　波	$10^{-3} \sim 1$	$0.1 \sim 100\text{cm}$
紫　外	$2 \times 10^{-7} \sim 4 \times 10^{-7}$	$200 \sim 400\text{nm}$	无线电波	$1 \sim 10^{3}$	$1 \sim 1000\text{m}$
可　见	$4 \times 10^{-7} \sim 7.6 \times 10^{-7}$	$400 \sim 760\text{nm}$			

从上式可知，能量 E 与频率 ν 成正比，与波长 λ 成反比，即波长愈长能量愈小，波长愈短能量愈大。故不同的波长具有不同的能量，可通过上式进行计算。

可见光的波长范围为 $400 \sim 760\text{nm}$，它是由红橙黄绿青蓝紫七色按一定比例混合而成白光。各种颜色的近似波长如下。

紫色　　$400 \sim 450\text{nm}$

蓝色　　$450 \sim 480\text{nm}$

青色　　$480 \sim 500\text{nm}$

绿色　　$500 \sim 560\text{nm}$

黄色　　$560 \sim 590\text{nm}$

橙色　　$590 \sim 620\text{nm}$

红色　　$620 \sim 760\text{nm}$

各种有色光之间并无严格的界限，例如绿色和黄色之间有各种不同色调的黄绿色。

二、溶液颜色与物质对光的选择性吸收

溶液颜色是基于物质对光有选择性吸收的结果。例如透明溶液，是可见光都能透过，故无色；如果溶液只透过一部分光波，则溶液产生透射波长光的颜色，例如绿色溶液是基于溶液吸收了紫色光而透过绿色光；蓝色溶液是溶液吸收了黄色光而透过蓝色光。实验证明这样两种单色光也能按一定比例混合为白光，称这两种光互为补色。图 2-1 中直线关系者互为补色。

图 2-1　各种光的互补

三、吸收光谱曲线

已知溶液呈现不同颜色，是基于物质对光选择性吸收的结果，而溶液对各种不同波长光的吸收情况，通常用光谱曲线来描述，吸收光谱曲线是通过实验求得：将不同波长的光依次通过固定浓度的被测溶液，用分光光度计测量每一波长下相应对光的吸收程度（吸光度），以波长 (λ) 为横坐标，以吸光度 (A) 为纵坐标作图，可得一曲线，这曲线称吸收光谱曲线，它描述了物质对不同波长光的吸收程度。

现以邻菲罗啉亚铁吸收曲线说明之。二价铁离子在 pH 值 $5 \sim 6$ 的溶液中与邻菲罗啉生成橙红色配合物，当铁浓度分别为 $0.6\mu\text{g/ml}$、$0.8\mu\text{g/ml}$、$1.0\mu\text{g/ml}$ 时，在分光光度计用不同波长依次通过三个不同浓度的溶液，可测得它们相应吸光度，可以测绘出三条吸收光谱曲线，如图 2-2。

从吸收曲线可以看出，邻菲罗啉亚铁溶液对不同波长的光吸收情况不同，对青色光吸收最多，而对 630nm 以后的光波几乎不吸收，而 510nm 的光吸收最大，通常称

510nm 为最大吸收波长，以 $\lambda_{最大}$（或 λ_{max}）表示，吸收光谱曲线反映了物质对光的选择性吸收。三条吸收曲线说明了溶液浓度不同，对光的选择性吸收相同，λ_{max} 相同，只是浓度大，对光的吸收也成比例增大。

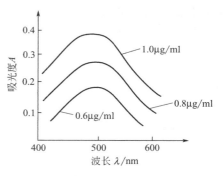

图 2-2 邻菲罗啉吸收光谱曲线

四、吸收光谱曲线产生机理

物质总是在不断地运动着，而构成物质的分子及原子具有一定的运动方式，各种方式属于一定的能级，分子内部的运动方式有三种，即电子相对原子核心的运动，原子在平衡位置附近的振动，分子本身绕其重心的转动。因此相应于这三种不同运动形式，分子具有电子能级、振动能级、转动能级。

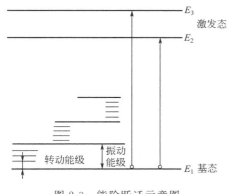

图 2-3 能阶跃迁示意图

当分子从外界吸收能量之后，产生电子跃迁，即分子的外层电子或价电子由基态跃迁至激发态。分子吸收能量（如光能）具有量子化特征，即分子只吸收相当两能级差的能量。

$$\Delta E = E_2 - E_1 = h\nu$$

其中 E_2 为跃迁后（激发态）的能量，E_1 为跃迁前（基态）的能量，基于 E_2 与 E_1 都是定值，故 ΔE 对一定分子来说也是定值，即只能吸收相当于 ΔE 的光能，所以物质的分子对光有选择性吸收。图2-3为能阶跃迁示意图。

电子能级间的能量差 20～1eV，相当于波长 60～1250nm 所具有的能量，主要在紫外光区和可见光区，所以分子吸收紫外光和可见光后，产生电子跃迁。

振动和转动能级的能量较小，相当于 $50\mu m$～$1.25cm$ 波长，属于红外区和远红外区。

$$E_{电子} > E_{振动} > E_{转动}$$

第三节　光的吸收定律

物质对光有一定吸收，朗伯与比耳分别进行了研究。1730 年朗伯提出了光强度和吸收厚度之间的关系。1852 年比耳又提出了光强度与吸收介质中吸光质点浓度之间的关系。朗伯-比耳定律是吸光光度分析的理论依据。

一、朗伯（Lambert）定律

当一束平行的单色光通过液层厚度为 L 的均匀、非散射的溶液后，由于溶液吸收了一部分光能，光的强度就要减弱。若将吸收层分成无限小的相等薄层，则每一薄层的厚度为 dl，如图 2-4 所示。

设照在每一薄层上的光强度为 I，入射光经过每一薄层

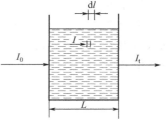

图 2-4 光吸收示意图

时，其强度就要减弱 dI，用负号表示减弱，则 $-dI$ 与照在每一薄层上的光强度 I 及其厚度增加的变化值 dl 成正比，即

$$-dI \propto I dl$$
$$-dI = K_1 I dl$$
$$\frac{-dI}{I} = K_1 dl$$

设入射光强度为 I_0，透射光强度为 I_t，将上式积分

$$\int_{I_0}^{I_t} \frac{-dI}{I} = K_1 \int_0^L dl$$
$$-(\ln I_t - \ln I_0) = K_1 L$$
$$\ln I_0 - \ln I_t = K_1 L$$
$$\ln \frac{I_0}{I_t} = K_1 L$$

将自然对数变为常用对数，则

$$\lg \frac{I_0}{I_t} = \frac{K_1}{2.303} L = K_2 L$$

即
$$\lg \frac{I_0}{I_t} = K_2 L \tag{2-1}$$

透射光强度 I_t 与入射光强度 I_0 之比，称透光度，用 T 表示。

$$T = \frac{I_t}{I_0}$$

透光度表明透光的程度，T 愈大说明透过的光愈多，而 $\frac{I_0}{I_t}$ 是透光度的倒数，它表示入射光 I_0 一定时，透射光 I_t 愈小，即 $\lg \frac{I_0}{I_t}$ 愈大，光被吸收也愈多，所以 $\lg \frac{I_0}{I_t}$ 一项表示了单色光通过有吸收质点的溶液时被吸收的程度，通常将这一项称为吸光度，用 A 表示（或称光密度 D，消光度 E）。即

$$A = \lg \frac{I_0}{I_t} = \lg \frac{1}{T} = -\lg T \tag{2-2}$$

将式(2-2) 代入式(2-1) 可得

$$A = K_2 L \tag{2-3}$$

式(2-3) 为朗伯定律的表达式，式中 K_2 为比例常数，它与入射光波长、溶液性质和温度有关。朗伯定律适用于任何有吸收质点的均匀溶液、气体、能透光的固体。

二、比耳（Beer）定律

当厚度一定时，一束平行的单色光通过均匀、非散射的溶液时，溶液中的吸收质点吸收了一部分光能，使光强度减弱。溶液的浓度愈大，光被吸收也愈多，如果溶液浓度增加 dc，则入射光通过溶液后就减弱了 $-dI$。$-dI$ 与照在 dc 上的光强度 I 成正比，也与浓度增加的变化值 dc 成正比，即

$$-dI \propto I dc$$
$$-dI = K_3 I dc$$
$$\frac{-dI}{I} = K_3 dc$$

将上式积分

$$-\int_{I_0}^{I_t} \frac{\mathrm{d}I}{I} = K_3 \int_0^c \mathrm{d}c$$

$$-\ln \frac{I_t}{I_0} = K_3 c$$

$$\ln \frac{I_0}{I_t} = K_3 c$$

$$\lg \frac{I_0}{I_t} = \frac{K_3}{2.303} \cdot c$$

$$A = K_4 c \tag{2-4}$$

式（2-4）为比耳定律的数学表达式。式中 K_4 为比例常数，它与入射光波长、溶液性质和温度有关。比耳定律表明：当有色溶液厚度和入射光强度一定时，光吸收的程度与溶液浓度成正比。

比耳定律并不适用于所有的有吸收质点的溶液，因为溶液浓度较高时，产生吸收的溶质会发生电离或聚合，影响光的吸收而产生误差。因此，比耳定律只适宜于一定的浓度范围。

三、朗伯-比耳定律

如果溶液浓度和液层厚度都是变数，则上述两个定律可合并为朗伯-比耳定律。

$$A = KcL \tag{2-5}$$

式中 K 是比例常数，它与入射光波长、物质的性质和溶液的温度等因素有关。朗伯-比耳定律表明：**当一束平行单色光通过均匀、非散射的稀溶液时，溶液的吸光度与溶液浓度及液层厚度的乘积成正比。**

朗伯-比耳定律即光的吸收定律，它不仅适用于可见光，也适用于紫外光和红外光；不仅适用于均匀非散射的液体，也适用于气体和能透光的固体。

朗伯-比耳定律的数学表达式中，其比例常数，根据工作中采用标准溶液的浓度单位不同，有三种表示方法。

（一）吸光系数 K

当溶液浓度用质量浓度 ρ 以 mg/L 表示，液层厚度 L 以 cm 表示，其比例常数称为吸光系数 K。其物理意义是：浓度 $\rho = 1\text{mg/L}$，液层厚度 $L = 1\text{cm}$，在一定波长下测得的吸光度值。当然，要测定某波长下的 K 值，可采用任意浓度，任意厚度，在分光光度计上测定吸光度 A 值，可用 $K = \dfrac{A}{\rho L}$ 式算出。

【**例 2-2**】表面活性剂十二烷基硫酸钠，定性扫描得 $\lambda_{max} = 198\text{nm}$，在此波长下，用 1cm 吸收池，放入浓度为 0.4009mg/L 的十二烷基硫酸钠溶液，在紫外分光光度计上测得吸光度 $A = 0.24$，求吸光系数 K。

解
$$K = \frac{A}{\rho L} = \frac{0.24}{0.4009 \times 1} = 0.5986 [\text{L/(cm \cdot mg)}]$$

（二）摩尔吸光系数 ε

当溶液浓度 c 以摩尔浓度表示，液层厚度 L 以 cm 表示，则此常数称摩尔吸光系数，以 ε 表示。它的物理意义是：溶液浓度为 1mol/L，吸收池厚度为 1cm，在一定波长下测得的吸光度值。它是吸光物质在一定波长下的特征常数，可衡量被测物质在此测定方法中的灵敏度，ε 愈大，愈灵敏，含量甚微的物质也能准确测出。

在实际工作中不能用 1mol/L 这样高浓度的溶液去测量摩尔吸光系数，而是用低浓度去测定，再计算求得。

【例 2-3】用邻菲罗啉显色测定铁，已知试液中的 Fe^{2+} 含量为 $50\mu g/100ml$，吸收池厚度为 1cm，在波长 510nm 处，测得吸光度 $A=0.099$，计算邻菲罗啉亚铁配合物的摩尔吸光系数。

解 已知铁原子的摩尔质量为 55.85g/mol

$$[邻菲罗啉亚铁]\approx[Fe^{2+}]=\frac{50\times10^{-6}\times\dfrac{1000}{100}}{55.85}=8.9\times10^{-6}(mol/L)$$

$$\varepsilon=\frac{A}{cL}=\frac{0.099}{8.9\times10^{-6}\times1}=1.1\times10^4[L/(mol\cdot cm)]$$

（三）比吸光系数

当溶液浓度以 100ml 溶液中所含物质的质量（g），即质量体积浓度（m/V）表示，液层厚度以厘米表示，则此吸光系数称比吸光系数，以 $E_{1cm}^{1\%}$ 表示。比吸光系数的物理意义是：含有 1% 浓度的溶液，在 1cm 厚的吸收池中测得的吸光度。

【例 2-4】测定某药物纯制剂的 $E_{1cm}^{1\%}$，称取 0.25g 定容于 250ml 容量瓶中（质量体积百分浓度为 0.05%），在 325nm 处用 1cm 吸收池测得吸光度 $A=0.35$，求 $E_{1cm}^{1\%}$。

解
$$E_{1cm}^{1\%}325nm=\frac{A}{m\%\times L}=\frac{0.35}{0.05\%\times1}=700[ml/(g\cdot cm)]$$

如果生产出来的制剂，用上述完全相同的步骤测算出样品的 $E_{1cm}^{1\%}325nm$，则二比吸光系数之比值，即为样品的质量体积百分含量。

为了减少相对误差，应控制被测液的浓度和选择吸收池的厚度（不少仪器只有 1cm 吸收池则无法选择），使测定的吸光度值在 0.2～0.7 区间为最佳。

第四节　目视比色法与比浊法

用眼睛观察比较溶液颜色深浅来确定物质含量的方法称目视比色法；比较溶液混浊程度来确定物质含量的方法称目视比浊法。此法相对误差约为 5%～20%，但所需仪器简单，操作简便，在一些准确度要求不高的控制分析中仍获得广泛应用，特别是限界分析（杂质含量的最高含量限界之下）。

一、基本原理

将标准溶液与被测溶液在同样条件下进行比较，当溶液液层厚度相同时，两者颜色相同者则两者浓度相等，即

$$c_{标}=c_{样}$$

二、测定方法

测定方法有标准色阶法、比色滴定法。

（一）标准色阶法

标准色阶法又称标准系列法，将一套规格一致的比色管（其体积大小有 25ml、50ml、

100ml 等），加入一系列标准，然后显色，用蒸馏水稀至刻度，摇匀，即制备好了颜色由浅到深的一个标准色阶，试液可同样显色，与色阶比较，颜色相同者，含量相同。

不少组分能形成沉淀，根据溶液的混浊程度来比较确定其含量（低含量）。例如 SO_4^{2-}、Cl^-、Pb^{2+} 分别可生成 $BaSO_4$、$AgCl$、$PbSO_4$ 沉淀，可用比浊法来测定试剂中此类杂质的含量。特别是低含量 SO_4^{2-}，目前尚无极佳的测定方法，而比浊法被广泛应用。

【例 2-5】 NH_4Cl 中 SO_4^{2-} 杂质的测定：吸收 SO_4^{2-} 标准溶液（0.2mg/ml）1.0ml、2.0ml、3.0ml、4.0ml、5.0ml，分别加入到 25ml 比色管中，各加入 1+1HCl 1ml，乙醇 5ml，10％$BaCl_2$ 5ml，分别加蒸馏水稀至刻度，即为标准色阶，如图 2-5。

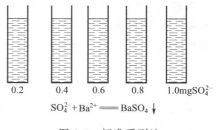

$$SO_4^{2-} + Ba^{2+} \Longrightarrow BaSO_4 \downarrow$$

图 2-5　标准系列法

称 NH_4Cl 样品 1.000g 溶于少量水中，过滤水不溶物，滤液入 25ml 比色管中，并吹洗滤纸，加 1ml 盐酸（1+1）消除 CO_3^{2-}，加 5ml 酒精（有胶束增溶作用），5ml 10％$BaCl_2$ 溶液，用蒸馏水稀至 25ml 刻度，摇匀，与色阶比较，如果与第二个比色管混浊度相同，则 1g 试样中含 0.4mgSO_4^{2-}。则质量分数 w 可算出。

$$w = \frac{0.4 \times 10^{-3}}{1.000} = 0.0004 = 0.04\%$$

（二）比色滴定法

比色滴定法，只用两只规格与质量相同的比色管，首先将试液放入比色管显色，用蒸馏水稀至刻度。然后在另一只比色管内加入显色剂等，再加入被测标准物质，直至两管的颜色相等，则 $c_x = c_{标}$。

【例 2-6】 二级工业氯化铵，部标规定 $w(SO_4^{2-}) \leqslant 0.02\%$，分析方法指定为 $BaSO_4$ 比浊。

称取 1.000gNH_4Cl，溶于少量水滤入 50ml 比色管中，并吹洗滤纸，加 1ml 1+1HCl，加 5ml 酒精，加 5ml 10％$BaCl_2$ 溶液，用水稀至刻度，加塞（赖氏比色管有磨口塞）摇匀。在另一只比管中加等量的 HCl、酒精和 $BaCl_2$ 溶液，然后加入 1ml 标准 SO_4^{2-} 溶液（0.2mg/ml），摇匀，加水至刻度处，再摇匀，眼睛从上往下观察，如果颜色比样品深，即 1gNH_4Cl 中小于 0.2mg(2×10^{-4}g)SO_4^{2-}，即质量分数 $w \leqslant \dfrac{2 \times 10^{-4}}{1.00(样)} = 0.0002 = 0.02\%$，故产品符合二级标准。

如果要测出准确含量，只要用微量滴定管或刻度移液管，滴至标准的颜色（或浊度）相等，则 $c_x = c_{标}$，故称比色滴定法。

第五节　紫外-可见分光光度计

一、紫外-可见分光光度计的主要部件

紫外-可见分光光度计的主要部件包括光源、单色器、吸收池、检测器及测量显示系统等，如图 2-6 所示。

图 2-6　分光光度组成方框图

（一）光源

（1）钨灯　可见分光光度计光源，能发射 $320nm\sim3.5\mu m$ 的连续光谱。目前常采用卤钨灯，如碘钨灯、溴钨灯，其强度高，稳定性好。

（2）氢灯或氘灯（重氢灯）　紫外分光光度计光源。能发射 $150\sim400nm$ 的光。氘灯的辐射强度比氢灯高 $2\sim3$ 倍，寿命亦较长。

（二）单色器

单色器是将复杂的白光按照波长的长短顺序分散为单色光的装置。获得单色光的元件有滤光片、棱镜和光栅，滤光片只能获得近似单色光，目前采用较少了，但有些仪器仍使用，如火焰光度计上的钾、钠滤光片等。紫外-可见分光光度计的色散元件，目前主要采用棱镜和光栅。

1. 棱镜

棱镜由玻璃或石英制成。玻璃棱镜适用于可见分光光度计，石英棱镜适用于紫外分光光度计，后者不吸收紫外光。棱镜的形状有多种。常用的有 $30°$ 直角棱镜和正三棱体，如图 2-7。

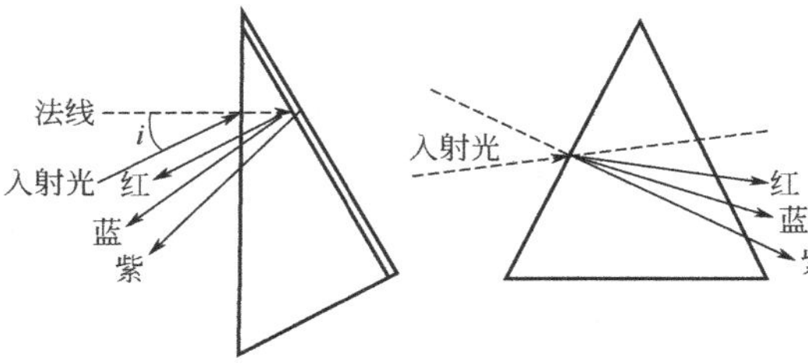

当入射角为 i 的一条光线进入棱镜后，

图 2-7　光在棱镜中的色散

将向法线（垂直于棱镜面）方向弯曲，在射出棱镜与空气界面，则向偏离垂直的方向弯曲，波长越短，偏离越厉害，所以棱镜能按照波长的长、短依次进行色散。

2. 光栅

光栅是另一种色散元件，由于近年来光栅刻划术和复制技术的提高，使用光栅的分光光度计日益增多。常用的光栅是在磨平的金属平面上刻划出许多等距离锯齿形的平行条痕，其数目根据所需波长范围而定，例如紫外光栅为每毫米距离内刻 1200 条。光的色散是基于光的衍射，衍射角与波长线性关系，即波长愈长，衍射角愈大，所以光栅能将不同波长的光分开。

3. 吸收池

可见光区使用玻璃吸收池，紫外光区使用石英吸收池。同组实验使用的吸收池要求透光度相同，其透光度误差应在 $0.2\%\sim0.5\%$ 以内。

使用吸收池时，应注意保护透光面，手拿比色皿时，只许拿磨砂面，防止玷污透光面。洗涤比色皿一般用自来水、蒸馏水洗涤干净即可。如果脏物洗不掉，可用盐酸-乙醇（1:2）洗涤液浸泡，然后用水洗净备用。使用时要用被测标准液或试液置换 2 次，盛满溶液（不让溢出），如池外润湿，要用绸布或擦镜纸擦光透光面，然后放吸收池架上，推入光路，测定吸光度。

4. 检测器

分光光度计中的光电转换元件有硒光电池、光电管、光电倍增管。光电池只适用于光电比色计、火焰光度计及 72 型分光光度计等。其他分光光度计都采用光电管、光电倍增管。

（1）光电池　硒光电池是由三层物质组成的薄片，最上面一层是导电优良的黄金膜，能透光，作为光电负极，中层是半导体硒，第三层是铁板或铝板作正极。当光照到光电池上，半导体硒表面逸出电子，这些电子只能单方向流向金膜，使金膜与铁板之间产生电位差，如果在金属环与铁板之间连接一个灵敏检流计，检流计上即有电流流过，这电流称光电流。硒光电池能产生 $100\sim200\mu A$ 电流，不需放大即可用灵敏检流计测量。光电池每次用得过久会产生疲劳效应，置暗处休息可恢复疲劳。图 2-8 为硒光电池结构示意图。

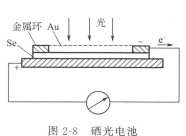

图 2-8　硒光电池

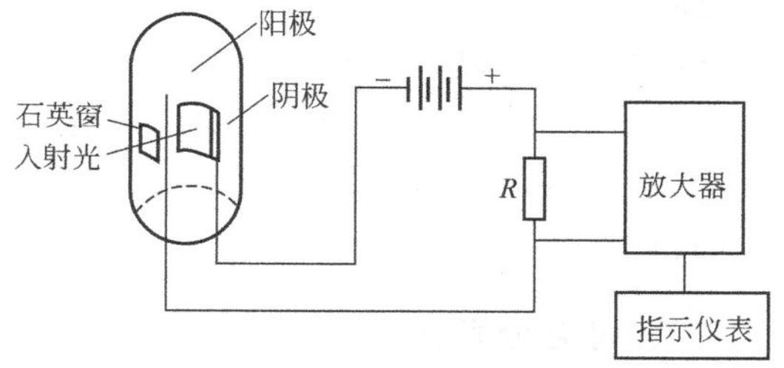

图 2-9　光电管线路示意图

硒光电池对不同波长光的灵敏度与人的眼睛差不多，能承接 $380\sim800nm$ 的光，对 $500\sim600nm$ 的光最灵敏。但不适宜紫外光区、红外光区。硒光电池要防潮、防酸雾、避光保存。

（2）光电管　光电管内有一个凹面阴极和一个丝状阳极，阴极凹面涂有一层对光敏感的碱金属或碱金属氧化物（如氧化铯等），当光线照射时，阴极即发射电子向阳极形成电流，光愈强放出的电子愈多，电流愈强，经电子放大器将电压信号放大，最后将信号输给指示仪表或记录仪，如图 2-9。

（3）光电倍增管　光电倍增管不但是光电转换元件，而且有放大作用。其结构原理如图 2-10。当光照射到阴极 K 上，使之发射出电子，由于外电场的加速作用，这些电子又轰击打拉极（表面涂有 Be-Cu 或 Cs-Sb），产生第二次电子，第二次电子又被更正电位的第二个打拉极吸引，并加速轰击第二个打拉极，并释放出更多的电子，打拉电极有 $9\sim16$ 个，如此继续下去，可使反射出的光电子放大几百万倍，最后打拉电极的电子射向阳极形成电流。光电流通过光电倍增管负载电阻变成电压信号送入放大器。

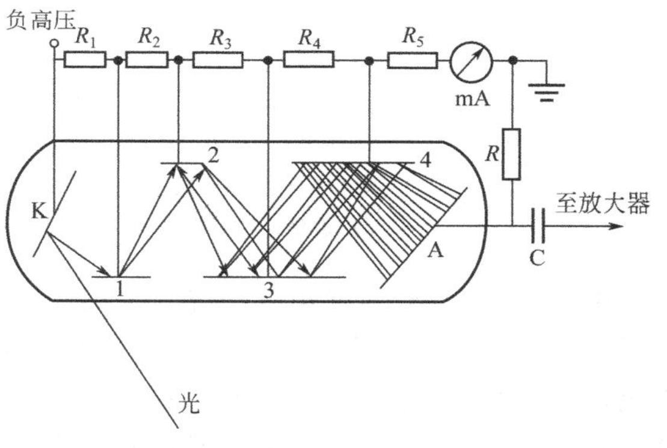

图 2-10　光电倍增管原理示意图
K—光敏阴极；1～4—打拉极；A—阳极；
R，$R_1\sim R_5$—电阻

5. 检流计标尺

测量的实验数据如透光度 T、吸光度 A（或浓度 c），其数值大多由数码管显示，也有用指针式指示，其表头刻有吸光度 A 和透光度 T 两种刻度，如图 2-11。721 型分光光度计的读数标尺就是如此。

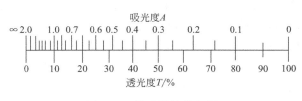

图 2-11　检流计读数标尺

根据透光率 $T=\dfrac{I_t}{I_0}$，如果把入射光强度 I_0 当作 100 光强度单位，透过的光当作光强度的一部分，这一数值即为百分透光，亦称百分透光率，用符号 $T\%$ 表示。

透光度 T 为均匀刻度，而吸光度 A 为对数标尺，A 与 T 可以相互换算。

已知
$$A = \lg \frac{I_0}{I_t} = \lg \frac{100}{100T} = 2 - \lg 100T$$

即
$$A = 2 - \lg 100T$$

例如　　(1)　当 $T = 10\%$ 　$A = 2 - \lg 10 = 1.0$
　　　　(2)　当 $T = 50\%$ 　$A = 2 - \lg 50 = 0.301$
　　　　(3)　当 $T = 80\%$ 　$A = 2 - \lg 80 = 0.097$

其余类推。

二、可见分光光度计

(一) 721 型分光光度计

721 型分光光度计的光学系统原理图如图 2-12。波长范围 360～800nm，仍是一种可见分光光度计。

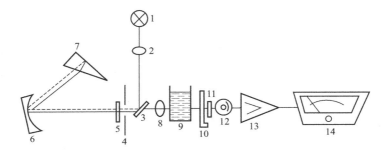

图 2-12　721 型分光光度计原理示意图

1—光源；2—聚光透镜；3—反射镜；4—弯曲狭缝；5—保护玻璃；
6—准直镜；7—棱镜；8—聚光镜；9—吸收池；10—光门；11—保
护玻璃；12—光电管；13—直流放大器；14—微安表（读数窗）

由光源 1（钨灯）发出的白光，经聚光透镜 2 至平面反射镜 3，转 90°，进入弯曲狭缝 4，经准直镜 6，变成平行光线射入背面镀铝的直角玻璃棱镜 7，光从铝面反射回来，白光获得色散，再经准直镜 6 反射至出口狭缝，为了减小谱线通过棱镜后的弯曲形状，把进出口狭缝二片刀口作成弧形，以便近似地吻合谱线的弯曲度。所以进出口狭缝是在同一条弧形长缝中，只是位置不同。

(二) 722 型分光光度计

722 型是光栅分光栅分光光度计，波长范围 330～800nm，仪器工作原理如图 2-13。

由 12V、30W 的钨卤灯光源发出连续辐射光线，经过滤色片 2 和球面聚光镜 3 至单色器进口狭缝 4 聚焦成像，光束通过进口狭缝经平面反射镜 6 至准直镜 7，产生平行光线射至光栅 8（1200 线/mm），在光栅上色散后又经准直镜聚焦在出口狭缝 10 上，成一连续光谱，转动波长手轮，可选择不同波长在出口射出，通过样品溶液 12，再照射到光电管 14 上（国产端窗式多碱阴极真空管，适宜 300～850nm 光谱），经微电流放大器放大，透光度 T 可以直接在数字显示器上读出。浓度直读和吸光度 A，微电流放大后，还需经过对数放大器，然后在数字显示器上显示。

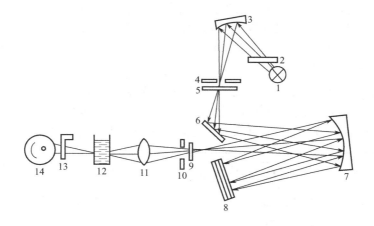

图 2-13　722 型分光光度计光学系统图

1—钨灯；2—滤色片；3—聚光镜；4—进口狭缝；5—保护玻璃；6—反射镜；

7—准直镜；8—光栅；9—保护玻璃；10—出口狭缝；11—聚光镜；

12—吸收池；13—光门；14—光电管

WFZ80-1 型可见分光光度计，结构原理与 722 型大同小异。

三、紫外分光光度计

紫外分光光度计一般有氕灯和钨灯，波长范围 200～800nm（或更宽）。故准确的名称应是紫外可见分光光度计。

（一）751 型分光光度计

751 型分光光度计是单光束紫外可见分光光度计，适用波长范围 200～1000nm，在 320～1000nm 内，用钨丝白炽灯作光源，在 200～320nm 内用氕灯作光源。以石英棱镜作单色器。以光电管作光电转换元件，配有 GD-5 紫敏光电管和 GD-6 红敏光电管，前者为 Sb-Cs 阴极面，适用于波长 200～625nm 范围；后者为 Ag-O-Cs 阴极面，适用于波长 625～1000nm 范围。仪器配有石英和玻璃吸收池。仪器的光路系统如图 2-14。

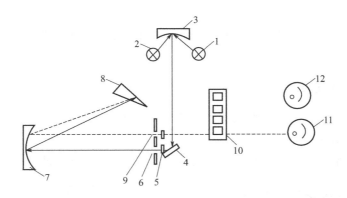

图 2-14　751 型分光光度计光学系统示意图

1—钨灯；2—氢灯；3—凹面聚镜；4—平面反射镜；5—石英透镜；6—入口

狭缝 S_1；7—准直镜；8—石英棱镜；9—出口狭缝 S_2；10—吸收池；

11—紫敏光电管；12—红敏光电管

751 型已有改进，如 751-GW 型紫外分光光度计，它增加小型微机及小打印机，能自动打印实验数据，如透光度 T、吸光度 A 或浓度 c 等。仪器的具体操作程序，需阅读仪器说明书。752 型为数显、光栅型紫外可见分光光度计。

（二）7530 紫外-可见分光光度计

7530 型分光光度计是一种单光束紫外-可见分光光度计。由微型计算机进行控制和数据处理，可在 $195 \sim 820$nm 内进行波长自动扫描并绘制光谱吸收曲线。它具有双波长分光光度计功能。每次开机后，即自动校正波长。其光路和信号流程见图 2-15。

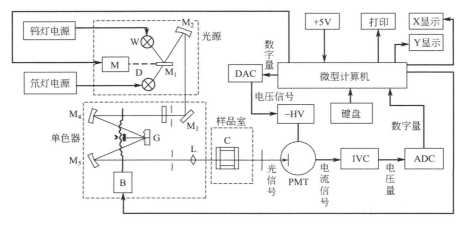

图 2-15　仪器信号流程图

由钨灯 W、氘灯 D、平面镜折光器 M_1、聚光镜 M_2、平面反射镜 M_3、球面反射镜 M_4、M_5 和平面光栅 G 组成。折光器 M_1 由微机控制。单色光经出口狭缝、柱面聚光透镜 L、吸收池 C，射入光电倍增管 PMT 产生电流信号，经 IVC 转变为电压量，经 ADC 转变为数字量进入微型计算机。

波长的改变采用正弦机构，用丝杆转动带动螺母移动，由螺母驱动与光栅联在一起的摆杆，从而使光栅转动。为此波长的变化与光栅转动角的正弦成正比，所以称正弦机构。随着光栅转动，光谱线按波长顺序依次线性地由出口狭缝射出形成单色光束。此过程由微机通过 B 自动控制。

此仪器有单波长定性扫描程序；单波长定量程序，能打印回归曲线（工作曲线）；多波长定量程序。

四、双波长分光光度计

双波长分光光度计是新型分光光度计，7530 具有双波长分光光度计功能，它的简单工作原理可用图 2-16 说明之。

从光源发出的光，通过一个或两个单色器分出 λ_1 和 λ_2 交替通过吸收池，如果是两个单

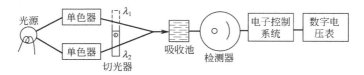

图 2-16　双波长分光光度计方框示意图

色器，可用切光器使 λ_1、λ_2 交替通过吸收池。经检测器的光电转换，可以在数字电压表上显示二波长的吸光度差值，λ_1 与 λ_2 要人为选择，使 $A_{\lambda_2} - A_{\lambda_1} \neq 0$。其差值 ΔA 与被测物的浓度成正比。

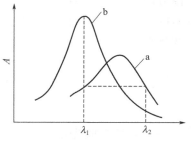

$$\Delta A = (\varepsilon_2 - \varepsilon_1)cL$$

此法的特点是：能消除干扰物的干扰，其原理可用图 2-16 说明之。

设溶液有 a、b 二物质，b 为被测物，a 为干扰物，其吸收曲线如图 2-17，在曲线 a 上找一点画一条与 λ 横坐标平行的虚线，交于曲线的另一点，此二点对应的波长为 λ_1、λ_2，则 $A_{\lambda_2}^a = A_{\lambda_1}^a$，而 $A_{\lambda_2}^b - A_{\lambda_1}^b = \Delta A^b$，根据

图 2-17　作图法选择 λ_1 及 λ_2

ΔA^b 值在工作曲线上可求出 b 物质的浓度，此为等吸收法消除干扰。因为 $\Delta A^{a+b} = (A_{\lambda_2}^a + A_{\lambda_2}^b) - (A_{\lambda_1}^a + A_{\lambda_1}^b) = \Delta A^b$。

五、仪器波长的校正

分光光度计在使用过程中，由于机械振动、灯丝变形、灯座松动或更换灯泡等原因，经常引起波长读数与通过溶液的实际波长不符，导致仪器灵敏度下降，影响分析结果精度，需经常进行校正。目前校正仪器的波长，有以下三种方法。

（一）仪器自动校正波长

微机化的分光光度计具有自动校正波长程序。例如 7530 紫外可见分光光度计，一开机，微机即自动找出 656.1nm 波长来校正波长。

（二）镨钕玻璃校正波长

许多分光光度计附带有镨钕玻璃，此玻璃在 529nm 有一吸收峰，将此玻璃插入吸收池架上，用无色玻璃或空气作参比，将功能选择放在 T 挡（或 A 挡），逐点测定其透光度 T（或 A）。

例如

波长/nm	520	521	523	524	525	526	527	528	529	530
实测 T/%	58	48	35	33	32	34	36	38	42	48

从实测可知，吸收峰在 525nm，与实际最大吸收波长 529nm 相差 4nm。根据仪器不同，旋松有关螺钉，将波长刻度盘移动 4nm，仪器复原，再重复实测，直至最大吸收值为 529nm（一定要仔细阅读仪器说明书）。

（三）用已知最大吸收波长的溶液校正

有不少溶液的 λ_{max} 是已知的，如下列所示。

① 溴甲酚绿 pH=8 时，λ_{max}=615nm。

② 酚红 pH=11 时，λ_{max}=558nm。

③ 溴酚红 pH=10 时，λ_{max}=574nm。

④ 氯化钕（$NdCl_3$）具有两个奇峰：λ_1=521.8nm，λ_2=582nm。

⑤ 氯化镨（$PrCl_3$）具有三个尖峰，其中 λ_{max}=444.5nm。

⑥ 0.05mol/L 铬酸钾溶液，λ_{max}=370nm。

具体校正办法与（二）同。如果仪器波长可能误差很大，则先要进行粗调，例如钨灯亮

时，用一张白纸放入样品室，将波长旋至 580nm，白纸上应有橙黄色光斑，如果不是，则可调节钨灯或反射镜位置，直至出现橙黄色光斑为止。如果是氢灯，在白纸应呈长方形或圆形亮斑。然后再用镨钕玻璃或已知 λ_{max} 的溶液去实测吸收曲线，若实测 λ_{max} 与标准不同，然后调整之。

第六节　紫外吸收光谱

一、紫外吸收光谱的产生

紫外吸收光谱与可见吸收光谱一样，是由分子中价电子的跃迁产生的。按分子轨道理论，有机化合物有几种不同性质的价电子：形成单键的称 σ 电子；形成双键的称 π 电子；氧、氮、硫、卤素等有未成键的孤对电子，称 n 电子。当它们吸收一定能量 ΔE 后，这些价电子跃迁到较高能级，此时电子所占的轨道称反键轨道，而这种电子跃迁同分子内部结构有密切关系。电子跃迁类型有以下四种。

（一）$\sigma \rightarrow \sigma^*$ 跃迁

σ^* 表示 σ 键电子的反键轨道，饱和碳氢化合物只有 σ 电子，它吸收远紫外线（10～200nm）后，由基态跃迁至反键轨道。

（二）$n \rightarrow \sigma^*$ 跃迁

饱和碳氢化合物中的氢被氧、氮、硫、卤素等杂原子团取代后（单键），其孤对电子 n 较 σ 键易激发，使电子跃迁所需能量减低，吸收波长较长，一般 150～250nm 范围内。

例如

CH_3Cl	$\lambda_{max}=172nm$	$\varepsilon=100$
CH_3OH	$\lambda_{max}=183nm$	$\varepsilon=150$
CH_3Br	$\lambda_{max}=204nm$	$\varepsilon=200$
CH_3NH_3	$\lambda_{max}=215nm$	$\varepsilon=600$

（三）$\pi \rightarrow \pi^*$ 跃迁

含有 π 电子的基团如烯类、炔类都能发生 $\pi \rightarrow \pi^*$ 跃迁，它比 $\sigma \rightarrow \sigma^*$ 跃迁所需能量低。非共轭的 $\pi \rightarrow \pi^*$ 跃迁所吸收的波长较短，如乙烯的 $\pi \rightarrow \pi^*$ 跃迁，λ_{max} 为 165nm，ε 为 10^4。

具有共轭双键的化合物，相间的 π 键与 π 键形成大 π 键，由于大 π 键各能级间距离较近，电子容易激发，吸收波长向长波方向移动。

（四）$n \rightarrow \pi^*$ 跃迁

凡有机化合物含有杂原子氧、氮、硫等，同时又具有双键，吸收紫外光后产生 $n \rightarrow \pi^*$ 跃迁，所需能比上述几种都低，吸收带在 200～400nm 之间。

上述四种类型的电子跃迁，按照跃迁时所需能量的大小进行排列，其次序为

$$\sigma \rightarrow \sigma^* > n \rightarrow \sigma^* > \pi \rightarrow \pi^* > n \rightarrow \pi^*$$

可用图 2-18 电子能级跃迁示意图表示。

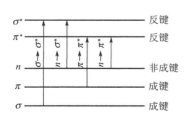

图 2-18　电子能级跃迁示意图

二、紫外吸收光谱中几个常用术语

（一）生色团

有机化合物中含有 π 键的不饱和基团，能在紫外区或可见光区产生吸收，如 $\diagdown C=C \diagup$ 、

$-C\equiv C-$ 、 $\diagup C=O$ 、 $-CHO$ 、 $-COOH$ 、 $-N=N-$ 、 $-N=O$ 、 $-NO_2$ 等称生色团。

（二）助色团

有机化合物中引进氮、氧、硫、卤素等杂原子团，能使吸光波长向长波方向移动，并使吸收强度增加，这种基团称助色团。如 $-NH_2$ 、 $-OH$ 、 $-OR$ 、 $-SH$ 、 $-SR$ 、 $-Cl$ 、 $-Br$ 、 $-I$ 等。

（三）蓝移

由于取代基、溶剂的影响，使吸收峰波长向短波方向变化，这种现象称蓝移或短移。

（四）红移

饱和碳氢化合物中引入生色团、助色团以及溶剂改变等原因，使吸收波长向长波方向变化，这种现象称红移或长移。

（五）溶剂效应

紫外吸收光谱中常用己烷、庚烷、环己烷、二氧杂己烷、水、乙醇等作溶剂。有些溶剂，特别是极性溶剂对溶质的吸收峰波长、强度及形状可能产生影响，这种现象称溶剂效应。

例如亚异丙基丙酮（ $H_2C-HC=CH-\overset{O}{\underset{\parallel}{C}}-CH_3$ ，CH_3），分子中有 $\pi\rightarrow\pi^*$ 和 $n\rightarrow\pi^*$ 跃迁。当用非极性溶剂正己烷时， $\pi\rightarrow\pi^*$ 跃迁的最大吸收波长 $\lambda_{max}=230nm$ ，而用水作溶剂时， $\lambda_{max}=243nm$ ，产生红移。而 $n\rightarrow\pi^*$ 跃迁，以正己烷作溶剂时， $\lambda_{max}=329nm$ ，而用极性水作溶剂时， $\lambda_{max}=305nm$ ，产生蓝移。

三、有机化合物的特征吸收

（一）饱和有机化合物

饱和碳氢化合物只含有 σ 键， σ 电子结合得很牢固，只有吸收很大能量才能产生 $\sigma\rightarrow\sigma^*$ 跃迁，由于在远紫外区（ $10\sim200nm$ ）才有吸收，在 $200\sim1000nm$ 范围内不产生吸收峰。故这类化合物在紫外吸收光谱分析中常用作溶剂。但是当饱和碳氢化合物中氢原子被取代后，吸收峰产生红移。

（二）烯烃

烯类化合物含有双键，能产生 $\pi\rightarrow\pi^*$ 跃迁。具有孤立双键的烯烃，其吸收带在 $220nm$ 以下，例如乙烯的 $\lambda_{max}=165nm$ 。

当同一分子中，含有两个或两个以上的不共轭双键时， λ_{max} 位置不变，但吸收强度大约增加一倍。如果分子中的双键只被一个单键隔开，形成共轭双键，产生大 π 键后，各能级间距离较近，电子容易激发,故产生红移,吸收波长愈长。表 2-2 为几个共轭烯烃的吸收峰。

表 2-2　共轭烯烃的吸收峰

化合物	双键数	λ_{max}/nm	ε_{max}	化合物	双键数	λ_{max}/nm	ε_{max}
乙烯	1	165	1.5×10^4	葵五烯	5	335	1.18×10^5
1,3-丁二烯	2	217	2.1×10^4	二氢-β-胡萝卜素	8	415	2.1×10^5
1,3,5-己三烯	3	258	3.5×10^4	番茄红素	11	470	1.85×10^5
二甲基四烯	4	296	5.2×10^4				

共轭双键所具有的吸收带称 K 吸收带，其特点是具有强吸收，ε_{max} 通常在 $2 \times 10^5 \sim 1 \times 10^4$ 之间，吸收峰位（λ_{max}）一般在 $217 \sim 280nm$ 范围内。对未知样品的紫外定性扫描，如 K 吸收带有强吸收峰，则可判断样品分子共轭体系存在。

（三）炔烃

简单的三吸收带 λ_{max} 为 173nm，属 $\pi \to \pi^*$ 跃迁。在共轭体系中有两个炔基时，一个显著的特点是 230nm 左右产生一系列中等强度的吸收带，ε 为几百。当这个体系增至 3 个以上三键时，在近紫外区产生两个吸收带，$220 \sim 280nm$ 有强吸收，ε_{max} 达 10^5 以上，在 $280 \sim 400nm$ 有弱吸收，ε_{max} 为几百，并具有精细结构。随着共轭三键数量的增加，较短波长的强吸收带产生红移，如表 2-3。

表 2-3　多炔 $CH_3(C \equiv C)_n$ 在乙醇中的强吸收

n	λ_{max}/nm	ε_{max}	n	λ_{max}/nm	ε_{max}
3	207	1.35×10^5	5	260	3.52×10^5
4	234	2.81×10^5	6	283	4.45×10^5

（四）醛和酮

这类化合物的特点是含有羰基，羰基含有一对 σ 电子，一对 π 电子和一对未成键的 n 电子。能产生 $n \to \sigma^*$，$\pi \to \pi^*$，$n \to \pi^*$ 三种跃迁，显示出三个吸收带。其中 $n \to \sigma^*$，$\pi \to \pi^*$ 跃迁在远紫外区，在分析上应用少。$n \to \pi^*$ 跃迁在近紫外区，其吸收带又称 R 带，特点是吸收强度弱，$\varepsilon_{max} < 100$，吸收波长一般在 270nm 以上，如表 2-4。

表 2-4　饱和醛、酮化合物的吸收峰

化合物	λ_{max}/nm	ε_{max}	溶　剂	化合物	λ_{max}/nm	ε_{max}	溶　剂
丙酮	279	13	异辛烷	环己酮	285	14	己烷
丁酮	279	16	异辛烷	乙醛	290	17	异辛烷
二辛丁酮	288	24	异辛烷	丙醛	292	21	异辛烷
六甲基丙酮	295	20	醇	异丁醛	296	16	己烷
环戊酮	299	20	己烷				

不饱和醛、酮化合物含有羰基共轭不饱和的 C＝C 键，同时存在 $\pi \to \pi^*$ 和 $n \to \pi^*$ 跃迁，因而有两个吸收带，一个称 R 带，一个为 K 带。α、β 不饱和醛、酮的 R 带一般在 $320 \sim 340nm$，K 带在 $220 \sim 240nm$ 之间。

（五）羧酸和酯

饱和羧酸在 200nm 附近有一弱吸收带。α、β 不饱和羧酸有一个强的 K 吸收带，羧酸酯的吸收波长及强度与相应的羧酸相仿。

（六）芳香族化合物

1. 苯

苯具有环状共轭体系，在紫外区有三个吸收谱带：E_1 吸收带，吸收峰 184nm 左右，ε_{max} 为

4.7×10^4；E_2 吸收带，吸收峰在 203nm 左右，中等强度吸收，ε_{max} 为 7.4×10^3；B 吸收带最大吸收峰为 249.5nm，ε_{max} 为 230。这些吸收带都是 $\pi \to \pi^*$ 跃迁产生的。

B 带是芳香族化合物的特征吸收带，由 $\pi \to \pi^*$ 跃迁与振动跃迁重叠而引起，在非极性溶剂中或气态存在时，苯分子吸收光谱出现清晰的精细结构，在 230～270nm 之间有 7 个吸收峰，如图 2-19。

不仅苯有精细结构，它的同系物也有精细结构。B 带的精细结构是鉴定芳香族化合物的特征。

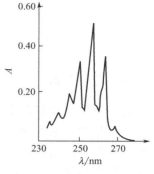

图 2-19　苯的紫外吸收光谱

2. 取代苯

当苯环上的氢被其他基团取代时，苯的吸收光谱将会发生变化，复杂的 B 吸收带变得简单化，吸收峰向长波方向移动，吸收强度增加。取代基不同，红移效应的大小也不同，部分单取代苯的特征吸收如表 2-5。

表 2-5　部分单取代苯的特征吸收

取代基	E_2 谱带		B 谱带		溶　剂
	λ_{max}/nm	ε_{max}	λ_{max}/nm	ε_{max}	
—CH_3	206.5	7000	261	225	2%甲醇
—I	207	7000	257	700	2%甲醇
—Cl	209.5	7400	263.5	190	2%甲醇
—Br	210	7900	261	192	2%甲醇
—OH	210.5	6200	270	1450	2%甲醇
—OCH_3	217	6400	269	1480	2%甲醇
—CN	224	13000	271	1000	2%甲醇
—NH_2	230	8600	280	1430	2%甲醇
—O^-	235	9400	287	2600	2%甲醇
—C≡CH	236	15500	278	650	庚烷

对于双取代苯，其紫外光谱的 E_2 带产生红移，因取代基的位置及性质不同，红移的波长数由几纳米至百余纳米。

3. 多环芳烃

多环芳烃如联苯，可以看成是芳环通过单键相连而生成的化合物。随着共轭范围扩大，使苯的 E_2 带发生红移，同时吸收强度增大，苯的 B 带被淹没。例如苯的 λ_{max} E_2 带为 203nm，ε_{max} 为 7400；B 带 λ_{max} 为 255nm，ε_{max} 为 230。而二联苯（ ）的 E_2 带 λ_{max} 红移至 246nm，ε_{max} 增大至 20000，同时使 B 谱带被淹没。

稠环芳烃是更重要的一类芳香化合物，如线性稠环中的萘（ ）、蒽（ ）等吸收光谱曲线有明显的精细结构，随着环的增加，共轭范围扩大，吸收峰红移。

饱和的五元和六元杂环化合物在近紫外区无吸收，只有不饱和杂环化合物在近紫外区才有吸收。

第七节	紫外-可见分光光度法的应用

一、定性分析

每一种化合物都有自己的特征吸收带，不同的化合物有不同的吸收光谱，可作为定性分析的依据。紫外-可见吸收光谱曲线谱带很宽，有精细结构者不多，目前应用于定性方面，主要是测定某些官能团（如羰基、芳香烃、硝基和共轭二烯烃等基团）存在与否，对非吸收介质中的强吸收杂质的鉴定，痕量杂质的存在与否，对非吸收介质中的强吸收杂质的鉴定，痕量杂质的存在与否，可用 200～400nm 定性扫描，看是否有要求检测的杂质吸收峰。

（一）未知样品的鉴定

有机物的定性鉴定一般用红外光谱，因为它能获得更精细的红外光谱图，但是紫外吸收光谱有时也能起到这样的作用。通常是将紫外吸收光谱图与标准样品比较（或有关资料上的标准谱图比较），若二者的谱图相同，就证明是同一化合物。例如合成维生素 A_2 的鉴定：将天然维生素 A_2 与合成维生素 A_2 分别作紫外吸收光谱图，如果二者吸收光谱图相同，就证明合成维生素 A_2 是成功的，如图 2-20。

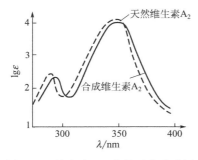

图 2-20　维生素 A_2 紫外吸收光谱图

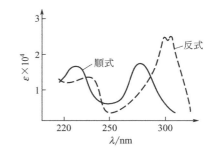

图 2-21　顺式和反式的二苯乙烯光谱图

（二）同分异构体的测定

目前有机物结构的测定，主要靠红外光谱完成，有时利用核磁共振、质谱等手段综合完成。紫外吸收光谱也能完成一些结构的测定，或提供有价值的数据。对于某些有 π 键或共轭双键的异构体，仍可用紫外吸收光谱图来区分，如某些旋光异构体，顺、反异构体等，它们的最大吸收波长（λ_{max}）与摩尔吸光系数（ε_{max}）都有明显区别。如顺式和反式二苯乙烯的吸收光谱图，如图 2-21 所示。由图可知：

顺式　$\underset{C_6H_5\,C_6H_5}{\overset{H\quad H}{C=C}}$　　　$\lambda_{max}=280nm$　　　$\varepsilon_{max}=1.35\times10^4$

反式　$\underset{C_6H_5\,H}{\overset{H\quad C_6H_5}{C=C}}$　　　$\lambda_{max}=295nm$　　　$\varepsilon_{max}=2.7\times10^4$

从上例可知，反式异构体的 λ_{max} 红移，ε_{max} 增大。

（三）纯度的检查

如果某物质在紫外区没有吸收，而杂质有较强吸收，则可检查该化合物痕量杂质的存在。例如乙醇在长紫外区无吸收，而苯在249.5nm有最大吸收，故可用紫外扫描，可鉴定乙醇中是否有苯的存在。又例如四氯化碳在紫外区无吸收，而二硫化碳有吸收（$\lambda_{max}=318nm$），故可用紫外定性扫描，可鉴定出二硫化碳是否存在。

（四）计算不饱和有机化合物吸收波长（λ_{max}）的经验规则

有机化合物在紫外区的最大吸收波长，伍德沃德（Woodward）和斯科特（Scoott）对共轭二烯和多烯，α、β不饱和羰基化合物（ $-\overset{\delta}{C}=\overset{\gamma}{C}-\overset{\beta}{C}=\overset{\alpha}{C}-C=O$ ，X ），苯的取代衍生物（ $R_2-\!\!\!\!\bigcirc\!\!\!\!-COR_1$ ）进行了研究，获得了一些经验规则，根据有机化合物分子结构，计算出该化合物的最大吸收波长，与实测波长十分接近。对上述三类不饱和化合物，其计算规则列于表2-6。

表2-6　三类不饱和化合物吸收波长的计算

官　能　团	吸收波长/nm
1. 共轭二烯 π→π* 异环二烯 [结构] 基本值	214
直链共轭二烯 [结构]	217
同环二烯 [结构]	253
环外双键	5
增加一个共轭双键	30
极性基—O—R	6
—S—R	30
—Cl，—Br	5
—NR₂	60
—O—OCOR（酰基）	0
每个烷基或环残余取代	5
2. 不饱和羰基化合物 $-\overset{\delta}{C}=\overset{\gamma}{C}-\overset{\beta}{C}=\overset{\alpha}{C}-C=O$ ，X	乙醇溶剂
直链及六元环 α,β不饱和酮	215
五元环 α,β不饱和酮基本值	202
α,β不饱和醛基本值	207
α,β不饱和酸与酯基本值	193
增加一个双键	30
增加同环二烯	39
环外双键，五元及七元环内双键	5

官　能　团	吸收波长/nm			
烯基取代	α	β	γ	δ
—R	10	12	18	18
—OR	35	30	17	31
—OH	35	30	50	50
—OCOR（酰基）	6	6	6	6
—Cl	15	12	12	12
—Br	25	30	25	25
—SR	80			
—NR₂	95			
3. 苯衍生物 $R^2-\!\!\!\!\bigcirc\!\!\!\!-COR^1$	乙醇溶剂			
R¹为烷基时的基本值	246			
R¹为H时的基本值	250			
R¹为OH时的基本值	230			
R¹为O—环时的基本值	230			
R¹为OR时的基本值	230			
R¹为CN时的基本值	223			
R²为下列基团	邻位	间位	对位	
烷基或环残基	3	3	3	
—OH，—OR	7	7	25	
—O—	11	20	78	
—Cl	0	0	10	
—Br	2	2	5	
—NH₂	13	13	58	
—NHAc	20	20	45	
—NR₂	20	20	85	

表 2-6 中的不饱和羰基化合物与苯取代衍生物，适合以乙醇作溶剂。如果使用其他溶剂，则计算值与测得值相差较大，需进行如下校正：水＋8nm；甲醇 0；氯仿－1nm，二氧六环－5nm；乙醚－7nm；正己烷－11nm；环己烷－11nm。

【例 2-7】 计算 $CH_3-\!\!\bigcirc\!\!=C{<}^{CH_3}_{CH_3}$ 的最大吸收波长（λ_{max}）。

基本值（共轭二烯）	217nm
环外双键	5nm
烷基（环残余）取代 4×5	20nm
计算值	242nm
实测值	243nm

【例 2-8】 计算环己酮 的 λ_{max}。

母体环己酮基本值	215nm
增加两个共轭双键 2×30	60nm
一个环外双键	5nm
一个 β 烷基	12nm
同环二烯	39nm
一个（$\delta+1$）烷基	18nm
两个（$\delta+2$）烷基 2×18	36nm
计算值	385nm
实测值	388nm

【例 2-9】 计算苯取代衍生物 的 λ_{max}。

母体基本值	246nm
邻位环残基（α）	3nm
对位—Br	2nm
计算值	251nm
实测值	248nm

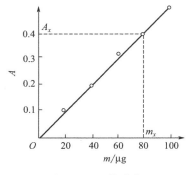

图 2-22　工作曲线

二、定量分析

（一）单组分体系

（1）工作曲线法　采用一定体积的容量瓶（25ml、50ml、100ml）配制一系列标准溶液，分别测定其吸光度，以质量 m 作横坐标，以吸光度 A 作纵坐标，作一条通过 O 点的直线，如图 2-22，分析工作者称它为工作曲线或标准曲线。当测出试样中的吸光度 A_x，即可从工作曲线上找出样品中被测物的质量 m_x，再进一步计算出试液的浓度［光度法中常用体积质量浓度（$\mu g/ml$、$\mu g/L$、mg/L）］或固样中的质量分数。关于浓度的代码，过去统一使用 c 表示，近年有人建议摩尔浓度用 c 表示，质量浓度用希腊字母 ρ 表示。

实例一
纯碱中微量铁的测定

① 基本原理　基于亚铁离子与邻菲罗啉在 pH 值 2～9（pH 值 5～6 最佳）能生成橙红色配合物。

（橙红色）

溶液中 Fe^{3+} 在显色前加 HAc-NaAc 缓冲溶液，并用盐酸羟胺或抗坏血酸还原成 Fe^{2+}。
$$4Fe^{3+} + 2NH_2OH = 4Fe^{2+} + N_2O + H_2O + 4H^+$$

若溶液 pH<2，显色缓慢且色浅，甚至无色，若 pH>10，Fe^{3+} 将被沉淀。邻菲罗啉亚铁的 $\lambda_{max} = 510nm$，$\varepsilon_{max} = 1.1 \times 10^4$。

Bi^{3+}、Cd^{2+}、Hg^{2+}、Ag^+、Zn^{2+} 能与显色剂生成沉淀。Co^{2+}、Cu^{2+}、Ni^{2+} 能形成有色配合物，注意这些离子的干扰。

② 吸收曲线的绘制　用吸量管吸取 6ml 10μg/ml 标准铁溶液入 50ml 容量瓶中，加入 5ml NaAc-HAc 缓冲溶液，加入 5ml 1% 盐酸羟胺溶液，摇匀，再加入 5ml 0.1% 邻菲罗啉水溶液，用蒸馏水稀释至 50ml 刻度，摇匀，放置 10min，用 1cm 吸收池，以试剂空白作参比，在分光光度计上从波长 420～600nm，每隔 10nm 测定一次吸光度。

以波长为横坐标，以吸光度为纵坐标，绘制邻菲罗啉亚铁吸收光谱曲线，并找出最大吸收波长 λ_{max}。

③ 标准曲线的绘制　吸取铁标准溶液 0.0ml，2.0ml，4.0ml，6.0ml，8.0ml，10.0ml 入 50ml 容量瓶中，按②所述方法显色，用 1cm 吸收池，在 510nm 处依次测定其吸光度，以标准溶液浓度为横坐标，以吸光度为纵坐标绘制工作曲线。

④ 样品的测定　称取纯碱 4.000g 入 100ml 烧杯中，用 13ml 左右的 1+1 HCl 缓慢加入，直至 Na_2CO_3 全部溶解不冒泡为止（HCl 不可太过量），小心全部转入 50ml 容量瓶中，按上述方法显色，并测定吸光度 A_x，若 $A_x = 0.4$，则在图 2-21 工作曲线上找出 $m_x = 80\mu$g，则纯碱中铁含量为：

$$w(Fe) = \frac{m_x \times 10^{-6}}{m_{样}} \times 100\% = \frac{80 \times 10^{-6}}{4.000} \times 100\% = 0.0020\%$$

实例二
水中磷酸盐含量的测定

① 绘制工作曲线　分别取 0.00ml、2.00ml、4.00ml、6.00ml、8.00ml、10.00ml 标准 PO_4^{3-} 溶液（10.00μg/ml）入 6 个 50ml 容量瓶，加蒸馏水稀释至约 40ml，然后加入 7ml Na_2MoO_4-H_2SO_4 溶液，摇匀，再加入 $SnCl_2$-甘油溶液 5 滴（或抗坏血酸溶液），再用蒸馏水稀释至刻度，在 30℃ 室温和水浴中显色 10min，用分光光度计于 660nm 处，以空白溶液作参比，依次测标准溶液（20.00μg、40.00μg、60.00μg、80.00μg、100.00μg），其吸光度

A 依次为 0.00、0.051、0.100、0.150、0.200、0.248。

② 水样的测定　取水样 10.00ml 入 50ml 容量瓶中，加 5ml 氨磺酸破坏可能含有的亚硝酸盐，放置 1min，按上述方法定容显色，并测定其吸光度 $A_x = 0.151$。

③ 计算

a. 作 A-m 工作曲线（图 2-23）计算公式为

$$\rho(\mathrm{PO}_4^{3-}) = \frac{m_x}{V_{样}} = \frac{61}{10} = 6.1 (\mathrm{mg/L})$$

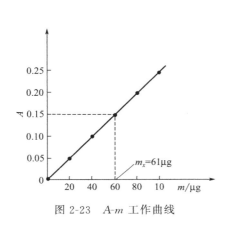

图 2-23　A-m 工作曲线

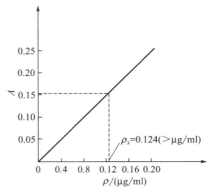

图 2-24　A-ρ 工作曲线

即每毫升试液含 PO_4^{3-} 6.1μg，或每升 6.1mg。

b. 作 A-ρ 工作曲线（图 2-24）

前面已述 ρ 为质量浓度，2ml、4ml、6ml、8ml、10ml 标准溶液（10.00μg/ml）移入 50ml 容量瓶稀释定容后的浓度为 0.4μg/ml、0.8μg/ml、0.12μg/ml、0.16μg/ml、0.20μg/ml $\left(\rho = \frac{\rho_s V_s}{50}\right)$。测得标准液的吸光度依次为：0.051、0.10、0.15、0.20、0.248。测得 $A_x = 0.152$。

计算公式为

$$\rho(\mathrm{PO}_4^{3-}) = \frac{\rho_x \times 50}{V_{样}} = \frac{0.124 \times 50}{10} = 6.2 (\mathrm{mg/L})$$

（2）比较法　当被测样品数量少，且吸光度 A 与浓度 c 的线性比例关系甚佳，可采用比较法定量。此法只需取 3 个容量瓶（如 50ml），配一个标准溶液、一个样品、一个参比溶液（空白或蒸馏水），设 c_s 测得吸光度为 A_s，c_x 测得的吸光度为 A_x，则 c_x 可求出。根据朗伯-比耳定律

$$A_x = Kc_x L$$
$$A_s = Kc_s L$$

两式相比得

$$c_x = \frac{A_x}{A_s} \cdot c_s \quad 或 \quad m_x = \frac{A_x}{A_s} \cdot m_s$$

实例三

比较法测水样中微量铁

取 0.00ml、5.00ml 标准铁溶液（10.0μg/ml）、取 10.0ml 水样分别入 50ml 容量瓶中，与例一的相同方法显色、定容、摇匀，10min 后，在可见分光光度计 510nm 处，以空白溶

液作参比，测得 $A_s=0.50$，$A_x=0.45$，求原试液（水样）的浓度 ρ。

① $m_s=V_s\rho_s=5.00\times10.0=50.0(\mu g)$

② 根据 $m_x=\dfrac{A_x}{A_s}\cdot m_s=\dfrac{0.45}{0.50}\times50.0=45.0(\mu g)$

③ 求出原水样中微量铁的浓度

$$\rho(Fe)=\frac{m_x}{V_{样}}=\frac{45.0\mu g}{10.0ml}=4.5\mu g/ml=4.5mg/L$$

差示光度法、紫外光谱的双波长法都可运用以上的工作曲线法、比较法进行计算，不再举实例进行计算。双波长法需较高档次的紫外分光光度计才能进行测定。

还例如水中 NO_3^- 的测定，NO_3^- 在 205.5nm 处有最大吸收，可采用工作曲线法或比较法测定其浓度。如有 NO_2^- 可加入氨基磺酸消除干扰（需紫外分光光度计）。

（二）双组分体系

当试液中有两种或两种以上的物质对光产生吸收时，则互相干扰测定，必须采取办法消除其干扰。

1. 吸收曲线部分重叠

吸收曲线部分重叠有以下三种情况，如图 2-25。

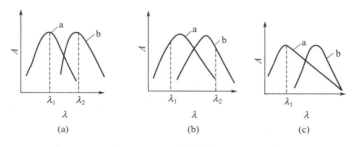

图 2-25　吸收曲线部分重叠

图 2-25 中（a），最大吸收波长处都不重叠，这种情况只要选 λ_1 测 a 组分，选 λ_2 测 b 组分，互不干扰。

图中（b）的情况是曲线的最大吸收波长处都重叠，但吸收曲线并不全部重叠，为了消除干扰，可以牺牲灵敏度，不选 λ_{max}，可选（b）中的 λ_1 测 a 组分，选 λ_2 测 b 组分。

图中（c）的情况是 a 曲线部分重叠，b 曲线全部重叠，这可选 λ_1 测 a 组分，b 组分的测定可按下述方法解决。

2. 吸收曲线全部重叠

很多双组分物质吸收曲线都全部重叠，例如 Cr^{3+}（a 组分）、Co^{2+}（b 组分）的吸收曲线就如图 2-26。

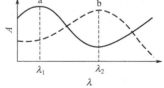

图 2-26　吸收曲线全部重叠

吸光度具有加和性，即某波长下测得的吸光度，等于混合物在该波长下各成分吸光度总和。如图 2-26 中，$A_{\lambda_1}^{a+b}=A_{\lambda_1}^{a}+A_{\lambda_1}^{b}$，$A_{\lambda_2}^{a+b}=A_{\lambda_2}^{a}+A_{\lambda_2}^{b}$。根据比耳定律

$$\begin{cases}A_{\lambda_1}^{a+b}=A_{\lambda_1}^{a}+A_{\lambda_1}^{b}=\varepsilon_{\lambda_1}^{a}c^a+\varepsilon_{\lambda_1}^{b}c^b\\A_{\lambda_2}^{a+b}=A_{\lambda_2}^{a}+A_{\lambda_2}^{b}=\varepsilon_{\lambda_2}^{a}c^a+\varepsilon_{\lambda_2}^{b}c^b\end{cases}$$

解方程可得

$$c^{a} = \frac{A_{\lambda_1}^{a+b} \varepsilon_{\lambda_2}^{b} - A_{\lambda_2}^{a+b} \varepsilon_{\lambda_1}^{b}}{\varepsilon_{\lambda_1}^{a} \varepsilon_{\lambda_2}^{b} - \varepsilon_{\lambda_2}^{a} \varepsilon_{\lambda_1}^{b}}$$

$$c^{b} = \frac{A_{\lambda_1}^{a+b} - \varepsilon_{\lambda_1}^{a} c^{a}}{\varepsilon_{\lambda_1}^{b}}$$

式中，$A_{\lambda_1}^{a+b}$、$A_{\lambda_2}^{a+b}$ 由试液测定获得，$\varepsilon_{\lambda_1}^{a}$、$\varepsilon_{\lambda_2}^{a}$、$\varepsilon_{\lambda_1}^{b}$、$\varepsilon_{\lambda_2}^{b}$ 为 4 个摩尔吸光系数，可用已知浓度的 Cr^{3+}、Co^{2+} 标准溶液在 λ_1 和 λ_2 处分别测定出 $A_{\lambda_1}^{a}$、$A_{\lambda_2}^{a}$、$A_{\lambda_1}^{b}$、$A_{\lambda_2}^{b}$，根据式 $\varepsilon = \frac{A}{cL}$ 计算获得。故 c^{a}、c^{b} 可求出。根据经验证明，仅用一个标准液测出的误差大，用几个不同浓度的标准溶液，测定其摩尔吸光系数的平均值（或工作曲线斜率值）误差小。

① 钢中铬和锰的测定　试样经酸分解后，生成 Mn^{2+} 和 Cr^{3+}，加入 H_3PO_4 以掩蔽 Fe^{3+} 的干扰。在酸性条件下，以 $AgNO_3$ 作催化剂，加过量 $(NH_4)_2S_2O_8$，将 Cr^{3+}、Mn^{2+} 氧化成 $Cr_2O_7^{2-}$ 和 MnO_4^{-}，在波长 440nm 和 545nm 处测定 A_{440nm}^{Cr+Mn}、A_{545nm}^{Cr+Mn}，根据用标准溶液事先测得的 ε_{440nm}^{Cr}、ε_{545nm}^{Cr}、ε_{440nm}^{Mn}、ε_{545nm}^{Mn} 值，解联立方程，即可计算铬、锰的含量。

② Cr^{3+}、Co^{2+} 混合液的测定　Cr^{3+}、Co^{2+} 吸收曲线如图 2-26 所示。Cr^{3+} 的 λ_{max} 为 505nm，Co^{2+} 的最大吸收波长为 575nm。同样可用解联立方程法，求出 Cr^{3+}、Co^{2+} 的浓度。

$$\begin{cases} A_{505nm}^{Cr+Co} = \varepsilon_{505}^{Co} c^{Co} + \varepsilon_{575}^{Cr} c^{Cr} \\ A_{575nm}^{Cr+Co} = \varepsilon_{575}^{Co} c^{Co} + \varepsilon_{575}^{Cr} c^{Cr} \end{cases}$$

3. 吸收曲线全部重叠时的双波长定量法

第四节介绍双波长分光光度计时，已介绍过用等吸收法可消除干扰，即选择好 λ_1、λ_2，使 $A_{\lambda_1}^{干扰物} = A_{\lambda_2}^{干扰物}$。即可以用一系列标准物测出一系列 ΔA 值（$\Delta A_1 \sim \Delta A_5$），然后测试液的 ΔA_x，即可从工作曲线上找出 c_x 值。曾做过如下几个实验。

① Cr^{3+}、Co^{2+} 的测定　要测混合液中 Cr^{3+}、Co^{2+} 含量。首先配制 Cr^{3+} 的标准 5 个，Co^{2+} 的标准溶液 5 个。各取一个在 7530 紫外分光光度计上，用记忆定性扫描程序分别记忆扫描，按打印键（PRINT），可将两根曲线同时打印在打印纸上。图 2-27 是实测图（经缩小绘制）。定量分析时，首先选 Cr^{3+}（或 Co^{2+}）为被测物，Co^{2+} 为干扰物，用作图法，找出二波长，使 $A_{\lambda_1}^{Co} = A_{\lambda_2}^{Co}$，则在此二波长下，测 Cr^{3+} 的工作曲线和试液的 ΔA_x，而 Co^{2+} 不干扰测定，可以很准确的测定 Cr^{3+} 的浓度。如果将 Co^{2+} 当做被测物，Cr^{3+} 当做干扰物，同样可测定出 Cr^{3+} 的准确浓度。

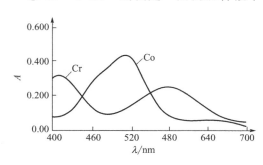

图 2-27　Cr^{3+} 与 Co^{2+} 的吸收曲线

② 苯甲醛存在下双波长法测苯胺含量　其测定步骤与①相似，先配制苯甲醛与苯胺溶液，分别进行定性扫描，同时打印出二吸收光谱曲线，如图 2-28。再用等吸光度法，找出 λ_1、λ_2，使 $A_{\lambda_1}^{苯甲醛} = A_{\lambda_2}^{苯甲醛}$。然后配制苯胺标准溶液 5 个，测绘出工作曲线，将测得的 ΔA_x 值，即可在工作曲线上找出 c_x 值。

③ 苯胺存在下苯酚的测定　可用上述相同的双波长法测定之。

有机物分析中，紫外光谱得到广泛应用，如农药、医药行业。在解决实际问题时，凡被测物分子中有双键、杂原子团，在紫外区都会有吸收，都可以考虑用紫外光度法定量，且高低含量适宜。

三、差示光度法

可见分光光度法测高含量物质时，工作曲线产生弯曲，使分析结果偏差过大，不宜采用。而差示光度法能得到满意的分析结果。

差示光度法是用一已知浓度的标准溶液作参比来测定试液的吸光度，然后求出试液的浓度 c_x。设参比溶液浓度为 c_s，试液浓度为 c_x，则

图 2-28　苯胺与苯甲醛吸收光谱曲线

$$A_s = \lg \frac{I_0}{I_s} = Kc_sL$$

$$A_x = \lg \frac{I_0}{I_x} = Kc_xL$$

二式相减得

$$\Delta A = \lg \frac{I_s}{I_x} = K(c_x - c_s)L$$

上式说明相对吸光度与溶液浓度差成正比，符合朗伯-比耳定律。同样可以用比较法或工作曲线法定量。

（一）比较法

$$\frac{c_x - c_s}{c_{s_1} - c_s} = \frac{\Delta A_x}{\Delta A_s}$$

$$c_x = \frac{\Delta A_x}{\Delta A_s}(c_{s_1} - c_s) + c_s$$

式中　c_s——参比溶液浓度；

$\quad\quad c_x$——试液浓度；

$\quad\quad c_{s_1}$——标准液浓度（$c_{s_1} > c_s$）；

$\quad\quad \Delta A_x$——测出的试液的相对吸光度；

$\quad\quad \Delta A_s$——测出的标准溶液的相对吸光度。

（二）工作曲线法

以标准溶液的浓度为横坐标，以相对吸光度为纵坐标作工作曲线。测试液，亦以 c_s 作参比溶液，测得相对吸光度 ΔA_x，即可从曲线上找出试液的浓度 c_x，如图 2-29。

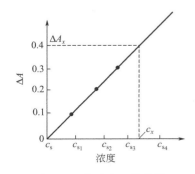

图 2-29　差示法工作曲线

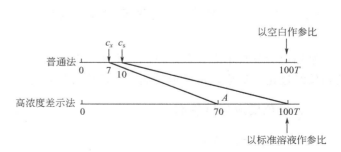

图 2-30　差示法与普通光度法操作不同示意图

（三）差示光度法操作方法

用浓度稍低于试样溶液的标准溶液作参比，调节100％ T 透光度调节钮，使透光度 T 为100，然后将试样推入光路，即测得试液的相对吸光度 ΔA_x，从工作曲线可找出试液浓度。

图2-29是普通分光光度法与差示分光光度法，在操作上的区别示意图。如果将参比溶液的透光度由10％扩展到100％，就意味着将仪器透光度标尺也伸展了10倍（100％：10％）。利用标准溶液作参比，可以提高分光光度法的准确度，这是因为普通分光光度法用空白作参比，当 c_s 的透光度 T 为10％，c_x 的透光度 T 为7％，相差只有3％。当用差示法以 c_s 作参比，调节透光度 T100％，则 c_x 为70％，二者相差30％，相当于标尺扩大了10倍。同时吸光度读数标尺，由刻度稠密区移到稀疏区（对数标尺），减少了读数误差（即减少了 Δc）。由于试样含量较高，即浓度 c，则相对误差 $\Delta c/c$ 小了，故提高了准确度。如图2-30。

以差示光度法测定高含量镍为例。

① 原理　利用镍离子本身的颜色。

② 测定步骤　用10ml吸量管吸取5.0ml、6.0ml、7.0ml、8.0ml、9.0ml、10.0ml标准镍溶液（100mg/ml）及试液10.0ml，分别放入7个50ml容量瓶中，用水稀释至刻度，摇匀。以5.0ml标准作参比，在650nm处分别测定吸光度，以镍标准溶液中镍的质量 m 作横坐标，以吸光度为纵坐标作工作曲线。根据试液测得的 ΔA_x，可在工作曲线上找出 c_x 值，根据下式可求出试液的浓度。

$$镍含量 = \frac{m_x \times 10^{-3}}{V_{样}} \times 1000 (g/L)$$

四、导数分光光度法简介

对吸收光谱曲线进行一阶或高阶求导，就可得到各种导数光谱曲线，如图2-31。

图中（a）是吸收光谱曲线（b）的一阶导数。（a）的分辨率高于普通吸收光谱曲线，它能把重叠峰分开，能获得更多的组分信息。

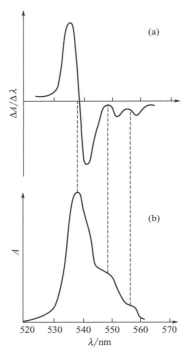

图2-31　导数曲线（a）与标准
吸收光谱曲线（b）比较

图2-31是采用双波长分光光度法，获得的一阶导数光谱曲线，但目前更多的是采用电子学方法，将信号转换成微分输出，再与计算机联机操作，这样能获得更高阶导数的吸收光谱曲线，有更高的分辨率。

第八节 　显色与操作条件的选择

紫外定量分析不需显色，只需考虑干扰及操作条件的选择。而可见光度法定量还需将无色物质经过化学反应，定量地转变为有色化合物，这一步非常重要。

一、显色反应与显色剂

（一）显色反应的要求

显色反应主要有氧化还原反应和配位化合反应两大类，而配位化合反应更重要。对于显色反应一般应满足下列要求。

①　选择性好。所用的显色剂最好只与被测组分起显色反应，免除其他离子干扰。

②　灵敏度高。分光光度法一般是测定微量物质，灵敏度高有利于测定低含量组分。灵敏度高低可由摩尔吸光系数 ε 值来判断，ε 大则灵敏度高。但含量较高的组分则不必选灵敏度高的显色剂。

③　有色化合物的组成要恒定，化学性质要稳定。有色化合物的组成若不恒定，测定的重现性差，有色化合物若易分解或被空气氧化，则会影响分析结果的准确度。

④　显色剂最好无色。显色剂若有颜色，则要求显色剂的颜色与有色化合物的颜色差别很大，二者的 λ_{max} 应相差 60nm 以上。

⑤　显色反应的条件要易于控制。如果显色条件苛刻，则不易控制，造成误差大。

（二）无机显色剂

不少无机试剂能与金属离子形成有色化合物。多数无机显色剂的灵敏度和选择都不太高，其中性能较好仍有使用价值的列于表 2-7。

表 2-7　常用无机显色剂

显色剂	测定元素	酸　　度	无机化合物组成	颜　色	测定波长/nm
硫氰酸盐	铁	$0.1 \sim 0.8mol/L$ HNO_3	$Fe(SCN)_5^{2-}$	红	480
	钼	$1.5 \sim 2mol/L$ H_2SO_4	$MoO(SCN)_5^{2-}$	橙	460
	钨	$1.5 \sim 2mol/L$ H_2SO_4	$WO(SCN)_4^{-}$	黄	405
	铌	$3 \sim 4mol/L$ HCl	$NbO(SCN)_4^{-}$	黄	420
钼酸铵	硅	$0.5 \sim 0.3mol/L$ H_2SO_4	$H_4SiO_4 \cdot 10MoO_3 \cdot Mo_2O_3$	蓝	$670 \sim 820$
	磷	$0.5mol/L$ H_2SO_4	$H_3PO_4 \cdot 10MoO_3 \cdot Mo_2O_3$	蓝	$670 \sim 820$
	钒	$1.0mol/L$ HNO_3	$P_2O_5 \cdot V_2O_5 \cdot 22MoO_3 \cdot nH_2O$	黄	420
氨　水	铜	浓氨水	$Cu(NH_3)_4^{2+}$	蓝	620
	钴	浓氨水	$Co(NH_3)_6^{2+}$	红	500
	镍	浓氨水	$Ni(NH_3)_6^{2+}$	紫	580
过氧化氢	钛	$1 \sim 2mol/L$ H_2SO_4	$TiO(H_2O_2)^{2+}$	黄	420
	钒	$6.5 \sim 3mol/L$ H_2SO_4	$VO(H_2O_2)^{3+}$	红橙	$400 \sim 450$
	铌	$18mol/L$ H_2SO_4	$Nb_2O_3(SO_4)_2(H_2O_2)$	黄	365

（三）有机显色剂

许多有机试剂在一定条件下能与金属离子形成有色配合物，并具如下特点。

①　大部分是环状螯合物，有鲜明的颜色，灵敏度高，ε 大于 10^4。

②　金属螯合物都很稳定，离解常数小。

③　选择性高。在一定条件下只与少数或某一种金属离子生成有色化合物。

④　大部分金属螯合物能被有机溶剂萃取，因而可提高灵敏度和分离干扰离子。

有机显色剂是应用最多的显色剂，合成灵敏度高、选择性好的有机显色剂，是目前研究的方向。表 2-8 是部分有机显色剂在可见分光光度分析中的应用。

表 2-8　常用有机显色剂

显色剂	测定离子	显色条件	颜色	λ_{max}/nm	ε
双 硫 腙	Zn^{2+}	pH＝5.0,CCl_4 萃取	红紫	535	$1.12×10^5$
双 硫 腙	Cd^{2+}	碱性,$CHCl_3$ 或 CCl_4 萃取	红	520	$8.80×10^4$
双 硫 腙	Ag^+	pH＝4.5,$CHCl_3$ 或 CCl_4 萃取	黄	462	$3.05×10^4$
双 硫 腙	Hg^{2+}	微酸性,CCl_4 萃取	橙	490	$7.00×10^4$
双 硫 腙	Pb^{2+}	pH＝8～11,KCN 掩蔽,CCl_4 萃取	红	520	$6.86×10^4$
双 硫 腙	Cu^{2+}	0.1mol/L HCl,CCl_4 萃取	紫	545	$4.55×10^4$
铜 试 剂	Cu^{2+}	pH＝8.5～9.0,CCl_4 萃取	棕黄	436	$1.29×10^4$
硫 脲	Bi^{3+}	1mol/L HNO_3	橙黄	470	$9.00×10^3$
铝 试 剂	Al^{3+}	pH＝5.0～5.5 HAc	深红	525	$1.00×10^4$
二 甲 酚 橙	Pb^{2+}	pH＝4.5～5.5	红	580	$1.94×10^4$
二 甲 酚 橙	Zr^{4+}	0.8mol/L HCl	红	535	$3.38×10^4$
丁 二 酮 肟	Ni^{2+}	碱性,$CHCl_3$ 萃取	红	360	$3.40×10^4$
磺基水杨酸	Fe^{3+}	pH＝8.5	黄	420	$5.5×10^3$
亚硝基 R 盐	Co^{2+}	pH＝6.0～8.0,$CHCl_3$ 萃取	深红	550	$1.06×10^4$
新 亚 铜 灵	Cu^+	pH＝3.0～9.0,异戊醇萃取	黄橙	454	$7.95×10^3$
偶 氮 胂 Ⅲ	Ba^{2+}	pH＝5.3	绿	640	$5.10×10^3$
邻 菲 罗 啉	Fe^{2+}	pH＝3.0～6.0	橙红	510	$1.11×10^4$

（四）三元配合物

1. 三元混配配合物

三元配合物是指由三个组分形成的螯合物，它较二元配合物有更高的灵敏度和选择性，同时还具有较高的稳定性，从而提高了方法的准确度。

例如 V（钒）：H_2O_2：PAR（吡啶偶氮一间苯二酚）＝1：1：1，形成颜色很深的红紫色三元配合物。

再如 Ti^{4+}：H_2O_2：二甲酚橙＝1：1：1。在 pH＝0.6～2 的酸性溶液中生成红色三元配合物，$\lambda_{max}＝530nm$。

又如氟离子的测定。氟离子能与氟试剂（Ac）及镧离子（F^-：Ac：La^{3+}＝1：1：1）形成三元蓝色配合物。

以上三元混配配合物的特点如下。

① 金属离子与两种配位体都有形成配合物的能力。

② 金属有形成未饱和配位化合物的性质。

③ 有适当的空间因素，两种配位体分子一大一小。

2. 三元离子缔合物

金属离子与一种配位体结合形成带电荷的配位化合物，另一种离子具有相反电荷，这两种离子基于静电引力，结合成三元离子缔合物。

例如 Ag^+ 与邻菲罗啉（Phen）组成阳离子$[Ag^-(Phen)_2]^+$，邻溴苯三酚红（BPR）是阴离子$(BPR)^{4-}$，它们组成深蓝色三元离子缔合物$[Ag^-(Phen)_2]_2[BPR]^{2-}$。用 F^-、H_2O_2、EDTA 掩蔽其他离子的干扰，在 pH＝3～10 可测定微量 Ag^+，且灵敏度高。

3. 三元胶束配合物及胶束增溶分光光度法

金属离子与显色剂反应时，若再加入某些长碳链的季铵盐，如氯化十六烷基三甲胺（CTMAC）、溴化十六烷基三甲胺（CTMAB）及溴化十六烷基吡啶（CPB）。测定的灵敏度大大提高，摩尔吸光系数 ε 达 $10^4 \sim 10^5$。季铵盐属阳离子表面活性剂，季铵盐阳离子与金属离子的配位化合物阴离子，形成三元离子缔合物。而季铵盐在水中容易形成胶体，这些胶体质点称胶束，可以起分散作用，使三元离子缔合物发生胶束增溶现象，稳定地保持在水溶液中，并提高了灵敏度，称此法为胶束增溶分光光度法。

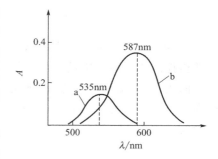

图 2-32　吸收光谱曲线
a—Al-ECR；b—Al-ECR-CTMAC

例如测微量铝，常用埃铬菁 R（ECR）或铬天青 S（CAS）作显色剂生成绿色螯合物，再加入氯化十六烷基三甲胺（CTMAC）则生成三元配合物，λ_{max} 由 535nm 红移至 587nm，ε_{max} 由 5×10^4 增大至 10^5，见图 2-32。图中 a 是 Al-ECR 吸收光谱曲线；b 是 Al-ECR-CTMAC 吸收光谱曲线。Al 含量为 $4\mu g/50ml$。

$$Al：ECR：CTMAC \xrightarrow{pH=5.9} 1：3：3$$

二、影响显色反应的因素

显色反应是否能满足吸光光度法的要求，除了与显色剂的性质有关以外，控制好显色反应的条件也十分重要，如果显色条件控制不好，将会严重影响分析的准确度。

（一）显色剂用量

显色反应一般可用下式表示：

$$\begin{array}{ccccc} M & + & R & \rightleftharpoons & MR \\ \text{被测组分} & & \text{显色剂} & & \text{有色化合物} \end{array}$$

为了保证显色反应尽可能进行完全，都需要加入过量显色剂。但是显色剂也不是愈多愈好，对于有些显色反应，显色剂加入太多会引起副反应，对测定产生副作用。在实际工作中，通常根据实验来确定显色剂用量。实验方法是将多份（如 10 份）具有相同量的被测组分（如 $20\mu g Fe/50ml$），加入不同体积（如 $1 \sim 10ml$）的显色剂，在相同条件下，分别测定吸光度，作 $A\text{-}V_{显色剂}$ 曲线，如图 2-33。

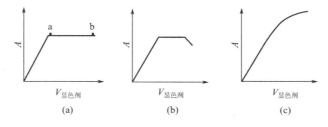

图 2-33　吸光度与显色剂用量

显色剂用量对显色反应可能有三种影响，图 2-33 中曲线（a）为最常见，开始时吸光度随着显色剂用量增加而增加，当显色剂用量达到某数值时，吸光度不再增大，出现了 a、b 平坦部分，这意味着显色剂用量已足够，可在 a、b 之间选择合适的显色剂用量。

曲线（b）说明，显色剂用量增大时，吸光度亦增大，增大到一定程度有一个狭窄的平坦区，当显色剂用量继续增加时，吸光度反而下降，如硫氰酸盐测定钼就是这种情况。这是因为五价的钼与 SCN^- 生成多种配合物。

$$Mo(SCN)_3^{2+} \rightleftharpoons Mo(SCN)_5 \rightleftharpoons Mo(SCN)_6^-$$
$$\text{（浅红）} \qquad \text{（橙红）} \qquad \text{（浅红）}$$

当 SCN^- 用量过多，会生成浅红色 $Mo(SCN)_6^-$，吸光度降低。故用此法测钼含量时，要严格控制硫氰酸盐用量，才能获得正确的分析结果。

曲线（c）说明，显色剂不断增加，吸光度也不断增大，其原因是产生了颜色愈来愈深的高配位数配合物。例如 Fe^{3+} 能与 SCN^- 生成 $Fe(SCN)^{2+}$ 至 $Fe(SCN)_6^{3-}$ 六种不同配位数化合物，颜色由橙黄变至血红色。此法测铁要严格控制显色剂用量。

（二）溶液酸度

酸度对显色反应的影响主要有以下几个方面。

① 酸度对显色剂浓度的影响。有机显色剂大部分是有机弱酸，显色反应进行时，首先是有机弱酸发生离解，然后才是此阴离子与金属离子形成配合物。

$$M + HR \rightleftharpoons MR + H^+$$

从反应式可以看出，溶液的酸度影响反应的完全程度。而酸度对显色剂离解程度的影响大小，与显色剂 HR 的离解常数 K_a 大小有关，K_a 大则影响大，K_a 小则影响小。

② 酸度对金属离子状态的影响。例如 Al^{3+} 在 $pH=4$ 时，发生如下水解反应

$$Al^{3+} \xrightleftharpoons{H_2O} Al(OH)^{2+} \xrightleftharpoons{H_2O} Al(OH)_2^+ \xrightleftharpoons{H_2O} Al(OH)_3 \downarrow$$

如被测 Al^{3+} 生成了沉淀，显色反应将无法进行。

③ 酸度对显色剂颜色的影响。显色反应中许多显色剂本身就是酸碱指示剂。例如二甲酚橙在溶液 $pH>6.3$ 时，溶液呈红紫色，$pH<6.3$ 时呈亮黄色，$pH=6.3$ 时呈中间色，而二甲酚橙与金属离子的配合物呈红色。因此二甲酚橙只有在 $pH<6$ 的酸性溶液才有可能作金属离子显色剂。

④ 酸度对配合物组成的影响。某些配位化合物，在不同的酸度中，将生成不同配位比的配合物，例如水杨酸与铁的反应如下。

（褐色） （红色）

（黄色）

⑤ 酸度对配合物稳定性的影响。溶液 pH 减小时，有色配位化合物可被 H^+ 分解。

$$MR + H^+ \rightleftharpoons M^+ + HR$$

（三）显色时间

显色后，一般不马上测定吸光度，一般放置 5～10min，再去测定吸光度，使颜色达到最深度，吸光度达到稳定值。显色后也不要放置过久，因为部分有色配合物时间太长，溶液颜色会产生变化。例如邻菲罗啉亚铁能稳定 4h；而用 4-氨基安替比林法测定水中酚，10min 反应完全，但 30min 以后，颜色将慢慢变浅。

（四）温度

温度影响显色反应的反应速率，一般显色反应都在室温进行。但有些反应需要加温，例如硅钼蓝法测定硅，在室温（15～30℃）需 15～30min，而在沸水中只需 30s 即可完成。温

度改变时，某些有色化合物的吸光系数也发生变化，因此对标准试液显色时，要求在相同温度下进行。

（五）溶剂的影响

① 溶剂影响配合物的离解度。不少化合物在水中有较大的离解度，而在有机溶剂中离解度小。故在不少显色反应加入一定的有机溶剂，用得较多的是丙酮。例如在 $Fe(SCN)_3$ 溶液中加入丙酮，可降低 $Fe(SCN)_3$ 离解度，使颜色加深，提高了测定的灵敏度。

② 溶剂影响配合物的颜色。溶剂改变配合物颜色的原因，可能是各种溶剂极性不同，改变了配合物内部状态或形成不同溶剂化物的结果。例如 $Co(SCN)_4^{2-}$ 在水中无色，而在戊醇等有机溶剂中成蓝色。

③ 溶剂影响反应速率。例如氯代磺酚 S 测定铌时，在水溶液中显色需几个小时，如果加入丙酮后仅 30min。

（六）干扰离子的影响及消除

1. 干扰离子的影响

① 与试剂生成有色配合物。例如硅钼蓝测定硅时，磷也能生成磷钼蓝干扰测定。

② 与试剂生成无色配合物。例如用磺基水杨酸测定 Fe^{3+}，而 Al^{3+} 也与磺基水杨酸生成无色配合物，消耗显色剂，而使 Fe^{3+} 可能反应不完全。

③ 干扰离子本身有颜色。例如测钢铁中 Mn［用 $(NH_4)_2S_2O_8$ 氧化为 MnO_4^-］，钢中的 Co^{2+}、Ni^{2+}、Cr^{3+}、Cu^{2+}。

④ 干扰离子与被测离子形成无色配合物。如测铁时，F^- 能与 Fe^{3+} 形成 FeF_6^{3-} 而使 Fe^{3+} 不能形成有色化合物［如 $Fe(SCN)_3$］。

2. 干扰离子的免除

① 控制酸度。控制酸度可以选择配合物的形成。例如磺基水杨酸测定 Fe^{3+}，而 Cu^{2+} 也能与磺基水杨酸形成黄色配合物而干扰。而二者的离解常数分别为 4×10^{-17} 及 4×10^{-11}，当控制溶液 pH＝2.5 时，铁能形成配合物，而铜不能，从而可消除干扰。

② 加入掩蔽剂。这是目前常用的方法，例如用硫氰酸盐显色测定 Co^{2+} 时，Fe^{3+} 干扰，可加入 NaF，使形成 FeF_6^{3-}，免除了铁的干扰。

③ 选择适当的测量条件。例如用 4-氨基安替比林显色剂测定废水中酚，用铁氰化钾作氧化剂，生成红色配合物。但显色剂与氧化剂铁氰化钾在溶液都呈黄色，干扰测定，但选择 520nm 来测定吸光度，则可免除干扰，因为黄色溶液在 420nm 左右有强吸收，而 500nm 以后无吸收。

三、参比溶液的选择

在分光光度分析中测定吸光度时，需要一个参比溶液来调节仪器零点，选择合适的参比溶液能消除某些干扰，提高分析的准确度。常用如下溶液作参比。

（一）溶剂参比

当样品比较简单，无干扰时则可用纯溶剂作参比。例如用硫氰酸盐作显色剂，以乙酸乙酯萃取测定钼时，可用乙酸乙酯作参比液。

（二）试剂参比

试剂参比又叫空白参比，多数情况都是采用试剂溶液作参比。所谓试剂参比就是与样品溶液进行平行操作，即加所有的试剂，只是不加样品，试剂参比可消除试剂中所带来杂质的影响。例如光度法测定铁，试剂中一般都有微量铁，如果参比溶液也加入了同样的试剂，就可以抵消由于试剂带来微量铁而使结果偏高的误差。

如果显色剂本身有颜色，则更应以试剂溶液作参比才会抵消误差，同时要选择适当波长避免显色剂的干扰。

（三）样品参比

当样品中含有某些有色离子时，这些离子又不与显色剂反应。例如铜试剂显色测定钢中铜可用此法。又例如 H_2O_2、吡啶偶氮间苯二酚（PAR）测定钒，生成 V-PAR-H_2O_2 三元配合物，采用不加 H_2O_2 的样品溶液作参比。

（四）褪色参比

当样品基体及显色剂均有颜色时，使用试剂参比或样品参比都不能完全消除干扰。当显色剂与基体不显色时，可寻找一种褪色剂（掩蔽剂、氧化剂或还原剂），选择性地将被测离子掩蔽或改变价态，使已显色的化合物褪色，用来作参比溶液。例如用铬天青 S 显色测钢中铝含量，取一部分已显色的试液，加入 NH_4F（或 NaF）夺取 Al^{3+} 形成 AlF_6^{3-}，将褪色后的样品溶液作参比可消除显色剂的颜色及样品中微量钒、铬、钛等的干扰。

四、分光光度分析中的最佳浓度范围

影响光度分析的因素，除上述各种原因之外，仪器的测量误差也是一个重要方面。任何光度计都有测量误差，例如光源强度不稳定、光电效应非线性、单色器质量差、吸收池的透光率不一致、透光率与吸光度的标尺不准等因素。除此之外，控制被测溶液的浓度范围，使吸光度在标尺的一定范围内，使相对误差最小。透光率在什么范围内具有较小的浓度测定误差，可通过下面推导求得。

$$A = -\lg T$$

将此式微分得

$$dA = -d(\lg T) = -0.434 d\ln T = -\frac{0.434}{T} dT$$

为求吸光度相对误差，用 A 除等式两边

$$\frac{dA}{A} = -\left(\frac{0.434}{TA}\right) dT = \frac{0.434}{T\lg T} dT$$

因

$$\frac{dA}{A} = \frac{d(KcL)}{KcL} = \frac{KLdc}{KcL} = \frac{dc}{c}$$

所以

$$\frac{dc}{c} = \frac{0.434}{T\lg T} dT$$

用有限值表示，则上式可写成

$$\frac{\Delta c}{c} = \frac{0.434 \Delta T}{T\lg T}$$

当读数误差 $\Delta T = 1$，则

$$\frac{\Delta c}{c} = \frac{0.434}{T\lg T}$$

用不同的透光度 T 值代入上式所引起的相对误差，如表 2-9。

表 2-9 不同透光度 T 的测定相对误差 $\dfrac{\Delta c}{c}$ /%

T	$(\Delta c/c)$	T	$(\Delta c/c)$	T	$(\Delta c/c)$	T	$(\Delta c/c)$
95	20.8	70	4.0	36.8	2.73	10	4.3
90	10.7	60	3.3	30	2.8	5	6.5
80	5.6	50	2.9	20	3.2	2	12.8

若以 $\Delta c/c$ 对溶液的透光度 T 作图，可得图 2-34 曲线。

由表 2-9 及图 2-34 可以看出，T 很大或很小，相对误差 $\Delta c/c$ 都很大，但 $10\%\sim80\%$（A 为 $1.0\sim0.1$）区间，浓度相对误差较小。当 T 为 $20\%\sim65\%$（A 为 $0.2\sim0.7$），相对误差（$\Delta c/c$）为 3% 左右，对于精密度较高的光度计，测量相对误差为 1% 左右，当 $T=36.8\%$（A 为 0.434）时，相对误差最小，所以能使吸光度为 $0.7\sim0.2$ 的浓度区间为最佳浓度范围。

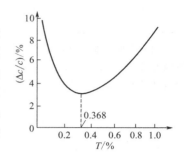

图 2-34 透光度与测量
相对误差的关系

吸光度太大或太小引起相对误差大的原因可作如下解释：因为吸光度的读数标尺是对数刻度，在高浓度区间刻度稠密，读数误差 Δc 很大，所以相对误差 $\Delta c/c$ 很大。在低浓度区间读数标尺稀疏，但由于 c 很小，所以相对误差 $\Delta c/c$ 仍很大。目前多数仪器，采用数码屏幕显示 A 或 T，看不见刻度稠密与稀疏的问题，而上述理论仍然成立。

为了减少相对误差，应控制被测溶液的浓度和选择吸收池厚度，使测定的吸光度在 $0.7\sim0.2$ 区间为最佳。

思 考 题

1. 什么叫比色法？什么叫分光光度法？
2. 物质为什么有选择地吸收光波？
3. 什么叫吸收光谱曲线？
4. 用数学式和文字表达朗伯-比耳定律。
5. 应用朗伯-比耳定律有哪两个先决条件？
6. 摩尔吸光系数的物理意义？
7. 什么叫比浊法？
8. 吸光度与透光度的关系。
9. 电子跃迁有哪几种类型，它与分子的结构有何关系？
10. 画图说明 721 型（或 722 型或 7530 型）分光光度计的工作原理。
11. 紫外分光光度计与可见分光光度有何不同？
12. 紫外光谱在定性方面有哪些应用？
13. 分光光度有哪几种定量方法？
14. 差示光度法测高含量为什么能提高准确度？
15. 如何能使吸光度读数在 $0.2\sim0.7$ 之间？
16. 某乙醇中含微量苯，拟订一个紫外光度法测定苯含量（mg/L）的定量分析方案。
17. 某试剂中含有微量邻菲罗啉，试设计一定量分析方案，测定邻菲罗啉的质量分数。

习 题

1. 某标准铁 47.0mg/L，吸取此溶液 5ml，加还原剂还原后，加邻菲罗啉显色，用水稀至 100ml，在

510nm 处用 1cm 吸收池，测吸光度为 0.467，求此配合物的摩尔吸光系数。

2. 某溶液的 $\varepsilon = 1.1 \times 10^4$，浓度 $c = 3.0 \times 10^{-5}$ mol/L，厚层厚度 $L = 0.5$ cm，求 A 和 $T(\%)$。

3. 称取 0.4994g $CuSO_4 \cdot 5H_2O$ 于 1L 水中，配成标准溶液，取此标准溶液 1ml、2ml、3ml、4ml、5ml、6ml 入 6 只比色管中，加浓氨水 5ml，用水稀至 25ml 刻度，制成标准色阶。称取含铜试样 500mg 溶于 250ml 水中，吸取 5ml 入比色管，加氨水 5ml，用水稀至 25ml，其颜色深度与色阶的第四个比色管相同，求试样中铜的质量分数？（已知 $M_{Cu} = 63.546$，$M_{CuSO_4 \cdot 5H_2O} = 249.68$）　　　　　　（答：5.08%）

4. 邻菲罗啉光度法测定铁：标准溶液是由 0.864g 铁铵矾 $[NH_4Fe(SO_4)_2 \cdot 12H_2O]$，加 1 + 1$H_2SO_4$ 2.5ml，用水稀至 1L，求此溶液每毫升含铁多少毫克？

吸取上面配制的标准溶液 0.0ml、2.0ml、4.0ml、6.0ml、8.0ml、10.0ml 入 50ml 容量瓶中显色，测得吸光度为 0.0、0.12、0.24、0.36、0.47、0.59。以吸光度为纵坐标，以 m 为横坐标，绘制标准曲线。吸取铁试液 2.0ml 入 50ml 容量瓶，同样显色，测得吸光度 $A_x = 0.30$，求试液的质量浓度（mg/L）。

（答：250mg/L）

*5. 计算

的 λ_{max} 值。　　　　　　（答：278nm）

6. 在 H_2SO_4 介质中 H_2O_2 法测溶液中 Ti，从标准系列测得如下数据：

Ti 含量/(μg/ml)	0.50	1.00	1.50	2.00	2.50
吸光度 A	0.14	0.29	0.43	0.57	0.72

绘出吸光度与浓度的工作曲线。取试液 5ml，入 50ml 容量瓶显色，用水稀至刻度，测得 $A_x = 0.68$，求 Ti 试液的质量浓度（μg/ml）。

7. 称钢样 1.500g，用酸溶解后，以过硫酸铵将 Mn 氧化成 MnO_4^-，转入 100ml 容量瓶中，稀至刻度，用 1cm 吸收池在 520nm 处测得吸光度为 0.62，已知 MnO_4^- 在 520nm 处的 ε 为 2235，计算钢中锰的质量分数（%）。

8. 用硫氰酸盐测 Fe，在 480nm 处用 1cm 吸收池测定 1.2mg/ml 标准溶液的吸光度为 1.20；同样条件下测试液，吸光度为 0.520，求试样中 $\rho(Fe)$（mg/L）。

9. 在波长 508nm 处，以邻二氮菲光度法测定该元素。该元素的浓度为 2.5×10^{-4} g/L，吸收池厚度为 4cm，测得吸光度为 0.190，若已知 ε 为 10611.5，求该元素的相对分子质量。

*10. 某有色配合物 MR_2，M 的原始总浓度为 5×10^{-5} mol/L，R 的总浓度为 2×10^{-5} mol/L，在一定波长下用 1cm 吸收池测得 $A = 0.200$。已知摩尔吸光系数 ε 为 4×10^4。求该化合物的稳定常数为多少？

（答：1.1×10^9）

*11. 在 7 个 100ml 容量瓶中，依次加入 0.0ml、2.5ml、5.0ml、7.5ml、10.0ml、12.5ml、15.0ml 缩二脲标准溶液（2.00mg/ml），分别加水稀至约 50ml，再依次加入 20ml 10% 酒石酸钾钠溶液（含 8% NaOH），加 20ml 3% 的五水硫酸铜溶液，摇匀，用蒸馏水稀释至刻度，在 30℃ 室温或水浴中置 20min，以空白溶液作参比，依次测得其吸光度为 0.040、0.078、0.110、0.148、0.180、0.220。

称取农用尿素样品 50.00g，入 250ml 烧杯中，用稀 H_2SO_4 或 NaOH 中和至 pH≈7，全部转入 250ml 容量瓶定容，摇匀后吸收 20.0ml 入 100ml 容量瓶中，按上述完全相同的方法显色及测定，测得吸光度 $A_x = 0.11$。求尿素中缩二脲的质量分数。

* 表示选作题。

填空练习题

1. 光是一种电磁波，紫外光的波长范围是 _____。可见光的波长范围是 _____。

2. 物质对光具有选择性吸收，黄色的溶液是因为溶液选择性吸收了 _____ 色的光，故呈黄色。

3. A-λ 吸收曲线，它描述了 _____。

4. 朗伯-比耳定律的两个先决条件是 _____ 、 _____。

5. 可见分光光度计的分光棱镜材料是 _____，紫外分光光度计的分光棱镜材料必须是 _____。

6. 紫外可见分光光度计中常见的光电检测器是 _____ 、 _____ 、 _____。

7. 可见、紫外分光光度计，校正其仪器波长的方法有 _____ 、 _____ _____。

8. 某些有机物能吸收某些紫外光，并产生电子跃迁，电子跃迁的类型有四种 _____ 、 _____ 、 _____ 、 _____。

9. 两种在溶液中全波段重叠干扰，需采用以下两种定量方法：_____ 、 _____ 才能免除干扰。

10. 测定溶液吸光度时，都要选一种参比溶液，常根据实际情况选用四种参比液：_____ 、 _____ 、 _____ 、 _____。

11. 朗伯-比耳定律的数学表达式是 _____，文字表达式是 _____。

12. 722 型分光光度的色散元件是 _____。

13. 邻二氮菲显色测定样品中微量 Fe^{3+} 时，加入盐酸羟胺的目的是 _____。

选择练习题

1. 朗伯-比耳定律的摩尔吸光系数 ε，其单位是（　　）。

A. L/(cm·mg)　　　B. L/(mol·cm)　　　C. ml/(g·cm)　　　D. mol·cm/L

2. 具有双键的有机化合，有二双键且中间有一单键相间，称共轭，具有共轭双键者，λ_{max} 增大，ε_{max} 亦增大。下列化合物中何种物质 λ_{max} 最长，ε_{max} 也可能最大（　　）。

A. 　　B. 　　C. 　　D.

3. 有机化合物中的同分异构体中，如旋光异构体中，有顺、反两种异构体，反式异构体 λ_{max} 红移，ε_{max} 亦增大。以下二异构体何者为反式（　　）。

A.

$\lambda_{max}=739nm$，$\varepsilon_{max}=1.4\times10^4$

B.

$\lambda_{max}=296nm$，$\varepsilon_{max}=1.1\times10^4$

4. 下列二异体，ε_{max} 大者是（　　）。

A. 　　B.

5. 可见光的波长范围是（　　）。

A. 200～1000nm　　B. 400～760nm　　C. 200～760nm　　D. 400～1000nm

6. 近紫外吸收光谱的波长范围是（　　）。

A. 10～200nm　　B. 200～400nm　　C. 10～400nm　　D. 400～800nm

7. $CuSO_4$ 溶液呈蓝色，是由于吸收了（　　）互补光。

A. 红色光　　　B. 黄色光　　　C. 绿色光　　　D. 蓝色光

8. 测定某吸收溶液，作 A-λ 吸收光谱曲线，其最大吸收波长（λ_{max}）为 508nm，如果换一个浓度小的溶液再测绘吸收光谱曲线，其最大吸收波长的峰位应是（   ）。

    A. 不移动　　　　　　B. 不移动，但峰高降低

    C. 向蓝波方向移动　　D. 向红波方向移

9. 吸光度 $A=0$，透光度 $T(\%)$ 为（   ）。

    A. 0　　　　　　　B. 100　　　　　　C. 10　　　　　　D. 1000

教 学 建 议

一、本章学习重点

1. 物质对光的选择性吸收，例如 A-λ 吸收光谱曲线，各种光的互补。

2. 朗伯-比耳定律的应用条件，摩尔吸光系数。

3. 分光光度计的工作原理及各主要部件的功能。

4. 紫外光谱的简单原理及应用（重点为定量分析，定性分析不作详细研究）。

5. 定量分析方法及计算，显色条件的选择。

二、本章仅供浏览内容

1. 朗伯-比耳定律的推导过程及 $\dfrac{\Delta c}{c}=\dfrac{0.434}{T\lg T}$ 的推导。

2. 导数分光光度法简介。

3. 伍德规则。

4. 习题：10题、5题。

三、注重操作技能的训练

本专业是实践性很强的专业，要求分析员、工程师、高级工程师都能熟练操作，准确报出分析结果。

分析实验室的所有仪器都是真实的，无模型。如果在分析实验室能准确报出分析结果，走上工作岗位就能很快胜任工作。

仪器分析课程的学时达 160 学时、建议开六个实验：①邻二氮菲分光光度法测定微量铁；②邻二氮菲测铁条件实验；③混合液中 Co^{2+}、Cr^{3+} 的测定（解联立方程）；④紫外光度法测硝酸盐氮；⑤紫外吸收光谱定性分析的应用（乙醇中苯的检测）；⑥双波长法测苯胺，苯甲醛或 Co^{2+}、Cr^{3+} 混合液。实验课时应不少于 12 学时。

本教材与陈志超主编的《仪器分析实验》配套使用、第二版由穆华荣、陈志超主编，化学工业出版社出版。

建议开设 1 周的专业实训，再一次重点实训化学分析法、可见分光光度法、直接电位法，实训后可参加中级上岗证的实验与理论考试。获得中级上岗证。

第三章

红外分光光度法

◆ 概述
◆ 基本原理
◆ 红外分光光度计
◆ 定性定量分析

第一节　概　　述

一、红外线与红外分光光度法

波长在 $0.76\sim1000\mu m$ 间的电磁波称为红外线，这个光谱区间称为红外光区。用从光源发出的连续红外线光谱照射样品，记录样品的吸收曲线而进行定性、定量分析的方法，称为红外分光光度法，样品的红外吸收曲线即其红外吸收光谱。

习惯上按波长不同把红外光区分为三个区域，即近红外区、中红外区及远红外区。这三个区域所包含的波长范围，如表 3-1 所示。

表 3-1　红外区的划分

区　　域	波　　长/μm	波　　数/cm^{-1}
近红外区	$0.76\sim2.5$	$13158\sim4000$
中红外区	$2.5\sim25$	$4000\sim400$
远红外区	$25\sim1000$	$400\sim10$

中红外区是目前人们研究最多的区域，故本章所讲的红外分光光度法，实际讨论的是中红外吸收光谱。绝大多数有机物和无机离子的基频吸收带出现在该光区，由于基频振动是红外光谱中吸收最强的振动，所以该区最适于进行红外光谱的定性和定量分析。中红外光能量的大小，与分子中原子的振动能级在数值上相当，所以能引起分子中振动能级的跃迁。在每个振动能级中都存在若干个转动能级，所以振动能级跃迁时，常常伴随着转动能级的跃迁，因而红外吸收光谱又称为振-转光谱。红外吸收光谱不是简单的吸收线，而是一条条吸收谱带，或称吸收峰。

二、红外光谱图的表示方法

红外分光光度计自动记录的红外光谱图，如图 3-1 所示。它的横坐标以波长（μm）或波数（cm^{-1}）等间隔方式表示。解析图谱时应注意识别不同记录方式时图形的差异。

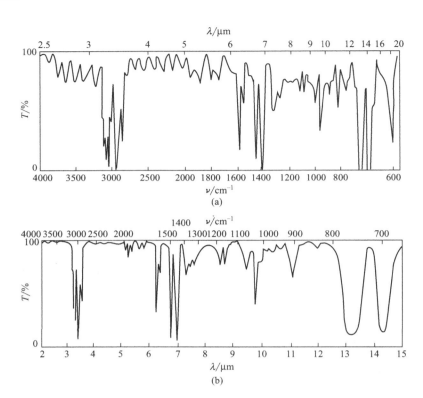

图 3-1　聚苯乙烯红外光谱

(a) 波数等间隔记录；(b) 波长等间隔记录

波数是每厘米长度相当的光波的数目，以符号 $\tilde{\nu}$ 表示：

$$\tilde{\nu}(\mathrm{cm^{-1}}) = \frac{1}{\lambda(\mathrm{cm})} = \frac{10^4}{\lambda(\mu\mathrm{m})}$$

【例 3-1】 波长为 $3.5\mu\mathrm{m}$ 的红外光相当的波数是多少？

解
$$\tilde{\nu} = \frac{1}{\lambda} = \frac{10^4}{3.5} = 2857(\mathrm{cm^{-1}})$$

红外光谱图的纵坐标多以百分透光率表示，纵坐标自下而上由 $0 \sim 100\%$，随吸收强度的降低，曲线上移，无吸收部分的曲线在谱图的上部。所谓吸收"峰"实际是向下的"谷"，它是由分子中的基团（或化学键）对红外光的吸收而产生的，如图 3-1 中 $1494\mathrm{cm^{-1}}$（$6.69\mu\mathrm{m}$）峰，是由聚苯乙烯分子中的苯环的 C ═ C 振动对波长为 $6.69\mu\mathrm{m}$ 的红外线的吸收而产生的。

三、红外吸收光谱的应用

红外吸收光谱在定性、定量分析方面都有广泛的应用，如未知物的鉴别、化学结构的确定、化学反应过程的控制和反应机理的研究、区别异构体、纯度检查、质量控制以及环境污染的监测等方面。像每个人的指纹各不相同一样，每种有机化合物都有其特定的红外光谱。可以根据红外光谱知道化合物含什么官能团，从而推断分子结构，再结合化学方法和其他仪器分析方法，就可以最终确定被测物分子的结构。所以红外分光光度法在石油、化工、药物、食品等诸多领域的生产和科研中，已成为一种强有力的、不可缺少的分析手段。

进行红外光谱分析时，不受样品相态的限制，亦不受熔点、沸点和蒸气压的限制。无论是固态、液态或气态样品都能直接测定，其至对一些表面涂层和不溶、不熔融的弹性体（如橡胶），也可直接测得其红外光谱。样品用量少且可回收，不破坏样品，1mg固体或液体试样就可以完成一般的红外光谱分析，且分析速度快，操作方便。在研究对象的范围方面，它比紫外吸收光谱广泛得多，紫外吸收光谱只适用研究芳香族化合物或具有共轭结构的不饱和脂肪族化合物，以及某些无机物。而红外光谱不受此限制，几乎所有的有机化合物在中红外区都能测得它们的吸收光谱，并且提供许多有特征的信息用于定性和定量分析。

但是红外分光光度法所用的仪器比较复杂，而且价格较贵，操作技术性强，辨认光谱图比较困难，需要有较多的经验，而且要有大量的标准谱图或标准样品，这给红外分光光度法的普及应用带来一定的困难。

第二节　基本原理

一、红外吸收光谱的产生

分子中的原子以平衡点为中心，做周期性的相对运动，称之为振动。因振动的能量不同，而分为若干能级。当用红外光照射样品时，由于红外光能量的大小与分子中原子的振动能级在数值上相当，所以能引起分子中振动能级的跃迁，而产生红外吸收光谱。当用一定频率的红外光照射某物质时，如果分子中某个基团（或化学键）的振动频率和它一样，二者就会产生共振，光的能量就会通过分子偶极矩的变化而传递给分子，这个基团（或化学键）就吸收了该频率的红外光，使振动的振幅加大，产生振动能级的跃迁。若红外光的频率与样品分子中各基团的振动频率不同，则该频率的红外光就不会被吸收。因此，如用连续改变频率的红外光照射某样品时，由于试样对不同频率红外光的选择性吸收，使通过试样后的红外光在某些波长范围内变弱（被吸收），在另一些波长范围内较强（不吸收），将通过试样后的红外光用仪器记录，就得到了该试样的红外光谱图。

但并不是分子的任何振动都能产生红外吸收光谱。红外光谱产生的必要条件如下。

① 光辐射的能量应恰好满足振动能级跃迁所需的能量。也就是说，光辐射的频率与分子中原子的振动频率相同时，辐射才能被吸收而产生吸收谱带。

② 在振动过程中，分子必须有偶极矩的改变（大小或方向）。只有偶极矩发生变化的那种振动形式才能吸收红外辐射，从而在红外光谱中出现吸收谱带。电荷分布不对称的分子，当其发生振动或转动时，才会产生偶极矩的变化，而像氮、氧、氢或氯等这样一些同核双原子分子，由于两原子的电子云密度相同，正负电荷中心重合，当发生振动或转动时，没有偶极矩的变化，所以它们不吸收红外光谱。这种振动称之为非红外活性振动。

在振动时，偶极矩变化越大，则吸收某波长的红外光越多，产生的吸收谱带越强。一般说来，极性较强基团（如 $C=O$、$C-X$ 等）的振动，吸收程度较大；极性较弱基团（如 $C=C$、$C-O$、$N=N$ 等）的振动，吸收强度较弱。

二、振动的形式

讨论振动的形式可以了解吸收峰的起源，即吸收峰是由什么振动形式的能级跃迁产生的。

（一）双原子分子的振动

双原子分子的振动，可以看作是弹簧两端连接着小球的体系，如图 3-2 所示，两个原子可视为质量分别为 m_1 和 m_2 的小球，其间的化学键看作质量可以忽略的弹簧，其长度为 r。双原子分子只有伸缩振动，可近似地看成是沿键轴方向的简谐振动，双原子分子可称为谐振子。

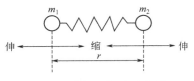

图 3-2　谐振子振动示意图

（二）多原子分子的振动

多原子分子随着原子数目的增加，其振动形式也越复杂。如同双原子分子一样，多原子分子的振动也可以看成是许多由弹簧连接起来的小球构成的体系的振动，分子中每个化学键可以近似地看成是一个谐振子。任何一个复杂的振动都可以看成是不同频率基本振动的叠加。多原子分子的振动形式虽然复杂，但基本上可以分解成两大类，即伸缩振动和弯曲（变形）振动。现以亚甲基（—CH₂）为例说明振动的基本形式，如图 3-3 所示。

1. 伸缩振动

所谓伸缩振动，是指原子沿键轴方向伸缩使键长发生变化，而键角不变的振动，用符号 ν 表示。伸缩振动有对称伸缩振动（ν_s）和反对称伸缩振动（ν_{as}）两种。对称伸缩振动，在振动时各键同时伸长或缩短；反对称伸缩振动，在振动时某键伸长另外的键则缩短。反对称伸缩振动的频率高于对称伸缩振动。

2. 弯曲振动（又叫变形振动）

弯曲振动是指原子垂直于价键方向的运动，即基团键角发生周期变化而键长不变的振动，用符号 δ 表示。弯曲振动分为：面内弯曲振动（β）、面外弯曲振动（γ）和对称变形振动（δ_s）、不对称变形振动（δ_{as}）。

（1）面内弯曲振动（β）　振动在几个原子所构成的平面内进行，这个平面可用纸面代表。面内弯曲振动又分为剪式振动（或面内变形振动）（δ）和面内摇摆振动（ρ）。

① 剪式振动　是两原子在同一平面内使键角发生周期性变化的振动，由于键角在振动过程中的变化类似剪刀的"开"、"闭"，故称为剪式振动。

② 摇摆振动　基团的键角不发生变化，只是作为一个整体在同一平面内左右摇摆，即所谓的平面摇摆振动。

（2）面外弯曲振动（γ）　是垂直于基团平面的弯曲振动。面外弯曲振动又分为面外摇摆振动（ω）和扭曲振动（τ）。如图 3-3 所示，若亚甲基的两个氢原子在垂直于纸面的方向

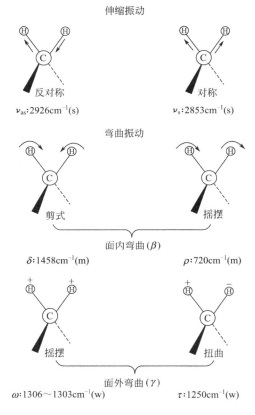

伸缩振动

反对称　　　　　　对称
$\nu_{as}:2926cm^{-1}(s)$　　$\nu_s:2853cm^{-1}(s)$

弯曲振动

剪式　　　　　　摇摆

面内弯曲（β）
$\delta:1458cm^{-1}(m)$　　$\rho:720cm^{-1}(m)$

摇摆　　　　　　扭曲

面外弯曲（γ）
$\omega:1306\sim1303cm^{-1}(w)$　　$\tau:1250cm^{-1}(w)$

图 3-3　亚甲基（—CH₂）的基本振动形式及红外吸收

s—强吸收峰；m—中等强度吸收峰；w—弱吸收峰

运动，瞬间运动方向可用"＋"、"－"表示，"＋"表示垂直纸面向里，"－"表示垂直纸面向外。

① 面外摇摆振动　振动时两氢原子在垂直于纸面的方向作同向运动。

② 扭曲振动　振动时两氢原子在垂直纸面方向作反向运动。这种振动形式较少出现。

（3）对称变形振动（δ_s）和不对称变形振动（δ_{as}）　对称变形振动时其三角夹角永远相等，同时产生相同的变化，外围的三个原子同时向中心原子或离开中心原子作振动。非对称变形振动时外围的三个原子中的一个作远离中心原子的运动时，另外两个原子同时在作靠近中心原子的运动，即可看做其中一个原子保持不动，另两个原子对第一个原子作相对的变角运动。如图 3-4 所示甲基（—CH_3）的振动形式。

CH_3对称伸缩振动
ν_s

CH_3不对称伸缩振动
ν_{as}

CH_3对称变形伸缩振动
δ_s

CH_3不对称变形伸缩振动
δ_{as}

图 3-4　甲基（—CH_3）振动形式示意图

三、吸收峰

（一）基频峰

分子吸收一定频率的红外光后，振动能级由基态跃迁至第一激发态时所产生的吸收峰，称为基频峰。例如，在聚苯乙烯红外光谱图上的 $2960cm^{-1}$ 吸收峰，与苯环上的 C—H 伸缩振动频率相等，因此该峰为苯环上 C—H 伸缩振动基频峰。每个分子中有许多种基本振动，对于由 n 个原子组成的分子，基本振动形式有 $(3n-6)$ 个，对于线型分子为 $(3n-5)$ 个。理论上每种振动形式，在红外光谱上相应产生一个基频吸收带。例如，H_2O 分子有三个基本振动，红外图谱中出现三个对应吸收峰，分别是 $3650cm^{-1}$、$1595cm^{-1}$ 和 $3750cm^{-1}$。同样，苯在红外光谱中应出现 $3×12-6=30$ 个峰。实际上，绝大多数化合物在红外光谱上出现的峰数远小于理论振动数，这是由如下原因引起的。

① 没有偶极矩变化的振动，不产生红外吸收。

② 相同频率的振动吸收重叠，即简并。

③ 仪器不能区别那些频率十分接近的振动，或因吸收带很弱，仪器检测不出。

④ 有些吸收带落在仪器的检测范围之外。

例如，线性分子 CO_2 的理论振动数为：$3n-5=3×3-5=4$。具体振动形式如下：

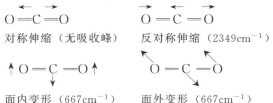

O ＝C ＝O
对称伸缩（无吸收峰）

O ＝ C ＝O
反对称伸缩（$2349cm^{-1}$）

↑O ＝C ＝O↑
面内变形（$667cm^{-1}$）

O ＝ C ＝O
面外变形（$667cm^{-1}$）

但在红外谱图上，只出现 $667cm^{-1}$ 和 $2349cm^{-1}$ 两个基频吸收峰。这是因为对称伸缩振动偶极矩变化为零，不产生吸收，而面内变形和面外变形振动吸收频率完全一样，发生简并。

（二）泛频峰

振动能级由基态跃迁到第二、第三……激发态，所产生的吸收峰，称为倍频峰。除此之外还有差频峰、合频峰。倍频峰、差频峰及合频峰统称为泛频峰。泛频峰一般为一些弱峰，它的存在使光谱变得复杂，更增加了光谱对分子结构的特征性。例如，取代苯的泛频峰出现在 $2000\sim1667cm^{-1}$ 的区间，主要是苯环上 C—H 面外弯曲振动的倍频峰等所构成，可用于鉴别苯环上的取代位置，而且特征性很强。它的峰形和取代位置的关系参见图 3-8 所示。

（三）特征峰与相关峰

化学工作者根据大量的光谱数据对比了大量的红外谱图发现，具有相同官能团（或化学键）的一系列化合物有近似相同的吸收频率，证明官能团（或化学键）的存在与谱图上吸收峰的出现是对应的。因此，可用一些易辨认的、有代表性的吸收峰来确定官能团的存在。官能团在某一区域出现吸收谱带，它的位置相对恒定，不受或少受分子中其他部分的影响，这种谱带称为相应官能团的特征吸收峰，简称特征峰。用于鉴定有机物的特征官能团的存在。图 3-5 为正十一烷、正十一腈及正十一烯的红外吸收光谱，可用以对比识别 —C≡N 及 —CH₂ =CH₂ 的吸收峰。

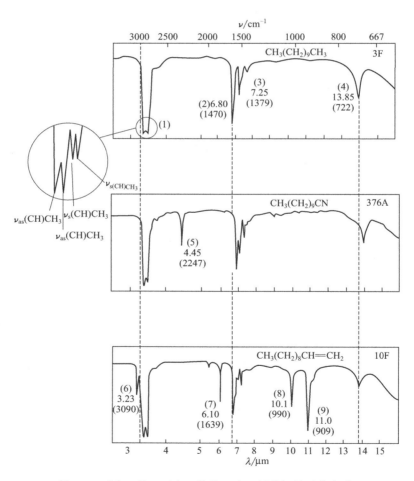

图 3-5　正十一烷、正十一腈及正十一烯的红外吸收光谱

对比正十一烷与正十一腈谱图，很容易看出后者在 $2247cm^{-1}$ 处多出一个吸收峰，其他峰则基本一致，而两者的分子结构相当，仅差一个氰基。因此，可以认为该峰是氰基峰，即由 —C≡N 的伸缩振动产生的基频峰，可记为 $\nu_{(C≡N)}$ 峰。它是氰基的特征峰，它的出现

证明分子中存在氰基。

再对比正十一烷及正十一烯的谱图，不难发现多了（6）、（7）、（8）、（9）号峰，进而对比大量类似谱图，说明（6）($3090cm^{-1}$)、（7）($1639cm^{-1}$)、（8）($990cm^{-1}$)、（9）($909cm^{-1}$)号吸收峰，分别起源于正十一烯分子中—$CH=CH_2$基的$\nu_{as(=CH_2)}$、$\nu_{(C=C)}$、$\gamma_{(=CH)}$及$\gamma_{(=CH_2)}$。这四种振动可分别读做不饱和次甲基反对称伸缩振动、碳-碳双键伸缩振动、不饱和次甲基面外弯曲振动及不饱和次甲基面外弯曲振动。它们的出现证明分子中存在烯基（—$CH=CH_2$）。

因为一个官能团有数种振动形式，而每一种红外活性振动（即能使分子产生偶极矩的改变的振动），一般相应产生一个吸收峰，有时还能观测到泛频峰，因而常常不能只由一个特征峰肯定官能团的存在。如在正十一烯的红外光谱中，由于—$C=CH_2$基的存在，而能明显地观测到$\nu_{as(=CH_2)}$、$\nu_{(C=C)}$、$\gamma_{(=CH)}$及$\gamma_{(=CH_2)}$四个特征。这一组特征峰是因—$CH=CH_2$基的存在而出现的相互依存的吸收峰，若证明化合物中存在该官能团，则在其红外谱图中这四个吸收峰都应存在，缺一不可。在化合物的红外谱图中由于某个官能团的存在而出现的一组相互依存的特征峰，可互称为相关峰，用以说明这些特征峰具有依存关系，并区别于非依存关系的其他特征峰。在红外光谱图中，多数官能团都具有一组相关峰，但有的官能团（如—$C\equiv N$）只有一个$\nu_{(C\equiv N)}$峰，而无其他相关峰。

用一组相关峰鉴别官能团的存在是个较重要的原则。有些情况因与其他峰重叠或峰太弱，因而并非所有的相关峰都能观测到，但必须找到主要的相关峰才能确认官能团的存在。

四、吸收峰的位置

吸收峰的位置亦为谱带的位置或峰位，用振动能级跃迁时所吸收的红外线的波数或波长表示。基频峰的位置主要由四个方面的因素决定，即化学键两端原子的质量、化学键的力常数、分子的内部结构以及外部的化学环境等因素所决定。

分子由各种原子以化学键相互联结而成。如果用不同质量的小球代表原子，以不同硬度的弹簧代表各种化学键，它们以一定秩序相联结，就成了分子的近似机械模型，这样就可以根据力学定理来处理分子的振动。

两个原子间的伸展振动视作简谐振动，根据胡克（Hooke）定理，其振动频率可由下式估算

$$\nu = \frac{1}{2\pi}\sqrt{\frac{k}{\mu}} \tag{3-1}$$

用波数作单位时

$$\bar{\nu} = \frac{1}{2\pi c}\sqrt{\frac{k}{\mu}}\ (cm^{-1}) \tag{3-2}$$

式中　c——光速，$2.998\times10^8\,m/s$；

　　　k——化学键的力常数，N/m；

　　　μ——折合质量，kg，$\mu=\dfrac{m_1 m_2}{m_1+m_2}$，其中$m_1$、$m_2$分别为两个原子的质量。

若力常数k单位用N/cm，折合质量μ以相对原子质量M代替原子质量m，光速单位用cm/s，则式(3-2)可写成

$$\bar{\nu} = 1307\sqrt{k\left(\frac{1}{M_1}+\frac{1}{M_2}\right)}\ (cm^{-1}) \tag{3-3}$$

式（3-1）和式（3-3）即所谓分子振动方程，由式（3-3）可以计算基频吸收峰的位置。

由此式可见，影响基本振动频率的直接因素是原子质量和化学键的力常数。由于各种有机化合物的结构不同，它们的原子质量和化学键的力常数各不相同，就会出现不同的吸收频率，因此各有其特征的红外吸收光谱。

折合质量及化学键的力常数与基本振动频率的关系，举例比较如下。

已知单键、双键及叁键的力常数分别近似为 5N/cm、10N/cm、15N/cm，试计算 $C\equiv C$、$C=C$、$C-C$ 及 $C-H$ 振动基频峰的频率。

（1）$\bar\nu_{(C\equiv C)}$ 基频峰　$k=15N/cm$，$M_1=M_2=12$，代入式（3-3）得 $\bar\nu=2067cm^{-1}$。同样方法可计算得。

（2）$\nu_{(C=C)}$ 基频峰　$\bar\nu_{(C=C)}=1690cm^{-1}$。

（3）$\nu_{(C-C)}$ 基频峰　$\bar\nu_{(C-C)}=1190cm^{-1}$。

（4）$\nu_{(C-H)}$ 基频峰　$\bar\nu_{(C-H)}=2920cm^{-1}$。

由上述计算表明，同类原子组成的化学键（折合质量相同），力的常数越大则基频峰的频率（$\bar\nu$）越大；若由不同类原子组成的化学键，如力常数相同，则折合质量小，基频峰的频率大。由于氢原子的质量最小，所以含氢单键的基本振动频率都出现在高频区。虽然由式（3-3）可以计算基频峰的位置，而且某些计算值与实测值很接近，如甲烷的 $\nu_{(C-H)}$ 基频峰，实测为 $2915cm^{-1}$，计算值为 $2920cm^{-1}$。但是这种计算只适用于双原子分子或多原子分子中影响因素较小的化学键。实际上在每个分子中基团与基团间，基团中的化学键之间都存在着较大的影响，使基频峰位置发生变化。这种变化常常能反映出物质结构上的特点，更增加了红外光谱的特征性。如羰基的伸缩振动频率为 $1850\sim1600cm^{-1}$。当与此基团相联结的原子是 C、O、N 时，羰基的吸收峰分别出现在 $1715cm^{-1}$、$1735cm^{-1}$、$1680cm^{-1}$ 处，根据这一差异可区分酮、酯和酰胺。这种使基频峰位置发生变化（亦称位移）的因素，称为分子的结构因素，如共轭效应、诱导效应、分子内氢键效应等。溶剂和仪器的色散元件不同时，基频峰的位置也会发生变化。如酮的羰基伸缩振动，在非极性溶液中为 $1727cm^{-1}$，在 CCl_4 中为 $1720cm^{-1}$，在 $CHCl_3$ 中则为 $1705cm^{-1}$。

可见，在复杂的分子中某一基团或化学键的基本振动频率，还受分子内其他部分或分子外部条件的影响。因而同一基团或化学键在不同分子中其特征吸收峰并不出现在同一位置，而是随分子结构和测量环境的影响发生位移。只要掌握了各种基团或化学键吸收峰的位置及其位移规律，就可以利用红外光谱来鉴定化合物中存在的基团（或化学键）及其在分子中的相对位置，再配合相对分子质量及物化常数等数据，即可推定分子结构。

五、特征基团频率和特征吸收峰

（一）基频峰在红外光谱中的分布

各种常见基团（或化学键）的吸收峰在红外光谱中出现的范围，如图 3-6 所示。

由上图横行对比可以说明，折合相对原子质量越小，基频峰的频率越高，如各种含氢单键的伸缩振动 $\bar\nu_{(C-H)}$、$\bar\nu_{(O-H)}$、$\bar\nu_{(N-H)}$ 吸收峰都出现在高频区；折合质量相同时，伸缩力常数越大，振动频率越高，如 $\bar\nu_{(C\equiv C)}>\bar\nu_{(C=C)}>\bar\nu_{(C-C)}$；若相同的基团（或化学键），一般 $\nu>\beta>\gamma$ 的振动频率，因为它们的力常数依次减小。

（二）特征区和指纹区

红外光谱的整个范围可分为两个区域，即特征区（$4000\sim1330cm^{-1}$）和指纹区

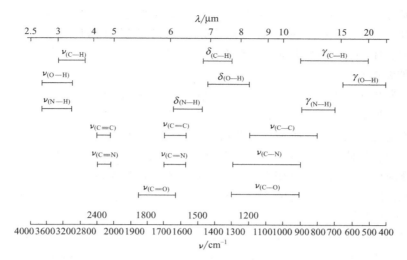

图 3-6　基频峰分布略图

(1330～400cm^{-1})。

　　特征区亦称为官能团区，是基团（或化学键）的特征峰出现的区域。这个区域的光谱主要反映分子中特征基团的基本振动频率，吸收谱带有比较明确的基团和频率的对应关系，因而基团的鉴定工作主要在该区进行。

　　指纹区的光谱很复杂，特别能反映分子结构的细微变化。两种结构不同的化合物，其指纹区的光谱必有差异。相当于人的指纹，用于鉴定有机化合物很可靠。

　　官能团的特征吸收不仅表征在峰的位置（波长或波数），而且表征在峰的强度和峰的形状方面。在文献上常用下列符号定性地描述峰的强度。

　　as，很强峰（$\varepsilon > 100$）

　　s，强峰（$20 < \varepsilon < 100$）

　　m，中强峰（$10 < \varepsilon < 20$）

　　w，弱峰（$1 < \varepsilon < 10$）

　　关于峰的形状有宽峰、尖峰、肩峰和双峰等类型，如图 3-7 所示。

　　（三）四个重要的红外光谱区域

　　利用红外光谱鉴定有机化合物结构时，需要熟悉重要的光谱区域中基团和频率的对应关系。为此，通常又将红外光谱分成四个区域（参见图3-6）。

　　1. X—H 伸缩振动区

　　X 代表 C、O、N 等原子，频率范围为 4000～2500cm^{-1}，主要包括 O—H、N—H、C—H 等的伸缩振动。O—H 伸缩振动在 3700～3100cm^{-1}，

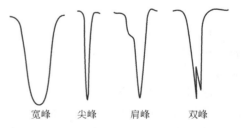

图 3-7　红外光谱吸收峰形状

氢键的存在使频率降低，谱带变宽。它是判断有无醇、酚和有机酸的重要依据。C—H 伸缩振动分饱和烃和不饱和烃两种，饱和烃的 C—H 伸缩振动在 3000cm^{-1} 以下，不饱和烃的 C—H 伸缩振动（包括烯烃、炔烃、芳烃的 C—H 伸缩振动）在 3000cm^{-1} 以上。因此，3000cm^{-1} 是区分饱和烃和不饱和烃的分界线。

　　2. 叁键和累积双键区

频率范围为 2500～2000cm^{-1}。该区谱带较少，主要包括 —C≡C—、—C≡N 等叁键的伸缩振动和 —C=C=C、—C=C=O 等累积双键的反对称伸缩振动。此外，S—H、Si—H、P—H、B—H 的伸缩振动也出现在这个区域。

3. 双键伸缩振动区

频率范围为 2000～1500cm^{-1}。该区主要包括 C=O、C=C、C=N、N=O 等的伸缩振动以及苯环的骨架振动、芳香族化合物的倍频谱带。羰基的伸缩振动在 1850～1600cm^{-1} 区域，所有羰基化合物在该区均有非常强的吸收谱带，而且往往是谱图中的第一强峰，很有特征。因此，羰基的伸缩振动吸收峰是判断有无羰基化合物的主要依据。如前所述，羰基伸缩振动吸收峰的位置还和邻接基团有密切的关系，对判断羰基的类型有重要价值。

C=C 伸缩振动吸收峰出现在 1660～1600cm^{-1}，一般比较弱。当邻接基团差别较大时，C=C 伸缩振动的吸收峰就比较强。

苯环骨架振动 [$\nu_{(C=C)}$] 在 1650～1450cm^{-1} 范围出现一组四个峰，强度都较弱，但与其他基团共轭时其强度增加。其中 1600cm^{-1} 和 1500cm^{-1} 峰最能反映苯环的特征，1580cm^{-1} 峰很弱，1450cm^{-1} 峰与 CH$_2$ 变形振动重叠，不易识别。样品红外光谱中若有这些谱带出现，可作为分子中有苯环的证据。

苯的衍生物在 2000～1667cm^{-1} 区域出现数量 2～6 个的一组吸收带，是苯环特有的波状吸收带，它是由苯环上=C—H 面外弯曲振动 [$\gamma_{(=CH)}$] 的倍频和合频产生的，各种不同取代类型的芳香族化合物具有典型的吸收图形，据此可确定苯衍生物的取代类型。由于它的强度很弱，因而常采取加大样品浓度的办法给出该区的吸收峰。利用该区的吸收峰和 900～600cm^{-1} 区域苯环的 C—H 面外弯曲振动吸收峰，共同确定苯的取代类型是可靠的。图 3-8 给出了部分苯环取代类型在 2000～1667cm^{-1} 和 900～600cm^{-1} 区域的光谱图形。

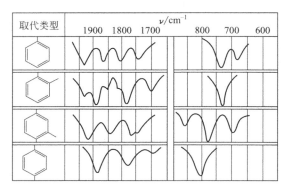

图 3-8 苯环取代类型在 2000～1667cm^{-1} 和 900～600cm^{-1} 的图形

4. 部分单键振动区

1500～670cm^{-1} 区域的光谱比较复杂，除少数较强的特征峰外，一般很难找到它的归属。对于鉴定有用的特征谱带主要有 C—H、O—H 的弯曲振动以及 C—O、C—N 等的伸缩振动。

饱和 C—H 的弯曲振动包括甲基和次甲基两种。甲基的弯曲振动以 1370～1380cm^{-1} 处的谱带较为特征，受取代基影响很小，可作为判断有无甲基存在的依据。

烯烃的 C—H 的弯曲振动以波数在 1000～800cm^{-1} 范围的谱带最为有用，可借以鉴别各种取代类型的烯烃。例如烯烃为 RCH=CH$_2$ 结构时，在 990cm^{-1} 和 910cm^{-1} 出现两个强峰，为 R$_2$C=CRH 结构时，其顺、反异构分别在 690cm^{-1} 和 970cm^{-1} 出现吸收峰。

芳烃的 C—H 弯曲振动中，主要是 900～650cm^{-1} 处的面外弯曲振动，对于确定苯环的取代类型是很有特征的。

C—O 伸缩振动常常是该区中的最强峰，比较容易识别。一般醇的 C—O 伸缩振动在 1200～1000cm^{-1}，酚的 C—O 伸缩振动在 1300～1200cm^{-1}。

　　以上概括讨论了基团频率与光谱区域的一般规律，但对从事红外光谱分析的工作者来说，希望能具体地给出各种类型化合物的特征吸收谱带，以便在实际工作中利用基团与特征谱带的对应关系，判断分子中所含的官能团或化学键，并进而推断分子的结构。光谱学家们实测了各种化合物的特征吸收带，归纳归集了基团（或化学键）与振动频率间对应的"基团频率"表，现摘录其中的一部分列于表 3-2 中。

表 3-2　基团频率表

名　　称	$4000 \sim 2500 cm^{-1}$	$2500 \sim 2000 cm^{-1}$	$2000 \sim 1500 cm^{-1}$	$1500 \sim 600 cm^{-1}$
醇酚	游离的 O—H 伸缩 多分子缔合 O—H 伸缩 $3610 \sim 3640$(w,尖) $3400 \sim 3200$(s,宽) 同上			O—H 面内　叔醇 $\nu_{(C-O)}$ 弯曲 1260　1410　约 1150 （m 宽）　　　（s 宽） 仲醇 $\nu_{(C-O)}$　伯醇 $\nu_{(C-O)}$ 约 1100　　约 1050 （s 宽）　　（s 宽） O—H 面内弯曲　$\nu_{(C-O)}$ $1310 \sim 14$(m10 宽)~ 1230 （s 宽）
胺类：—NH_2 —NH	游离的 NH_2 ν_{as}　　　ν_s $3550 \sim$　$3450 \sim$ 3300(m)　3250(m) 游离 ν_{NH}　缔合 ν_{NH} 3500 ～　3460 ～ 3300　　　3420		NH_2 剪式振动 $1650 \sim 1590$(s-m)	NH_2 扭曲振动 $950 \sim 650$（宽,m,特征） NH 非平面摇摆 $750 \sim 700$(s)
C—CH_3 $\begin{matrix}&CH_3\\R-&CH\\&CH_3\end{matrix}$ R—$C(CH_3)_3$	CH_3 ν_{as}　CH_3 ν_s 2960 ± 10　2870 ± 10 （s）　　　（s）			CH_3 反对称变形　CH_3 对称变形 1450 ± 20　　　1375 ± 5 （m）　　　　　（s） 同上　　CH_3 对称变形分裂 1389 ～　1372 ～ 1381(m)　1368(m) 同上　　CH_3 对称变形分裂 1391 ～　1368 ～ 1381(m)　1366(s)
—$(CH_2)_n$—	CH_2 ν_{as}　　CH_2 ν_s 2926 ± 5　　2853 ± 5 （s）　　　（s）			CH_2 剪　非平面 CH_2 平面摇摆 式振动　摇摆，$n \geqslant 4$ 724～722 1465　扭曲　$n=3$ 729～726 ± 20　1200～　$n=2$ 743～734 （m）　1300　$n=1$ 785～770 （w）
CH≡CR R—C≡N	≡C—H 伸缩 $3310 \sim 3200$(m,尖锐)	C≡C 伸缩 $2140 \sim 2100$ （m） C≡N 伸缩 $2260 \sim 2240$ （s 尖锐）		≡C—H 弯曲 $700 \sim 600$
RHC=CH_2	CH：ν_{as}　CH 伸缩 3095 ～　3040 ～ 3075　　　3010 （m）　　（m）		＝ CH_2　C ＝ C 非平面摇　伸缩 摆之倍频　1648 ～ 1840 ～　1638(m) 1805 （m）	＝CH_2 剪　反式 CH 非　＝ CH_2 式振动　平面摇摆　非平面 1420 ～　995～985　摇摆 1412(m)　（s）　910 ～ 905(s)
$R^1R^2C＝CH_2$	CH_2　ν_{as} 3100 ～ 3077 （m）		同上　　$\nu_{(C=C)}$ 1792 ～　1658 ～ 1775(m)　1648(m)	＝CH_2 剪式振动　同上 $1420 \sim 1400$(m)　895～885(s)

名　称	4000～2500cm⁻¹	2500～2000cm⁻¹	2000～1500cm⁻¹	1500～600cm⁻¹
H　　H ＼　／ C＝C ／　＼ R²　　R¹	＝CH 伸缩 3050～3000 (m)		$\nu_{(C-C)}$ 1662～1652(m)	＝CH 平面摇摆　　顺式 CH 非平面 1429～1397(m)　　　　摇摆 730～650(m)
H　　R¹ ＼　／ C＝C ／　＼ R²　　H	＝CH 伸缩 3050～3000 (m)		$\nu_{(C-C)}$ 1678～1668 (w)	反式 CH 非平面摇摆 980～965(s)
H　　R² ＼　／ C＝C ／　＼ R¹　　R³	＝CH 伸缩 3050～2990 (w)		$\nu_{(C-C)}$ 1692～1667 (w)	CH 非平面摇摆 840～790(m-s)
羰基化合物 O ‖ R—C—NH₂ (伯酰胺)	游离 NH₂　缔合 NH₂ ν_{as}　ν_{s}　ν_{as}　ν_{s} 约　约　约　约 3520　3400　3350　3180		$\nu_{(C-O)}$　NH₂ 剪式 1690～　振动 1650　1640～ (酰胺Ⅰ　1610 峰)　(酰胺Ⅱ峰)	C—N 伸缩振动 1420～1400(酰胺Ⅲ峰)
O ‖ R—C—NH₂R′ (仲酰胺)	游离 NH　缔合 NH 伸缩　　　伸缩 约 3440　约 3300		$\nu_{(C-O)}$　C—N—H 1680～　弯曲振动 1665　1550～ (酰胺　1530 Ⅰ峰)　(酰胺 　　　Ⅱ峰)	C—N 伸缩＋N—H 弯曲 1330～1260(酰胺Ⅲ峰)
O ‖ R—C—NR′R″ (叔酰胺)			$\nu_{(C-O)}$ 约 1650(酰胺Ⅰ峰)	
O ‖ R—C—R′			$\nu_{(C-O)}$ 1720～1710(s)	C—C—C 弯曲振动＋C—C 伸缩 约 1100
O ‖ R—C—H	CH 伸缩振动(特征,区 分醛酮)约 2720(m)		$\nu_{(C-O)}$ 1735～1715(s)	
O ‖ R—C—OR′			$\nu_{(C-O)}$ 约 1740(s)	其他饱和酯　乙酸酯　　C—O—ν_s C—O—Cν_{as}　C—O—Cν_{as}　1160～1050 1210～1160　1260～1230　(s) (s)　　　　(s)
O ‖ R—C—OH	游离酸　二聚体 ν_{OH} OH 伸缩　3200～2500 3580～　(宽,特征) 3500(m)		游离　　　二聚体 $\nu_{(C-O)}$　$\nu_{(C-O)}$ 1770～　1720 1750(s)　～1710 　　　　(s)	二聚体 OH 面内弯曲　二聚体 OH 非 和 C—O 伸缩的偶合　平面摇摆 约 1430 (M) 和　约 920 (宽、 约 1250 (s)　　　强、特征)
O ‖ R—C—X			$\nu_{(C-O)}$ 1810～1790 (s)	
酸酐 (线状)			$\nu_{as(C-O)}$　$\nu_{s(C-O)}$ 1800～　1790～1740 1850(s)　(m-s)	C—O—C 伸缩 1175～1045 (s)
酸酐 (环状)			$\nu_{as(C-O)}$　$\nu_{s(C-O)}$ 1875～　1800～1750 1825(m)　(s)	C—O—C 伸缩 1310～1210 (s)
芳烃	C—H 伸缩 3100～3000 (m, 尖锐)		各种取代　苯核骨架 类型的特　振动 征图样　约 1500, 2000～　约 1600 1667 (参看图 3-6)	C—H 面外变形 苯　　　　670 单取代　770～730(s)　710～690(s) 1,2 取代 770～735(s) 1,3 取代 810～750(s)　710～690(s) 1,4 取代 833～810(s)

第三节 红外分光光度计

红外分光光度计又称红外光谱仪，从第一台红外光谱仪出现到目前为止，红外光谱仪的发展大致经历了四个阶段。第一代红外光谱仪研制于 20 世纪 40～50 年代，主要采用人工晶体棱镜作色散元件的双光束记录式红外光谱仪，仪器的分辨率和测定波长范围都受到限制，对使用环境的要求也高；在 60 年代，以光栅代替棱镜作色散元件，产生了第二代红外光谱仪，仪器的分辨率得以提高，而且测定波长范围延伸至近红外和远红外区，对使用的环境要求有所下降；在 70 年代初，由于电子计算机技术的发展，同时，快速傅里叶变换技术的应用，使基于光相干性原理而设计的干涉型傅里叶变换红外光谱仪（FTIR）得以问世，但由于制作技术复杂，价格昂贵，故一度普及较慢。近年来，随着电子计算机生产成本的降低，傅里叶变换红外光谱仪逐渐普及，已成为市场的主流。另外，70 年代中期出现的计算化光栅式红外光谱仪（CDS），除扫描速度不如傅里叶变换红外光谱仪外，其他性能均差不多，而价格相对较低廉。傅里叶变换红外光谱仪和计算机化光栅式红外光谱仪一般被称为第三代红外光谱仪；近年来发展起来的激光拉曼红外光谱仪和激光二极管红外光谱仪则属于第四代红外光谱仪，它们采用可调激光器作为红外光源来代替单色器，具有非常高的分辨率，进一步扩大了红外光谱法的应用范围。

目前常用的红外光谱仪主要有两种类型，即色散型红外光谱仪和傅里叶变换红外光谱仪。

一、色散型红外光谱仪

色散型红外光谱仪的组成部件与紫外可见分光光度计相似，但所用材料、结构及性能等与后者不同，其排列顺序也略有不同，红外光谱仪的样品是放在单色器和光源之间，而紫外可见分光光度计是放在单色器之后。图 3-9 是色散型红外光谱仪原理示意图。

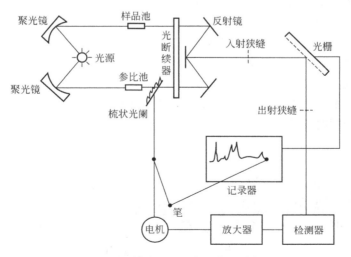

图 3-9　色散型双光束红外光谱仪

将光源发射的红外光分成两束，一束通过试样，另一束通过参比，利用半圆扇形镜使试样光束和参比光束交替通过单色器，然后被检测器检测，经放大器放大后，由记录仪自动记录光谱图。色散型红外光谱仪主要由光源、吸收池、单色器、检测器及记录仪五部分组成。

（一）光源

红外光谱仪中所用的光源通常是一种惰性固体，用电加热使之发射高强度的连续红外辐射。常用的是硅碳棒和能斯特灯，硅碳棒是由碳化硅烧结而成，其工作温度在 1800K 左右，适用于波长范围 $4000\sim400cm^{-1}$，可以低至 $200cm^{-1}$，其特点是热辐射强，发光面积大，坚固耐用，寿命长；能斯特灯是由粉状的锆、钍、钇等稀土元素的氧化物混合加压成型，并在 2000K 煅结而成的细棒。直径约 $1\sim3mm$，长约 30mm，两端绕以铂丝导线，工作温度 1800K，使用寿命约 2000h，价格较贵，使用不如硅碳棒方便。

（二）吸收池

红外吸收池需用可透过红外光的 NaCl、KBr、CsI 等材料制成窗片，使用时需注意防潮。在分析气体和液体时，分别用气体吸收池和液体吸收池。固体样品与纯 KBr 混匀压片然后直接进行测定。

1. 气体吸收池

气体或蒸气压较高的液体均可用气体池。最简单也是最常用的气体吸收池如图 3-10 所示。

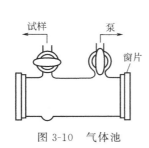

图 3-10　气体池

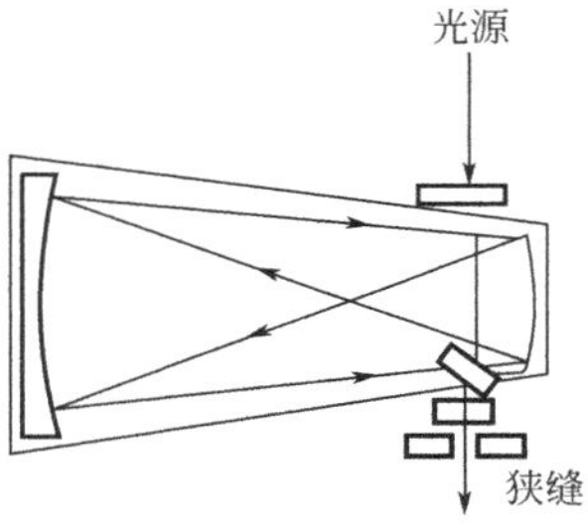

图 3-11　多重反射气体吸收池

它是在玻璃或金属圆筒两端粘上适当的透光窗片，并在接近圆筒两端处装上活塞，作为气体的出入口。最常用的气体吸收池光程为 5cm 和 10cm，容量为 $50\sim150ml$。通常用真空泵除去吸收池内的空气，并用量气装置充入一定压力的样品。被测组分浓度小时，可选用多重反射气体吸收池（10m、20m 及 50m），如图 3-11 所示。

2. 液体吸收池

液体样品通常都放入光程为 $0.01\sim1mm$ 的液体吸收池中进行测定。极性的纯液体有较强的吸收，应用较薄的吸收池。液体吸收池主要有可拆池、固定池和可变厚度的可变液体池。前两种的基本结构大同小异，主要是两片透光窗片夹一片铅垫片，垫片用以限制光程的长度和所测液体的体积。在一窗片上钻有小孔，通到窗片与垫片形成的空间，以便用注射器向小孔内注射液体试样。液体池通常装在框架上，为了保护窗片，在框架与窗片间衬以耐油橡胶垫片。图 3-12 为可拆卸式液体样品池构造示意图。

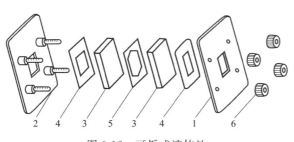

图 3-12　可拆式液体池

1—前框；2—后框；3—红外透光窗片；4—氯丁橡胶垫；

5—间隔片；6—螺帽

可变厚度池，把一窗片固定在池体上，而另一池窗片可借助转动测微螺旋使层厚发生从0～0.5mm的连续改变，分度为0.0001mm。

在常温下不易挥发的液体试样或分散在石蜡油中的固体试样，多使用可拆池。对于黏度大的不易流失的样品也可不用衬垫，而靠窗片间的毛细作用保持窗片间的液层。使用完毕或更换样品时，可将池拆开清洗。

对于易挥发的液体和溶液的分析，一般采用固定式液体吸收池。

（三）单色器

单色器的色散元件有光栅和棱镜两种。早期的红外分光光度计多采用棱镜作色散元件，棱镜材料一般为 NaCl、KBr。现代的红外分光光度计都采用平面衍射光栅。

（四）检测器

检测器的作用是能够接收红外辐射并使之转换为电信号。常用的红外检测器是真空热电偶，如图 3-13 所示。

在厚约 0.5μm 的金箔的一面焊有两种不同的金属、合金或半导体，作为热接点，在冷接点端（通常为室温）连有金属导线；金箔的另一面是涂黑（蒸发上 Pt、Au）的，以便接收红外光。热电偶密封于真空的玻璃管中，为了接受红外光，玻璃管上对着涂黑的金箔处开一小窗，粘以红外透光材料（如 KBr、CsI 等）。当红外光透过真空热电偶的窗口射至涂黑的共同接点上时，使热接点的温度升高，产生温差电势，在闭路的情况下，回路即产生电流。此电流很弱，必须经过多级放大才能推动平衡电机带动光楔和记录笔，进行光学（或电学）平衡，完成光谱记录。

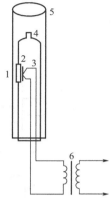

图 3-13 真空热电偶
1—红外透光窗；2—涂黑金箔；3—热电偶；4—真空密封玻璃；5—金属屏蔽罩；6—输出变压器

（五）减光器

减光器（光学衰减器）分为楔形和光圈式两种，目前多采用楔形减光器。减光器在样品光路发生吸收时，用于平衡光强度，要求在减少光束强度时均匀且呈线性变化。因而将其透光度分成六条楔形细缝（类似梳子），以消除和减少光束强度不均匀性的影响，准确量度样品的透光率。

（六）扇形镜

扇形镜为镀铝的半圆形反射镜，它每旋转一周，样品光束和参比光束以相同的入射角交替射入单色器。旋转速度一般是每秒钟 10 周。

二、傅里叶变换红外光谱仪

傅里叶变换红外光谱仪是基于光相干性原理而设计的干涉型红外光谱仪。它没有色散元件，主要由光源、干涉仪、检测器、计算机和记录仪等组成。其核心部位是干涉仪，它将光源来的信号以干涉图的形式送往计算机进行傅里叶变换的数学处理，最后又将干涉图还原成光谱图。图 3-14 是傅里叶变换红外光谱仪工作原理示意图，图 3-15 是干涉仪及干涉谱图示意图。

干涉仪是由互相垂直的两块平面反射镜 M_1、M_2，与 M_1 和 M_2 分别成 45°角的劈光器 BS 及检测器 D 等组成。其中 M_1 固定不动，M_2 可沿图示方向作微小移动，称为动镜。光源

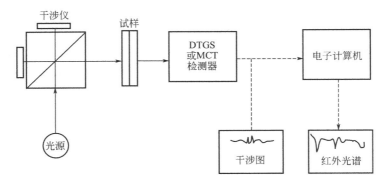

图 3-14 傅里叶变换红外光谱仪工作原理图

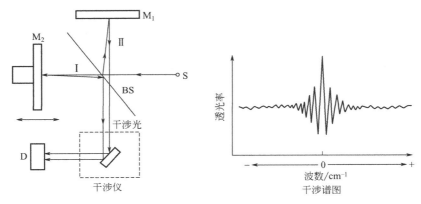

图 3-15 干涉仪、干涉谱图示意图

M₁—固定镜；M₂—动镜；S—光源；D—检测器；BS—光束分裂器

S 来的单色光经过 BS 被分为相等两部分；光束 I 穿过 BS 经过动镜 M₂ 反射，沿原路回到 BS 并发射到检测器 D；光束 II 则发射到 M₁，再由 M₁ 沿原路反射回来通过 BS 到达 D。当两束光到达 D 时，其光程差将随动镜 M₂ 的往复运动而周期性地变化。这样由于光的干涉原理，在 D 处得到的是一个强度变化为余弦形式的信号，即干涉谱图。当入射光为连续波长的多色光时，得到的多色光干涉图是所有各单色光干涉图的加合。当多色光通过试样时，由于试样对不同波长光的选择吸收，干涉图曲线发生变化，经计算机进行快速傅里叶变换，就可得到透光率随波数变化的普通红外光谱图。

傅里叶变换红外光谱仪具有如下特点。

① 扫描速度快。测量光谱速度要比色散型仪器快数百倍。

② 灵敏度高。检测极限可达 $10^{-9} \sim 10^{-12}$，对微量组分的测定非常有利。

③ 分辨率高。在整个光谱范围内波数精度可达到 $0.1 \sim 0.005 \mathrm{cm}^{-1}$。

④ 测量的光谱范围宽。测量范围可达 $1000 \sim 10 \mathrm{cm}^{-1}$。

三、波长的校正

红外分光光度计的波数（或波长），在出厂前已作了准确的校正。但由于许多因素的变动都可能造成波长的位移，这样会给红外谱图的解析和与标准谱图的对照发生困难，甚至得出错误的结论。仪器运转过程中机械转动部分之间的摩擦、松动会影响波长的精度；棱镜式分光光度计，随湿度的变化，波长读数将有很大变化；记录纸的尺寸随湿度的变化也能引起波长的误差。产生这些误差的直观结果往往是记录纸上的波长刻度与实际的波长不能准确一致地重合。因而在仪器使用过程中要经常进行波长校正，使仪器处于正常工作状态。

波长精度检查应在严格的恒定条件下，按仪器的说明书进行。通常采用已知光谱的一定谱带位置与实测光谱的一定位置进行对比，而加以校正。仪器的日常波数精度检查以及要求不高的仪器波数精度检查一般采用厚度为 0.1mm 的聚苯乙烯薄膜。液体茚在 3930～696cm^{-1} 范围有 77 个较锐的吸收谱带可资比较，因而常用作校正之用。精细的波长精度测量可测定氨蒸气、水蒸气及二氧化碳等的气体精细光谱的吸收峰、位置，以作出校正。表3-3 是聚苯乙烯谱带的波长数据。

表 3-3　聚苯乙烯谱带的波长和波数

编　号	1	2	3	4	5	6
波长/μm	3.266	3.303	3.420	3.508	5.144	5.549
波数/cm^{-1}	3062	3027	2924	2851	1944	1802
波长/μm	6.243	6.692	8.662	9.724	11.03	14.29
波数/cm^{-1}	1602	1494	1154	1028	907	700

第四节　定性定量分析

一、制样

化合物红外光谱图特征谱带频率、强度和形状因制样方法不同可能带来一些变化，对不同的样品采用不同的制样方法是红外光谱研究中取得信息的关键。

（一）红外光谱法对试样的要求

① 试样应是单一组分的纯物质，纯度应大于98％或符合商业标准。多组分样品应在测定前采用分馏、萃取、重结晶、离子交换或色谱法进行分离提纯，否则各组分光谱相互重叠，难于解析。

② 试样中不应含游离水，水本身有红外吸收，会严重干扰样品谱，还会侵蚀吸收池的盐窗。

③ 试样的浓度和测试厚度应选择适当，以使光谱图中大多数峰的透射率在10％～80％范围内。

（二）制样方法

1. 固态样品

（1）压片法　取 1～3mg 固体样放在玛瑙研钵中，加入 100～300mg 溴化钾研磨，使其粒度在 2.5μm 以下，在压片专用模具上加压成片。该法为最常用方法，适用于绝大部分固体试样，不宜用于鉴别有无羟基存在。

（2）糊剂法　采用压片法尽管粉末的粒度很小，但光的散射损失仍较大，为减少光的散射，选取与试样折射率相近的液体与试样研磨成糊膏，其散射光可显著地减少。常用的液体有液体石蜡、六氯丁二烯及氟化煤油等。取 5mg 左右固体样品放在小型玛瑙研钵中研磨，加入一滴石蜡研磨均匀，然后把糊膏夹于两片窗片之间，即可用于测定。固体样品、特别是易吸潮或与空气产生化学变化的样品，在对羟基或氨基鉴别时用此法。应当注意，液体石蜡适用于 $1800\sim400cm^{-1}$（其他波段本身有吸收），六氟二丁烯适用于 $4000\sim1300cm^{-1}$，两者配合才能完成全波段的测定，否则应扣除它们的吸收。

（3）薄膜法　将试样溶于低沸点溶剂中，然后将溶液涂于 KBr 窗片上，待溶剂挥发后，样品留在窗片上而成薄膜。若样品熔点较低，可将样品置于晶面上，加热熔化，合上另一晶片。

（4）溶液制样法　将固体样品溶于溶剂中，按液相样品测定。此法适用于易溶于溶剂的固样，在定量分析中常用。红外用溶剂有以下几个要求：①对溶质有较大的溶解度；②与溶质不发生明显的溶剂效应；③在被测区域内，溶剂应透明或只有弱的吸收；④沸点低，易于清洗等。常用的溶剂有 CS_2、$CHCl_3$、CCl_4、$CCl_2{=}CCl_2$、环己烷、丙酮、二乙醚、四氢呋喃等。

2. 液体样品

液体样品可根据其物理性质选取不同的制样方法。

（1）夹片法　将样品夹于两块窗片之间，展开成液膜，然后置于样品架上。此法不适合于沸点在 100℃ 以下或挥发性强的样品，无法展开的黏胶类及毒性大或腐蚀性、吸湿性大的液体。

（2）吸收池法　用注射器将样品注入液体密封吸收池中，此法用于低沸点样品或溶液样品。

（3）涂膜法　①加热加压法，将样品置于一晶面上，在红外灯下加热，待易流动时，合上另一晶片加压展平，此法适于黏度适中或偏大的液体样品；②溶液涂膜法，将样品溶于低沸点溶液中，然后滴于温热晶片上挥发成膜，用于黏度较大而又不能用加热加压展薄的样品。

3. 气体样品

气体样品、低沸点液体样品和某些饱和蒸气压较大的样品，可用气相制样。气相制样通常使用 10cm 玻璃气体吸收池，当气体样品量较小时，可使用池体截面积不同带有锥度的小体积气体吸收池，被测气体组分浓度较低时可选用长光程气体吸收池（光程规格有 10m、20m 及 50m）。测定试样气体的压力，一般尽可能在 $267\sim101325Pa$ 的低压状态。

二、定性分析

由于每种化合物的红外光谱都具有鲜明的特征性，所以被誉为化合物"分子的指纹"。其谱带数目、位置、强度和形状都随化合物及其聚集状态的不同而异。因此根据化合物的红外光谱，就可以像辨认人的指纹一样，确定所分析化合物何种基团并进而推断其结构式。利用红外光谱对化合物进行定性分析的过程，称为谱图解析（即对红外光谱的辨认、识别）。

（一）官能团定性分析

在化学反应中引入或除去某官能团，则其红外光谱图中相应的特征吸收峰应出现或消失，进行光谱解析即可确定。进行图谱解析时，我们可以借助"基团频率表"，采用"查字典"的方法来确认基团或化学键的类型。

1. 否定法

已知某波数区的谱带对某个基团是特征的，在谱图中的这个波数区如果没有谱带存在时，就可以判断某些基团在分子中不存在。由表 3-2 可见，如果在 $3700\sim3100cm^{-1}$ 没有吸收谱带，就可以排除—NH 和—OH 的存在；如果在 $1740cm^{-1}$ 没有吸收谱带，就可判断没有酯类存在。

2. 肯定法

有很多谱带是很特征的，如光谱中在 $1740cm^{-1}$ 位置有吸收，另外在 $1300\sim1150cm^{-1}$ 范围内出现两个强吸收，而且较高波数的吸收峰更强些，就可以判断此化合物属于酯类化合物。又如在 $2260\sim2240cm^{-1}$ 处有吸收，也容易判断此化合物中含有 $-C\equiv N$ 基。在用肯定法解析图谱时应当注意，有许多基团的吸收峰会出现在同一波数区域内，因此很难作出明确的判断，这就需要从几个不同波数区域内的相关峰来综合判断某个基团。例如，不能单凭在 $3100\sim3300cm^{-1}$ 处出现的吸收峰（芳环的 C—H 伸缩振动），就肯定有芳环，还要看在 $1600\sim1500cm^{-1}$ 区域（芳环的 C≡C 伸缩振动）是否出现吸收峰以及在 $900\sim650cm^{-1}$ 区域（芳环的 C—H 面外弯曲振动）是否出现强谱带，才能作出正确的判断。

（二）已知物鉴定

当已经知道物质的化学结构，仅仅要求证实是否为所期待的化合物时，用红外光谱验证是一种行之有效的简便方法。

1. 用标准样品对照

若两者的红外光谱中谱带的数目、位置、相对强度以及形状完全相同，则试样与标准样品为同一化合物。

2. 与标准谱图对照

对照已知化合物的标准谱图，已经成为红外光谱定性分析中不可缺少的步骤。许多国家都编制出版了标准谱图集，主要有以下几种。

（1）ASTM 穿孔卡片 由美国材料检验学会出版，已出版 92000 张以上。它使用 IBM 统计分类机和电子计算机检索，所以也叫 IBM 穿孔卡片。

（2）萨特勒（Sadtler）红外谱图集 纯化合物红外标准谱图中棱镜分光部分有 49000 张谱图；光栅分光部分已有 5700 张谱图。商品红外谱图也分为棱镜分光和光栅分光两大部分，前者约有 41000 张，后者已出版 20000 张。

（3）DMS 卡片 由美国西德合作出版，已有 34000 张。

（4）IRDC 卡片 日本红外数据委员会编，已有标准谱图 19000 张以上

（5）API 卡片 美国石油研究院编。主要收集石油产品的红外光谱，已有 2700 多张。

在与标准谱图对照时应注意，被测物与标准物的聚集状态、制样方法及绘制谱图的条件等要相同才具有可比性。

（三）未知物结构测定

红外光谱的重要用途是测定未知物的结构。这里所指的未知物是指对分析者而言，而在标准谱图集上已有收载。

在进行谱图解析时，首先要确认试样的纯度（应在98%以上），而且要根据试样的来源物理化学常数或其他分析鉴定的手段，对可能的分子结构作些预想，再结合基团（或化学键）的特征频率、谱带的相对强度以及形状作出综合的分析判断，并对所确定的分子结构加以验证。具体步骤大致归纳如下。

1. 化学式的确定

首先由元素分析、相对分子质量测定、质谱法等各种手段推出化学式。

2. 不饱和度的计算

不饱和度即分子构式中达到饱和所缺一价元素的"对"数。即表示有机分子中是否含有

双键、叁键、苯环，是链状分子还是环状分子等，对决定分子结构非常有用。根据化学式计算不饱和度 Ω 的经验公式为

$$\Omega = 1 + n_4 + \frac{1}{2}(n_3 - n_1) \qquad (3\text{-}4)$$

式中　n_1，n_3，n_4——分子中一价，三价，四价原子的数目。

通常规定双键或饱和环结构的不饱和度为 1，叁键不饱和度为 2，苯环不饱和度为 4（一个环加三个双键）。式(3-4) 不适合于有高于四价杂原子的分子。

3. 确定分子中所含的基团或键的类型

依照特征官能团区、指纹区及四个重要光谱区域的特性，对谱图进行解析，判断该化合物是无机物还是有机物；是饱和的还是不饱和的；是脂肪族、脂环族、芳香族、杂环化合物还是杂环芳香族。根据存在的基团确定可能为哪一类化合物。具体方法如下。

首先辨认特征区第一强峰的起源（由何种振动所引起）及可能的归属（属于什么基团或化学键），然后找出该基团所有或主要的相关峰，以确定第一强峰的归属。再依次解析特征区的第二强峰及其相关峰。以此类推。有必要时，再解析指纹区的第一、第二……强峰及相关峰。采取"抓住"一个峰，解析一组相关峰的方法，它们可以互为旁证，避免孤立解析造成判断错误。根据特征吸收峰的位置、相对强度及形状，参照"基团频率表"确定分子中各个基团或化学键所邻接的原子或原子团。

4. 推测分子结构

在确定了化合物类型和可能含有的官能团后，再根据各种化合物的特征吸收谱带，推测分子结构。例如，3500～3300cm^{-1}处氨基的吸收峰分裂为双峰，判断它为伯氨基，1380cm^{-1}附近出现双峰表明是—CH(CH$_3$)$_2$，由 C=O 伸缩振动频率的位移来推测共轭系统等。

5. 分子结构的验证

确定了化合物的可能结构后，应对照相关化合物的标准红外光谱图或由标准物质在相同条件下绘制的红外光谱图进行对照。当谱图上所有的特征吸收谱带的位置、强度和形状完全相同时，才能认为推测的分子结构是正确的。需要注意的是，由于使用仪器性能和谱图的表示方式（等波数间隔或等波长间隔）的不同，其特征吸收谱带的强度和形状有些差异，要允许合理性差异的存在，但其相对强度的顺序是不变的。

对于结构复杂或待定结构的新化合物，只用红外光谱很难确定其结构，需要和紫外吸收光谱、核磁共振波谱以及质谱等分析手段结合才能确定出它的结构式。通过谱图解析确定未知物的分子结构是一个相当复杂的问题，没有一定的规则，在很大程度上取决于工作者的实践经验。因此，在对红外光谱的基本原理有所了解后，需在实际工作中逐步解决这个问题。

6. 举例

设未知物化学式为 C$_8$H$_8$O，测得红外光谱图如图 3-16 所示，试推断其结构式。

不饱和度 $\Omega = 1 + 8 + \frac{1}{2}(0 - 8) = 5$，首先要考虑是否含苯环。在谱图中高于 3000cm^{-1}处有弱吸收峰，为不饱和 $\nu_{(C-H)}$ 和饱和 $\nu_{(C-H)}$，在 1600cm^{-1} 和 1450cm^{-1} 附近有芳环的骨架振动，692cm^{-1} 和 760cm^{-1} 是芳环 C—H 面外变形振动的特征峰，可推断为单取代苯。在 1687cm^{-1}处的强吸收峰为 $\nu_{(C=O)}$，因分子中只含一个氧原子，所以未知物不可能为酸或酯，又因为化合物含苯环，所以很可能是芳酮。而在 1265cm^{-1}处出现的强吸收峰是芳酮的另一佐证。由 1430cm^{-1} 和 1363cm^{-1} 处两个吸收峰，可确认有—CH$_3$，而且 1363cm^{-1} 处的吸收

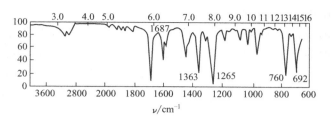

图 3-16 C_8H_8O 的光谱（液膜）

峰是甲基酮 $\left(—\overset{\text{O}}{\underset{\|}{\text{C}}}—CH_3\right)$ 特有的振动吸收。综合以上的解析，可以推断未知物的结构式可能为

与标准谱图对照，证明与苯甲酮的红外光谱完全一致，因而上述推断是正确的。

三、定量分析

1. 定量分析原理

（1）吸收定律

$$A=\lg\frac{\phi_0}{\phi_{\text{tr}}}=\lg\frac{1}{T}=abc \tag{3-5}$$

必须注意，透光度 T 和浓度没有正比关系，当用 T 记录的光谱进行定量时，必须将 T 转换为吸光度 A 后进行计算。

（2）吸光度的测量

① 峰高法。将仪器固定在分析波数处（即被测组分有明显的最大吸收，而溶剂只有很小或没有吸收的波数处），校正仪器的透光度 0 和 100%。将含有被测组分的溶液放入样品光路中，读出其透光度，然后使用同一吸收池装入溶剂，放入样品光路中，读出溶剂的透光度，则样品的透光度为两者之差。由其透光度求出吸光度。

② 基线法。用基线来表示分析物不存在时的背景吸收，并用它代替记录纸上的 100%（透光度）坐标。具体做法是：在吸收峰两侧选透光度最高处两点作基点，过这两点的切线称为基线，通过峰顶作横坐标的垂线，如图3-17所示，则

$$A=\lg\frac{I_0}{I} \tag{3-6}$$

基线还有其他画法，但在确定一种画法后，在以后的测量中就不应该改变。

2. 定量分析测量和操作条件选择

（1）定量谱带的选择 理想的定量谱带应是孤立的，吸收强度大，遵守吸收定律，不受溶剂和样品其他组分的干扰，应尽量避免在水蒸气和 CO_2 的吸收峰位置测量。当对应不同定量组分而选择两条以上定量谱带时，谱带强度应尽量保持在相同数量级。

（2）溶剂的选择 定量分析一般用溶液测定。所选溶剂应能很好溶解样品，与样品不发

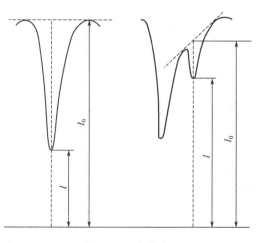

图 3-17 基线法

生反应，在测量范围内不产生吸收。

（3）选择合适的透光度区域　透光度应控制在 20％～65％范围之内。

（4）吸收池厚度的测定　采用干涉条纹法测定吸收池厚度。具体做法是：将空的吸收池放于测量光路中，以空气作参比，在一定波数范围内扫描，得到干涉条纹，如图 3-18 所示。利用下式计算液体吸收池厚度 L

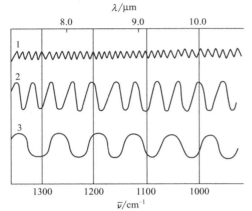

图 3-18　三个池的干涉波纹

$$L = \frac{n}{2(\check{\nu}_2 - \check{\nu}_1)} \tag{3-7}$$

式中　n——干涉条纹个数；

$(\check{\nu}_1 - \check{\nu}_2)$——波数范围。

3．红外光谱定量分析方法

（1）工作曲线法　在固定液层厚度入射光的波长和强度的情况下，测定一系列不同浓度标准溶液的吸光度，以对应分析谱带的吸光度为纵坐标，标准溶液浓度为横坐标作图，得 A-c 曲线，在相同条件下测试液的吸光度，从 A-c 工作曲线上查得试液的浓度。

（2）比例法　当液体吸收池的厚度不定或难以准确测定时，可采用比例法。它的优点在于不必考虑样品厚度对测量的影响，这在高分子物质的定量分析上应用较普遍。

比例法主要用于分析二元混合物中两个组分的相对含量。对于二元体系，若两组分定量谱带不重叠，则

$$R = \frac{A_1}{A_2} = \frac{a_1 b c_1}{a_2 b c_2} = \frac{a_1 c_1}{a_2 c_2} = K \frac{c_1}{c_2} \tag{3-8}$$

因 $c_1 + c_2 = 1$，故

$$c_1 = \frac{R}{K+R}, \quad c_2 = \frac{K}{K+R} \tag{3-9}$$

式中 $K = \dfrac{a_1}{a_2}$，是两组分在各自分析波数处的吸收系数之比，可由标准样品测得；K 是被测样品二组分定量谱带峰值吸光度的比值，由此可计算出两组分的相对含量 c_1 和 c_2。

（3）内标法　当用 KBr 压片、糊状法或液膜法时，光通路厚度不易确定，在有些情况下可采用内标法。选择一标准化合物，它的特征吸收峰与样品的分析峰互不干扰，取一定量的内标物（r）与样品（s），将此混合物制成 KBr 片或油糊绘制红外光谱图，则有

$$A_s = a_s b_s c_s \qquad A_r = a_r b_r c_r$$

两式相除，因 $b_s = b_r$，则得

$$\frac{A_s}{A_r} = \frac{a_s}{a_r} \cdot \frac{c_s}{c_r} = K c_s \tag{3-10}$$

以吸光度比（A_s/A_r）为纵坐标，以 c_s 为横坐标作工作曲线。常用的内标物有：$Pb(SCN)_2$，2045cm^{-1}；$Fe(SCN)_2$，2130cm^{-1}、1635cm^{-1}；KSCN，2100cm^{-1}；NaN_3，2120cm^{-1}、640cm^{-1}；C_6Br_6，1300cm^{-1}、1255cm^{-1}。

（4）解联立方程法　在处理二元或三元混合体系时，由于吸收谱带之间相互重叠，特别是在使用极性溶剂时所产生的溶液效应，使选择孤立的吸收谱带有困难，此时可采用解联立

方程的方法求出各组分的浓度。

4. 实例

现以分析二甲苯三个异构体混合样品为例。由图 3-19 可知，对二甲苯、间二甲苯和邻二甲苯的苯环氢面外弯曲振动吸收峰分别在 795cm^{-1}、768cm^{-1} 和 740cm^{-1} 处，相互干扰少，即可选择这三个吸收峰作为测定它们的分析峰。

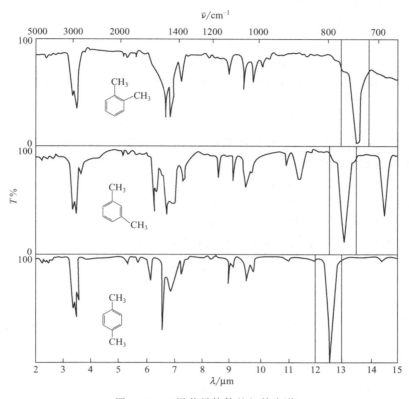

图 3-19　二甲苯异构体的红外光谱

先取三种异构体的纯品，分别单独配成标准溶液，在相同的吸收池内，每一溶液都测出在这三个分析波数处的吸光度 A，从而求出吸光系数 α。

例如，取 99.2mg 对二甲苯溶于 10ml 环己烷中，经 0.1mm 厚的吸收池中绘出的红外光谱图（如图 3-20）示出，在三个分析波数处的吸光度分别为 1.45、0.0241 和 0.0308，于是可求得对二甲苯在三个分析波数处的吸光系数，如：

$$\alpha_{795}=\frac{1.45}{9.92(g/L)\times0.01(cm)}=14.62[L/(g\cdot cm)]$$

相似地可得 α_{768} 和 α_{740} 分别为 0.243 和 0.311L/(g·cm)。同理也可求得间和邻二甲苯在三个分析波数处的吸光系数。若测样品时吸收池厚度为 0.103mm，将这些吸光系数与样品池厚度 0.103mm 的乘积，以及样品溶液的吸光度列于表 3-4 中。

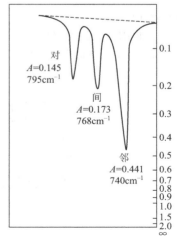

图 3-20　二甲苯样品红外光谱

表 3-4　在环己烷溶液中测得二甲苯异构体的分析数据

分析波数/cm^{-1}	$\alpha \times 0.0103/(L/g)$			未知样品吸光度
	对	间	邻	
795	0.1506	0.0048	0.000	0.145
768	0.0025	0.1440	0.000	0.173
740	0.0032	0.0033	0.2405	0.441

由此可列出下列联立方程组

$$A_{795} = 0.1506c_p + 0.0048c_m + 0.0000c_o = 0.145$$

$$A_{768} = 0.0025c_p + 0.1440c_m + 0.0000c_o = 0.173$$

$$A_{740} = 0.0032c_p + 0.0033c_m + 0.2405c_o = 0.441$$

式中 c_p、c_m 和 c_o 分别代表混合样品溶液中对、间和邻二甲苯的浓度解这组联立方程式即可得

$$c_p = 0.93g/L, \quad c_m = 1.18g/L, \quad c_o = 1.80g/L$$

由表 3-4 可以看出，在每一种异构体的特征吸收波数处，其余两种异构体的吸收都很微张。为此可求取近似值，如

$A_{795} = 0.1506c_p = 0.145$　得 $c_p = 0.96(g/L)$

$A_{768} = 0.1440c_m = 0.173$　得 $c_m = 0.120(g/L)$

$A_{740} = 0.2405c_o = 0.441$　得 $c_o = 0.180(g/L)$

在这个实例的情况下，近似值与解联立方程式的数值很接近。

思　考　题

1. 产生红外吸收光谱的条件是什么？

2. 基团（或化学键）的振动频率与哪些因素有关？

3. 何谓特征峰？它有什么用途？

4. 何谓指纹区？它有什么用途？

5. 红外光谱定性的依据是什么？简要叙述确定未知物分子结构的一般过程。

6.  是同分异构体，如何用红外吸收光谱来区别它们？

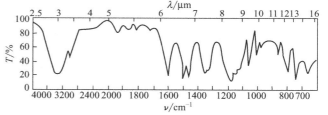

图 3-21　习题 7 红外光谱图

7. 根据图 3-21 推断化学式为 C_6H_6O 的化合物的结构式。

8. 一个化合物的化学式为 C_8H_7N，按图 3-22 推断其结构。

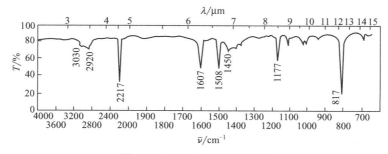

图 3-22　C_8H_7N 的红外光谱

第四章

原子吸收光谱法

- ◆ 概述
- ◆ 基本原理
- ◆ 原子吸收分光光度计
- ◆ 定量分析方法
- ◆ 测量条件的选择
- ◆ 干扰因素及消除方法
- ◆ 灵敏度及检出极限
- ◆ 原子荧光光度分析简介

第一节　概　　述

原子吸收光谱法又称原子吸收分光光度法。它是 20 世纪 50 年代产生，60 年代得到快速发展的仪器分析新技术。目前广泛应用于工矿企业、环保、科研和教学部门，并发挥了重要作用。

原子吸收分析是基于从光源发射出的待测元素的特征谱线，通过样品的原子蒸气时，被蒸气中的待测元素的基态原子所吸收，根据特征谱线减弱程度，可测出被测金属元素的含量。这种方法，称原子吸收光谱法，简称原子吸收法。例如溶液中 Mg 含量的测定：取 10.00ml 试液移入 100ml 容量瓶，加 5ml 浓 HCl，用水稀至刻度。按图 4-1 所示喷雾。

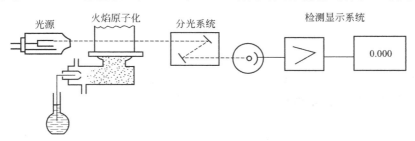

图 4-1　原子吸收分析示意图

用镁空心阴极灯作光源，能发射出 285.2nm 镁的特征谱线，当它通过一定厚度 Mg 原子蒸气时，部分光被 Mg 蒸气中的基态原子所吸收。通过分光系统（分出 285.2nm 光）和检测显示系统，测定出吸收光的程度，即可计算出镁含量。

原子吸收光谱与紫外可见分光光度法都属吸收光谱法，测定方法相似，但其实质有区别，一个是原子产生吸收，一个是分子或离子产生吸收。

原子吸收分析是一种很好的快速定量分析方法，它具有如下特点。

（1）灵敏度高　原子吸收的绝对检出极限为 10^{-10} g（火焰法），其至可达 10^{-14} g（无火焰法），适合于微量分析。

（2）准确度高　原子吸收分析的相对误差，一般为 0.1%～0.5%，可与滴定分析媲美，故亦可测中、高含量的元素。

（3）选择性好，方法简便快速　由于选择性好，故往往不经分离可在同一溶液中直接测定多种元素。如果样品已处理成溶液，1min 可测定一个样品。

（4）用途广泛　目前已能测 70 多种金属元素，还可间接测定部分非金属元素。

（5）样品用量少　石墨炉无火焰原子化法，液体进样量 1～50μl，固体只需 0.1～10mg。

（6）局限性

① 测定一种元素，需更换相应的空心阴极灯，复合灯还未研制成功。

② 复杂组分仍有干扰，仍需采取抑制干扰的办法。

③ 对钛、锆、铪、铌、钽、钨、铀、硼等元素的测定，灵敏度低。

第二节　基本原理

原子吸收分析，建立在基态原子蒸气对光的吸收，需要研究吸光度与溶液的关系，溶液浓度与蒸气中基态原子的关系等。

一、基态原子的产生

待测元素在试样中都是以化合物的状态存在，因此在进行原子吸收分析时，首先应当使待测元素由化合物状态变成基态原子，即要求原子化。使试样原子化的方法很多，今以火焰原子化方法为例。火焰提供热能，使试液中待测元素在火焰中解离，变成基态原子。

将金属盐（MX）的水溶液，经过雾化成为微小的雾粒喷入火焰中，雾粒中金属盐的分子将发生一系列的变化。这种变化较复杂，不过大体可分为蒸发、解离、激发、电离、化合等过程。

$$MX \xrightarrow[\text{脱水}]{} MX \xrightarrow[\text{气化}]{} MX$$

（湿气溶胶）　（干气溶胶）　（气态分子）

M* （激发态原子）

M（气态金属原子）＋X（气态非金属原子）

M⁺（金属离子）＋e⁻（电子）

液体样品喷雾进入火焰后，MX 湿气溶胶脱水变成干气溶胶，再气化变成气态 MX 分子，在高温条件下吸收热能，被热解离为基态原子（M），还有少量激发态原子（M*）和离子（M⁺）。

由于火焰中还有其他物质（如氧等），它们在火焰的作用下，还可能与基态原子进行化合反应，生成某些化合物（如 MO）。在原子吸收分析中要尽量使试样在火焰中更多地生成基态原子，减少激发态原子、离子及其他化合物的生成。

二、共振线与吸收线

任何元素的原子都由原子核和核外电子组成。核外电子分层排布，每层都具有确定

的能量，称原子能级。所有电子都按一定的规律排布在各个
能级上，每个电子的能量由它所处的能级决定。核外电子排
布处于最低能级时，能量最低、最稳定，原子处于基态，称
基态原子。当原子接受外界能量（热能、电能、光能）激发
时，最外层电子吸收一定的能量而跃迁到较高能级上，原
子处于激发态，称激发态原子。激发态原子能量较高，很
不稳定，在高能级上停 10^{-8} s，又跃回基态能级，同时辐射
出所吸收的能量（荧光），如图 4-2 所示。电子由基态能级

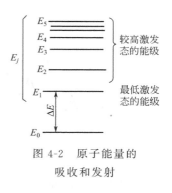

图 4-2 原子能量的
吸收和发射

E_0 跃迁至激发态能级 E_j，要从外界吸收一定的能量；由激
发态能级跃迁回基态，需辐射出相等的能量。其能量大小等于二能级差之能量 ΔE。

$$\Delta E = E_j - E_0 = \frac{hc}{\lambda}$$

式中　E_j——激发态能级的能量；

　　　E_0——基态能级的能量；

　　　h——普朗克常数，6.626×10^{-34} J·s；

　　　c——光速，3×10^{10} cm/s；

　　　λ——吸收（或辐射）光的波长。

原子受外界能量的激发，其最外层电子可能跃迁至不同的能级，因而可能有不同的激发
态。电子从基态跃迁至能量最低的激发态（称第一激发态）时，要吸收一定波长的谱线，这
一波长的谱线再跃回基态时，辐射出相同波长的谱线，这谱线称共振发射线。基态原子吸收
能量后，使电子从基态跃迁至第一激发态，所吸收的谱线称共振吸收线。共振发射线和共振
吸收线都简称共振线。

各种元素的原子结构和核外电子排布各异，不同元素的原子从基态跃迁至第一激发态
时，吸收的能量不同，因而各种元素的共振线都具有不同的波长，各有其特征性，所以元素
的共振线又称为元素的特征谱线。从基态跃迁至第一激发态最容易发生，故为各元素最灵敏

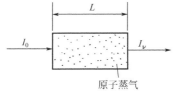

图 4-3 原子吸收示意图

的谱线，称灵敏线。在原子吸收分析中灵敏线又称分析线。

若将不同频率的光（强度为 I_0），通过原子蒸气（如图
4-3），有一部分光被吸收，其透射光强度为 I_ν，设原子蒸气
厚度为 L，则其吸光程度符合朗伯定律，即

$$\ln \frac{I_0}{I_\nu} = K_\nu L \tag{4-1}$$

式中　K_ν——吸光系数。

由于物质的原子对光的吸收具有选择性，而锐线光源仍有一定的波长区间，如 Ni 空心
阴极灯在仪器上自动扫描获得的发射光谱如图 4-4。故原子吸收的吸收光谱曲线仍有一定的
轮廓，而不是一根几何线，如图 4-5。以发射光强度 I 为纵坐标，以频率 ν 和波长 λ 为横坐
标的吸收光谱曲线为倒峰；如果改由吸光系数 K_ν 或吸光度为纵坐标，则吸收曲线为正峰。
这与紫外可见分光光度法相同。

实验发现发射线与吸收线在半宽度 $\Delta\nu$ 有很大变化，如图 4-6。图中 1 是光源的发射线，
2 是基态原子吸收线，其吸收线区域宽度增加。吸收线的 $\Delta\nu$ 约为 $0.01 \sim 0.1$Å（1Å =
0.1nm），而发射线的 $\Delta\nu$ 为 $0.005 \sim 0.02$Å。

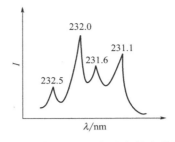

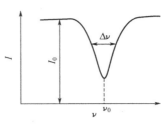

图 4-4　镍空心阴极灯的发射光谱图　　　　　　图 4-5　吸收线

使谱线变宽的原因很多，如自然变宽、压力变宽和多普勒变宽等。其中最主要的是由原子无规则的热运动而产生的多普勒变宽，以 ν_0 表示。

三、积分吸收与峰值吸收

（一）积分吸收

在原子吸收分析中，常将原子蒸气所吸收的全部能量称积分吸收，如图 4-7 所示吸收曲线的全部面积。积分吸收与单位体积原子蒸气中能吸收共振线的原子数有下列关系。

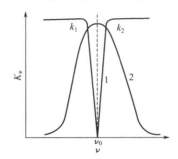

图 4-6　原子的发射线及吸收线　　　　　　图 4-7　积分吸收曲线
1—锐线光源的原子发射线；2—原子化器中基态原子的吸收线

$$\int K_\nu \mathrm{d}\nu = \frac{\pi e^2}{mc} N f \tag{4-2}$$

式中　c ——光速；

　　　e ——电子电荷；

　　　m ——电子质量；

　　　N ——单位体积内原子数；

　　　f ——振子强度，代表每一个原子中能吸收或发射特定频率光的平均电子数。在一定条件下，对一定元素，f 可视为定值。

积分公式表明，积分吸收与单位体积原子蒸气中的原子数成正比，测出积分值，就可计算待测元素含量。由于原子吸收谱线很窄，需要分辨率很高的仪器才能达到，曾经无法实现，但现在可以办到，例如 3200 原子吸收分光光计就有积分测量程序。

（二）峰值吸收

1955 年澳大利亚的瓦尔士（Walsh）提出用测定最大系数 K_0 来代替积分吸收，并且证明了最大吸收系数 K_0 与单位体积中，能吸收共振线的原子数成正比。K_0 的测定，只要使用锐线光源（发射出谱线半宽度很窄的光源），而不需要高分辨率单色器。直至今日都是采用最大吸收系数，来计算待测元素的含量，这种方法叫峰值吸收。它与紫外可见分光光度法中，在最大吸收波长测定吸光度相似。

在原子吸收分析的一般条件下，吸收线的形状取决于多普勒变宽（$\Delta\nu_D$），这时最大吸收系数 K_0 有下列关系

$$K_0 = \frac{2\sqrt{\pi\ln2}}{\Delta\nu_D} \cdot \frac{e^2}{mc}Nf$$

当测定条件固定，除原子数 N 外，其他常数都为定值，则可用 K' 代替诸常数

$$K_0 = K'N \tag{4-3}$$

为了准确测定吸收值，要求发射线中心与吸收线中心重合，如图 4-7，空心阴极灯是同元素被激发所发射出的锐线光源，能符合此要求。

四、火焰中基态原子浓度与定量公式

在原子吸收光谱分析中，待测元素原子蒸气中，基态原子与待测元素原子总数之间有何关系，是分析中必须了解的问题。火焰原子化方法，其火焰温度一般低 3000K，在这种温度下，大多数化合物被解离原子状态，其中少数被激发。即在火焰中有基态原子又有激发态原子，二者的比值，与火焰温度有关，可用玻尔兹曼方程表示。

$$\frac{N_j}{N_0} = \frac{P_j}{P_0}e^{-\frac{E_j-E_0}{kT}} \tag{4-4}$$

式中 N_j——激发态原子数；

  N_0——基态原子数；

  P_j——激发态统计权重（表示能级的简并度，即相同能级的数量）；

  P_0——基态统计权重；

  k——玻尔兹曼常数；

  T——热力学温度。

在原子光谱中，对一定波长的谱线 P_j/P_0 和 E_j、E_0 都是已知的值，因此只要火焰温度确定后，就可求得 N_j/N_0 的值。表 4-1 列出了几种元素共振线 N_j/N_0 的值。

表 4-1 几种元素共振线的 N_j/N_0 值

共振线/×0.1nm	$\dfrac{P_j}{P_0}$	N_j/N_0			
		$T=2000K$	$T=3000K$	$T=4000K$	$T=5000K$
Cs 8521	2	4.44×10^{-4}	7.24×10^{-3}	2.98×10^{-2}	6.82×10^{-2}
Na 5890	2	9.86×10^{-6}	5.88×10^{-4}	4.44×10^{-3}	1.51×10^{-2}
Ca 4227	3	1.21×10^{-7}	3.69×10^{-5}	6.03×10^{-4}	3.33×10^{-3}
Zn 2139	3	7.29×10^{-15}	5.58×10^{-10}	1.48×10^{-7}	4.32×10^{-6}

从式（4-4）和表 4-1 都可以看出，温度 T 越高，N_j/N_0 越大；在同一温度下电子跃迁的能级 E_j 越小，共振线的波长越长，N_j/N_0 也越大。常用的火焰温度多低于 3000K，大多数的共振线波长都小于 6×10^4nm，大多数元素都小于 1％，即火焰中的 $N_j \ll N_0$，N_j 可以忽略不计，能够用基态原子 N_0 代替火焰中能吸收辐射的离子总数 N，即 $N_0 \approx N$。故根据式（4-3）有

$$K_0 = K'N = K'N_0 \tag{4-5}$$

根据式（4-1）可变成下式

$$A = \lg \frac{I_0}{I_\nu} = 0.434 K_0 L \qquad (4\text{-}6)$$

以式(4-5)代入式(4-6)得

$$A = 0.434 K' N_0 L \qquad (4\text{-}7)$$

当样品的喷雾速度一定时，基态原子数 N_0 与溶液浓度有正比关系，即 $c \infty N_0$，故 $A \infty c$。

$$A = 0.434 K' c L \qquad (4\text{-}8)$$

若火焰宽定为定值，则式(4-8)可写成

$$A = K c \qquad (4\text{-}9)$$

式中 K ——常数；

   c ——溶液浓度；

   A ——吸光度。

所以原子吸收分析中，吸光度 A 与溶液浓度成比。式(4-8)是原子吸收定量分析的理论依据。

第三节　原子吸收分光光度计

原子吸收光谱分析所用的仪器，称为原子吸收分光光度计，或称原子吸收光谱仪。原子吸收分光光度计有单光束型和双光束型两种，如图 4-8 所示，目前，在商品仪器中仍以单光束型原子吸收分光光度计占多数，它的结构如图 4-8(a) 所示。光源是空心阴极灯，由稳压电源供电。它所发出的光经过火焰，其中的共振线有一部分被火焰中待测元素的基态原子所吸收，透过光经单色器分光后，未被吸收的共振线照射到检测器上，由此而产生的光电流，经放大器放大后，就可以从读数装置（或记录仪）读出吸光度值。

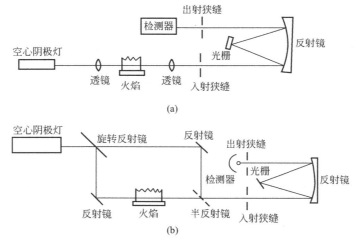

图 4-8　原子吸收分光光度计结构原理图
(a) 单光束原子吸收分光光度计；(b) 双光束原子吸收分光光度计

单光束原子吸收分光光度计结构虽然简单，但仍能获得较好的准确度和灵敏度。它的操作简单，价格较低，所以应用广泛。它的缺点是不能消除光源波动所引起的基线漂移。国产 WFD-Y_2、WYX-401 等均属于这种类型的仪器。

近年来双光束型原子吸收分光光度计的应用日益增多。它可以消除光源波动的影响和火焰背景的干扰，有较高的准确度和灵敏度。其结构如图 4-8(b) 所示。

在双光束分光光度计中，采用旋转的扇形反射镜，将来自空心阴极灯的光分为两束。一束称为试样光束，它通过火焰（或其他原子化装置）；另一束为参比光束，它不通过原子化器，而通过具有可调光栏的空白吸收池。经过半反射镜之后，两束光经同一光路交替通过单色器，投射到检测器上。在检测系统将得到的信号分离成参比讯号和试样讯号，并在读数装置上显示出两讯号强度之比。所以光源的任何波动都可以得到补偿。但是，这种仪器结构复杂，价格很贵。国产 WFX-Ⅱ 型及 3200 型等属于这种仪器。

由上述可见，原子吸收分光光度计一般都由光源、原子化系统、分光系统及检测系统四个主要部分组成，现分别讨论如下。

一、光源

光源的作用是辐射待测元素的共振线（实际上除共振线外还有其他非共振谱线），作为原子吸收分析的入射光。为了能够测出峰值吸收，获得较高的准确度及灵敏度，所使用的光源必须满足如下要求。

① 光源要能发射待测元素的共振线，而且强度要足够大。

② 光源发射的谱线的半宽度要很窄（是锐线光），应小于吸收线的半宽度，以保证测定的灵敏度和峰值吸收的测量。

③ 辐射光的强度要稳定，而且背景发射要小。

在原子吸收分析中，能作为光源的有空心阴极灯，无极放电灯及蒸气放电灯。但应用最广泛的是空心阴极灯。

（一）空心阴极灯（元素灯）

空心阴极灯又叫元素灯。它是一种特殊的辉光放电管，其结构如图 4-9 所示。阴极为圆筒形，由用以发射所需特征谱线的金属或其合金制成。阳极为同心圆环状，其材料是在钨棒上镶以钛丝或钽片。两极密封于充有低压惰性气体（氖或氩等）的带有石英透光窗的玻璃壳中，内充的惰性气体又称载气。当两极间施加适当电压时（一般为 300～500V），便开始辉光放电。两极间气体中自然存在着的极少数阳离子向阴极运动，并轰击阴

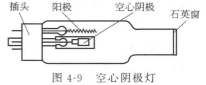

图 4-9 空心阴极灯

极表面使阴极表面的电子获得外加能量而逸出。在电场的作用下电子加速向阳极运动，在运动中与惰性气体原子碰撞使之电离产生电子和阳离子。这些阳离子在电场的作用下，向阴极运动并轰击阴极表面，使阴极表面的金属原子被溅射出来。被溅射出来的阴极元素的原子，再与电子、原子及离子发生碰撞而被激发。于是空心阴极灯便发射出阴极物质的光谱（其中也杂有内充气体及阴极材料中杂质的光谱）。用不同的金属元素作阴极材料，可制成相应的空心阴极灯并以此金属元素来命名，表示它可以用作测定这种金属元素的光源。例如"铜空心阴极灯"，就是用铜作为阴极材料制成的，能发射铜的特征谱线，用于测定铜的光源。

空心阴极灯的发光强度与灯的工作电流有关。增大灯的工作电流，可以增大发射谱线的强度。但工作电流过大，溅射增强，灯内原子蒸气的密度增加，谱线变宽，引起测定的灵敏度降低，也会使灯的寿命缩短。但灯电流过小时放电不稳定。因此在实际工作中应当选取一

个最适宜的工作电流。

火焰中的基态原子被激发时，也能发射待测元素的特征谱线，从而干扰测定。为了消除火焰发射的直流讯号的干扰，空心阴极灯的供电方式，目前多采用稳压、稳流窄脉冲供电。当光源发射的脉冲讯号经过火焰时，一部为基态原子所吸收，透过的光讯号被选频放大器放大，而火焰发射的是直流光讯号，不会被放大，因而消除了火焰发射的干扰。

（二）无极放电灯

无极放电灯是在一个长 7cm、直径 5～12cm 的石英管内放入几毫克较易蒸发的金属或其挥发性盐（氯化物或碘化物），抽成真空后充入一定压力的惰性气体（氖或氩），制成放电管，将此管放在一个高频电场内。放电管在频率为 10～3000MHz 的微波作用下，载气原子首先被激发，随后又使蒸发出来的金属卤化物解离并进而使金属元素激发，辐射出元素的共振线。

无极放电灯辐射的共振线强度比空心阴极灯大，而且谱线很窄，稳定性也高。但是，目前无极放电灯仅局限于那些蒸气压较高的元素，对于大多数元素，由于它们的蒸气压低或者容易和石英起反应，还难于制成无极放电灯。另外，灯的价格较高，使用时要配备单独的微波发生器。因而无极放电灯目前仅仅是空心阴极灯的补充光源。

蒸气放电灯，在原子吸收分析中，常常把它用于那些激发电位低、易蒸发的元素（碱金属、Hg、Cd 等）的光源。这种灯的构造简单、价格较低、能辐射较强的共振线。但是谱线较宽，测定的灵敏度较低。因此，目前很少应用。

二、原子化系统

原子化系统的作用，是将试样中的待测元素由化合物状态转变为基态原子蒸气。使试样原子化的方法，有火焰原子化法和无火焰原子化法两种。前者具有简单快速、对大多数元素有较高的灵敏度和较低的检测极限等优点，所以使用非常广泛，这里将重点介绍。近年来无火焰原子化技术有了很大的改进，它比火焰原子化法有较高的原子化效率、灵敏度和更低的检出极限，因而发展很快，本章也将作简要的介绍。

（一）火焰原子化装置

火焰原子化装置有两种类型，即全消耗型和预混合型。全消耗型原子化器是将试液直接喷入火焰；而预混合型原子化器是用雾化器将试样雾化，在预混合室内除去较大的雾滴，与燃料气混合后再喷入火焰。目前，全消耗型原子化器由于稳定性差、噪声大、灵敏度低等原因，很少使用，一般仪器多采用预混合型原子化器。预混合型原子化器由雾化器（喷雾器）、预混合室和燃烧器三部分组成，如图 4-9 所示。

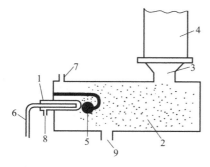

图 4-10　火焰原子化装置

1—雾化器；2—预混合室；3—燃烧器；4—火焰；5—撞击球；6—毛细管；7—乙炔入口；8—空气入口；9—废液出口

1. **雾化器**

雾化器亦称喷雾器，其作用是将试液雾化。它是原子吸收分光光度计的重要部件，其性能对原子吸收分析的精密度和灵敏度有显著影响。雾化器的雾化效率要高、喷雾稳定、雾粒细小而均匀。同心型雾化器是目前性能较好的雾化器，它的雾化效率一般为 5％～15％。其结构如图 4-10 所示。

雾化器大都由特种不锈钢、聚四氟乙烯塑料制成。其中的毛细管则多用贵金属（如铂、铱等）的合金制成，能耐腐蚀，如图4-11。

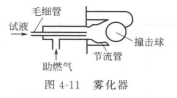

图4-11　雾化器

当助燃气（如空气、氧化亚氮等）以高速通过雾化器时，在毛细管外壁与喷嘴口构成的环形间隙中，形成负压区，从而将试液沿毛细管吸入，并被高速气流分散成气溶胶。喷出的雾滴经节流管碰在撞击球上，进一步分散成细雾。

雾化器的雾化效率，是单位时间内被雾化成细雾、参与原子化反应的试液体积，与该时间内消耗试液的总体积之比。但雾化效率实际上是难以准确测定的，一般以提升量来估计。测定提升量的办法，是在仪器处于正常工作状态时，用蒸馏水喷雾数分钟，然后准确测量一分钟内毛细管吸入试液体积与废液出口排出的试液体积，两体积之差，即为雾化器的提升量。提升量与吸光度之间的关系是非线性的，提升量过大或过小，都会使吸光度值变化。因此，应当通过实验，确定最佳提升量。影响雾化效率的因素有助燃气的流速、溶液的黏度、表面张力以及毛细管与喷嘴口之间的相对位置等。

2. 预混合室（雾化室）

预混合室的作用是进一步细化雾滴，并使之与燃料气均匀混合后进入火焰。为了提高雾化效率，在喷嘴前装一撞击球，或用燃料气与雾化器喷嘴对喷的方法，使雾滴进一步细化。预混合室的废液排出管，要用导管通入废液收集瓶中并加水封，以保证火焰的稳定性，也避免燃料气逸出造成失火事故。

对预混合室的要求是，能使雾滴细化并能与燃料气充分混合均匀、"记忆效应"小及废液排出快。记忆效应亦称"残留效应"，是指由喷雾试液转为喷雾蒸馏水时，仪器的读数机构返回零点或基线位置的时间。记忆效应小，则返回零点或基线位置的时间短。反之，则时间长。记忆效应大，不仅影响分析速度，而且还会给分析结果带来误差。特别是同时分析含量高低变化较大的试样时，往往给低含量试样的分析结果引进误差。

3. 燃烧器（喷灯）

燃烧器的作用，是利用火焰的热能将试样气化并进而解离成基态原子。燃烧器多用不锈钢制成，有孔型和长狭缝型两种。为了提高测定的灵敏度，一般采用长狭缝型燃烧器，如图4-12所示。长狭缝燃烧器有两种规格，一种为100mm×0.5mm，另一种为50mm×0.4mm。前者适用于空气-乙炔火焰，后者适用于氧化亚氮-乙炔火焰。

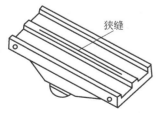

图4-12　长狭缝型燃烧器

4. 火焰

火焰是使试样原子化的能源，火焰的温度明显地影响着原子化的过程。一般来说，火焰的温度，只要能使试样解离成基态原子就行了，若超过所需温度，则被激发或电离的原子数增大、基态原子数减少，导致灵敏度降低。若温度低，则盐类不能解离成基态原子，也会使测定的灵敏度降低，并且使分子吸收的干扰增大。一般易挥发、易电离的元素（如铅、镉、锡、碱金属及碱土金属等）应使用低温火焰，而与氧易生成耐高温氧化物的元素（如铝、钒、锆、硅、钨等），应使用氧化亚氮-乙炔高温火焰。表4-2列出了几种常见火焰的温度及燃烧速度。

表 4-2　各种火焰的燃烧速度和温度

气体混合物	燃烧速度/(cm/s)	温度/℃	气体混合物	燃烧速度/(cm/s)	温度/℃
空气-丙烷	82	1925	氧气-氢气	900	2700
空气-氢气		2045	氧气-乙炔	1130	3060
空气-乙炔	160	2300	氧化亚氮-乙炔	180	2955

　　火焰的组成决定了火焰的温度及氧化还原特性，直接影响到化合物的解离与难解离化合物的形成，从而影响到原子化的效率。不同种类的火焰其氧化还原特性自然不同，即使是同一种类的火焰，由于燃料气与助燃气的比例不同，火焰的特性也会不一样。当助燃气的流量大于化学计量时，形成的火焰称贫燃性火焰；若燃料气流量大于化学计量时，则形成的火焰称为富燃性火焰。一般后者由于燃烧不充分，火燃的温度较低，能形成强还原性气氛；前者温度较高，还原性较差。

　　火焰内不同区域，温度等特性也不相同。因此，不同区域内基态原子的浓度也不相同。这就要求在进行原子吸收分析时，必须调节光束通过火焰的位置，使得来自光源的光从原子浓度最大的火焰区域通过，从而使测定获得最高的灵敏度。

　　表 4-2 列出了许多种火焰，现对常用的两种火焰介绍如下。

　　(1) 空气-乙炔火焰　这是目前原子吸收分析中应用最广泛的一种火焰。最高温度为2300℃，能测定 35 种以上的元素。但是当测定铝、硅、钒、锆等元素时，由于能生成难解离的氧化物，灵敏度很低，不宜采用。由于火焰的燃助比不同，对测定结果影响很大，所以应根据不同的待测元素，选用不同燃助比的火焰。

　　① 贫燃性空气-乙炔火焰　其燃助比小于 1：6。这种火焰燃烧充分、温度较高、还原性差、能产生基态原子的区域很窄。仅能用于测定不易氧化的元素如银、铜、镍、钴等及碱金属的测定。

　　② 富燃性空气-乙炔火焰　其燃助比大于 1：3。由于燃烧不充分，火焰温度较低、具有强还原性气氛。因此适用于测定较易生成难熔氧化物的元素。

　　③ 化学计量空气-乙炔火焰　即乙炔的物质的量等于理论计算量，其燃助比为 1：4。这种火焰稳定、温度高、背景小。在原子吸收分光光度分析中，大多数元素都采用这种火焰进行测定。

　　乙炔可由"稳压乙炔发生器"获得，但最好还是用"高压乙炔钢瓶"供气。在乙炔钢瓶中装有丙酮和活性炭等，使用时若乙炔压力降至 $5 kgf/cm^2$（$5 \times 98 kPa$）时，就应更换新气瓶。若继续使用，则钢瓶内的丙酮将沿管道进入火焰，造成火焰燃烧不稳定、噪声增大，使检出极限变坏。还应当注意的是，乙炔管道系统禁止使用铜材料，因为乙炔与铜会生成乙炔铜，这是一种引爆剂。

　　(2) 氧化亚氮-乙炔火焰　这种火焰的温度高达 3000℃ 左右。不但温度高，而且可形成强还原性气氛。适用于测定易生成氧化物的元素，并且能消除在其他火焰中可能存在的化学干扰现象。

　　氧化亚氮-乙炔火焰容易发生爆炸，而且氧化亚氮有毒，因此使用时应严格遵守操作规程。这种火焰不能直接点燃，点燃和熄灭均应采用空气-乙炔过渡的办法。即首先点燃空气-乙炔火焰，待火焰稳定后，徐徐增加乙炔的流量至火焰呈黄色光亮，然后迅速将开关转换到"氧化亚氮"，氧化亚氮流量在未点火前已经调好。熄灭时，也是迅速从"氧化亚氮"转换到"空气"，建立起空气-乙炔火焰后，再熄灭火焰。绝对禁止用空气-乙炔燃烧器来直接点燃氧化亚氮-乙炔火焰。

（二）无火焰原子化法

火焰原子化法具有操作简便、重现性好的优点，已经成为原子化的主要方法。但是火焰原子化法的雾化效率低，到达火焰参与原子化的试液，仅有 5％～15％，大部分试液通过废液管排泄掉了。这对于那些来源困难、贵重或数量很少的试样的分析，就会受到很大的局限。另外，基态原子在火焰的原子化区停留的时间很短，大约只有 10^{-3} s 左右，因而限制了灵敏度的进一步提高。其次，火焰原子化法还不能对固体样品直接进行测定。无火焰原子化法正好从上述几个方面弥补了火焰原子化法的不足。

无火焰原子化的方法很多，目前广泛应用的原子化装置是高温石墨炉原子化器。石墨炉原子化器有多种结构形式如石墨管炉、石墨坩埚等。但其基本原理都是利用低压大电流通过石墨器皿（多为石墨管）时产生的高温，使置于其中的少量溶液或固体试样蒸发和原子化。管式石墨炉原子化器的装置，如图 4-13 所示。石墨管的外径为 6mm、内径为 4mm、长度为53mm，管两端用铜电极夹住。样品用微量注射器直接由进样孔注入石墨管中。通过铜电极向石墨管供电（电压为 10～15V，电流为 400～600A）。石墨管作为电阻发热体，通电后可达 2000～3000℃的高温，使置于其中的试样蒸发并原子化。铜电极周围用水箱冷却，石墨炉内不断通过惰性气体氩或氮，以保护原子化了的原子不再被氧化。同时，也能延长石墨炉的使用寿命。管式石墨炉使试样原子化的程序一般包括干燥、灰化（或分解）、原子化及高温净化（除残）四个步骤，如图 4-14 所示。

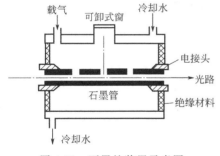

图 4-13 石墨炉装置示意图

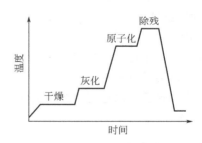

图 4-14 石墨炉升温程序示意图

1. 干燥

主要是除去溶剂。即在溶剂的沸点温度加热。使溶剂完全挥发。对于水溶液。干燥温度应为 100℃。每微升溶液的干燥时间约需 1.5s。

2. 灰化（分解）

主要是使待测物的盐类分解，并赶走阴离子、破坏有机物及除去易挥发的基体。这一步骤相当于化学预处理。最适宜的灰化温度及时间，随样品及待测元素的性质而异。以待测元素不挥发损失为限度。一般灰化温度在 100～1800℃之间。灰化时间一般为 0.5～5min。

3. 原子化

是使以化合物形式存在的待测元素蒸发并解离为基态原子。原子化温度一般在 1800～3000℃之间。原子化时间为 5～10s。对多数元素，无论以何种化合物形式存在，这个温度和时间是足够的。因为样品用量极少，具有很低的分压，其蒸发和原子化一般可在低于化合物沸点下进行。但对那些易与石墨形成稳定化合物的元素，即使在 3000℃也难于原子化。

4. 高温除残

其作用是清除石墨管炉中残留的分析物，以减少或避免记忆效应。

与火焰原子化方法相比，石墨炉原子化方法的主要优点是，具有较高并且可调的温度（最高可达 3400℃，相当于钨的熔点）；气态原子在测定区停留的时间比在火焰中长 100～1000 倍；液体或固体试样均可测定，而且用量极少；原子化效率高，试样利用率达百分之百；灵敏度高，其绝对检出极限可达 10^{-6}～10^{-14}g；由于是在充有惰性气体的气室内，并有强还原性石墨介质的条件下进行原子化的，因此有利于难解离氧化物的原子化；其次，由于灰化步骤相当于化学预分离和富集，因而在某些情况下具有抗干扰的能力。石墨炉原子化方法的主要缺点是，由于取样量少，试样组成的不均匀性影响较大，所以精密度不如火焰原子化法好；有时记忆效应严重。此外，石墨炉原子化法的设备复杂、价格很贵。

（三）其他原子化方法

汞、砷、硒最灵敏的共振线波长很短，尤其是 As 19370nm、Se 19610nm，能被火焰气体强烈地吸收，测定的灵敏度很低。如在空气-乙炔火焰中测汞，检出极限仅为 $0.25\mu g/ml$。因此，对人体、食品和环境中汞的测定，达不到所需的灵敏度。以上三种元素以及其他一些特殊元素，可以利用某些化学反应使它们在低温下就能原子化。例如汞的化合物，在室温下就可以使其原子化；砷、硒的氢化物在较低的温度下，就能被解离。所以目前这类元素的测定，均采用还原剂从样品中将它们还原成基态原子或氢化物，然后用载气导入吸收管中进行吸光度的测定。这样不仅简化了分析手续，而且灵敏度和检出极限也得到了改善。

1. 汞的测定

将样品中汞的化合物用 $SnCl_2$ 还原成汞原子，然后用氮气导入吸收管，进行吸光度的测定。其测定极限可达 $0.01\mu g/ml$。

2. 砷、硒的测定

样品用氢硼化钠（$NaBH_4$）还原成砷、硒的氢化物（AsH_3、SeH_3），用氮气导入石英吸收管。石英吸收管在空气-乙炔火焰中（或用电热丝）加热，使 AsH_3 和 SeH_3 在加热下解离成基态原子，以进行吸光度的测定。这种方法亦适用于硼、锡、铅等的测定，灵敏度可达 10^{-9} 级。

三、分光系统

分光系统亦称单色器，主要由色散元件、狭缝及凹面反射镜组成。如图 4-15 所示。

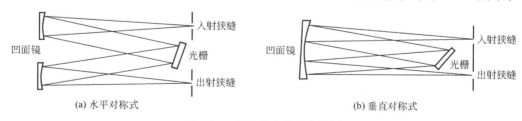

图 4-15　光栅分光器的光路图

原子吸收分光光度计中，单色器的作用是将待测元素的共振线与邻近的谱线分开。单色器的色散元件为棱镜或光栅。单色器的性能由色散率、分辨率和集光本领决定。色散率是指色散元件将波长相差很小的两条谱线分开所成的角度（角色散率）或两条谱线投射到焦面上的距离（线色散率）的大小。色散率越高，则两条谱线所成的角度越大或在焦面上两条谱线的距离越远。分辨率则是指将波长相近的两条谱线分开的能力。色散元件的分辨率是影响色散率的重要因素，分辨率越高，则色散率越大。

棱镜的色散率较低，而且色散率随波长而变化，因此在现代原子吸收分光光度计中，多用衍射光栅来作为色散元件，它的分辨率高于棱镜，而且色散率不随波长而变。

在原子吸收分析中采用的是锐线光源，吸收值的测量是用峰值吸收法，而且光谱比较简单，所以对单色器的分辨本领要求并不很高，只要能将共振线与邻近的谱线分开到一定程度就可以。但是在原子吸收分析的测定中，除要求能将谱线分开到一定程度外，还要求要有一定的出射光的强度，这样才便于测定。也就是既要求单色器有一定的分辨率，又要求有一定的集光本领（即传递光的本领，它影响出射光谱线的强度）。因此，若光源强度一定时，就要选用适当色散率的光栅与狭缝宽度配合，构成适合测定的光谱通带（单色器通带），来满足上述要求。所谓光谱通带，是指单色器出射光谱所包含的波长范围，它由光栅（或棱镜）的色散率和狭缝宽度决定。其表示式如下

$$\text{光谱通带(nm)} = \text{狭缝宽度(mm)} \times \text{线色散倒数(nm/mm)} \qquad (4\text{-}10)$$

由式(4-10)可以看出，若一定的单色器采用了一定色散率的光栅（或棱镜），则单色器的光谱通带取决于狭缝的宽度。狭缝宽则光谱通带亦宽，出射光的强度就强；狭缝窄则光谱通带亦窄，出射光强度就弱。

原子吸收分光光度计的分光系统有各种形式，图4-15为常用的两种分光系统的光路图。

从光源发射的光通过火焰后，经入射狭缝射入，被凹面镜反射准直成平行光束射到光栅上，经光栅衍射分光后，再被凹面镜反射聚焦于出射狭缝处，经出射狭缝得到平行光束的光谱。光栅是可以转动的，通过转动光栅，可以使光谱中各种波长的光按顺序从出射狭缝射出。光栅的转动与波长刻度鼓轮相联结，所以从刻度鼓轮上即可读出出射光的波长。

四、检测系统

检测系统主要由检测器和讯号指示仪表组成。

（一）检测器

检测器的作用是将单色器分出的光讯号进行光电转换。在原子吸收分光光度计中，广泛使用光电倍增管作检测器，其构造如图2-14所示。光电倍增管输出的光电流，与入射光强度和光电倍增管的增益（即光电倍增管放大倍数的对数）成正比。而增益取决于打拿极的性质、个数和加在打拿极之间的电压。通过改变所加的电压，可以在较广泛的范围内改变输出电流。产生的电流经负载电阻 R，即可变成电压讯号。这个讯号还不够强，在进入指示仪表前，还必须将此电压讯号放大。

光电倍增管的重要特性是它的光谱灵敏度，它由涂覆阴极的光敏材料决定。具有 Cs-Sb 阴极光电发射表面的紫敏光电管，能接收 $200 \sim 625$nm 波长范围的光辐射，而采用 Ag-O-Cs 光电发射表面的红敏光电管，能接收波长范围为 $625 \sim 1000$nm 的光辐射。光电倍增管的另一个重要的特性是它的暗电流，即无光落在光敏阴极上时而产生的电流。它是由光敏阴极的热发射与打拿极之间的场致发射而产生的。热发射产生的暗电流随温度的上升而显著增大；场致发射所产生的暗电流，随所加电压而增大。而且也随电压在打拿极之间分配的不均匀性的增大而增大。暗电流波动产生暗电流噪声，影响分析结果的准确性。

在使用光电倍增管时，必须注意不要用太强的光照射，并尽可能不要使用太高的增益，以保持光电倍增管良好的工作特性。否则会引起光电倍增管的"疲劳"乃至失效。"疲劳"现象是刚开始工作时，灵敏度下降，过一段时间趋于稳定，但长时间使用灵敏度又下降。

（二）指示仪表

由检测器输出的讯号，用放大器放大后，得到的只是透光度读数。为了在指示仪表上指示出与浓度成线性关系的吸光度值，就必须将讯号进行对数转换，然后由指示仪表指示。随着电子技术的发展，目前许多仪器已采用自动记录测量数据或用数字显示测量数据，有的还用微型电子计算机处理数据，直读分析结果。

第四节　定量分析方法

原子吸收光谱定量分析的方法很多，如工作曲线法、标准加入法、紧密内插法、内标法以及间接分析法等。其中紧密内插法适合于高含量组分的分析；内标法虽然准确度较高，但必须使用双波道原子吸收分光光度计。因此，这两种分析方法很少应用，在这里不作介绍。

一、工作曲线法

原子吸收分析的工作曲线法，与紫外-可见分光光度分析中的工作曲线法相似。根据样品的实际情况，配制一组浓度适宜的标准溶液。在选定的实验条件下，以空白溶液（参比液）调零后，将所配制的标准溶液由低浓度到高浓度依次喷入火焰，分别测出各溶液的吸光度 A。以待测元素的质量浓度 ρ（或所取标准溶液的体积 V）为横坐标，以吸光度 A 为纵坐标绘制 A-ρ 工作曲线。然后在完全相同的实验条件下，喷入待测试样溶液测出其吸光度。从工作曲线上查出该吸光度所对应的浓度，即所测试样溶液中待测元素的浓度。以此进行计算，就可得出试样中待测元素的含量。

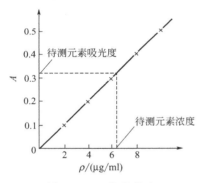
图 4-16　工作曲线法

【**例 4-1**】　某样品中铜含量的测定。称取样品 0.9986g，经化学处理后，移入 250ml 容量瓶中，以蒸馏水稀释至刻度，摇匀。喷入火焰，测出其吸光度为 0.32，求该样品中铜的质量分数。

设图 4-16 为用标准铜溶液绘制的工作曲线，则在工作曲线上查出当 $A=0.32$ 时 $\rho=6.2\mu g/ml$。即所测样品液中铜的浓度。则样品中铜的质量分数为

$$w_{\mathrm{Cu}}=\frac{\rho V_{\text{试液}}}{m_{\text{样品}}}\times 100\%=\frac{6.2\mu g/ml\times 250ml\times 10^{-6}}{0.9986g}\times 100\%=0.16\%$$

工作曲线法仅适用于样品组成简单或共存元素没有干扰的试样。可用于同类大批量样品的分析，具有简单、快速的特点。这种方法的主要缺点是基体影响较大。为保证测定的准确度，使用工作曲线法时应当注意以下几点。

① 所配制的标准系列的浓度，应在吸光度与浓度成直线关系的范围内，其吸光度值应在 0.2～0.8 之间，以减小读数误差。

② 标准系列的基体组成，与待测试液应当尽可能一致，以减少因基体不同而产生的误差。

③ 整个测定过程中，操作条件应当保持不变。

④ 每次测定都应同时绘制工作曲线。

【**例 4-2**】　测自来水中镁含量，取 7 个 50ml 容量瓶中，分别加入 2.00ml、4.00ml、6.00ml、8.00ml、10.00ml 的 Mg 标准溶液（50μg/ml），及 5.00ml 自来水样品，再依次各加入 2ml

$SrCl_2$ 溶液，然后用蒸馏水稀释至刻度，摇匀，用蒸馏水或空白溶液喷雾，分别用蒸馏水调节仪器零点，再依次喷雾测标样系列吸光度，得 $A=0.102$、0.201、0.300、0.400、0.499，$A_x=0.350$，求算自来水中镁的质量浓度 ρ。

① 计算标准溶液稀释后的浓度。

$$\rho_{浓} \, V_{浓}=\rho_{稀} \, V_{稀}$$

可求得 $\rho_{稀}$ 分别为 $2\mu g/ml$、$4\mu g/ml$、$6\mu g/ml$、$8\mu g/ml$、$10\mu g/ml$。

② 作 A-ρ 工作曲线。

③ 计算

$$\rho=\frac{\rho^* \, V_{定容}}{V_{样品}}=\frac{7.0\times50}{5.0}=70(\mu g/ml)=70(mg/L)$$

④ 说明：在现场分析工作中，大多已经配制好了一系列标准溶液（如 $10\mu g/ml$、$20\mu g/ml$……$60\mu g/L$）（或 $2\mu g/ml$、$4\mu g/ml$、$6\mu g/ml$、$8\mu g/ml$、$10\mu g/ml$）不需要临时配制定容。故横坐标一般不采用质量 m，而是采用质量浓度 ρ。

二、标准加入法

标准加入法是一种用于消除基体干扰的测定方法。适用于数目不多的样品的分析。

其测定方法是取若干（不少于四份）体积相同的试样溶液，从第二份起依次加入质量浓度分别为 ρ_0、$2\rho_0$、$3\rho_0$、$4\rho_0$ 的标准溶液，然后用蒸馏水稀释至相同体积后摇匀。在相同的实验条件下，依次测得各溶液的吸光度为 A_x、A_1、A_2、A_3、A_4。以吸光度 A 为纵坐标，以标准溶液的浓度（或所取标准溶液的体积）为横坐标，作 A-ρ 曲线，外延曲线与横坐标相交于 ρ_x，此点与原点距离相当的浓度（横坐标延长线的标尺与右边相同），即为所测试样溶液中，待测元素的浓度，如图 4-17 所示。以此进行计算，即可求出试样中待测元素的含量。

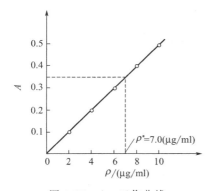

图 4-17　A-ρ 工作曲线

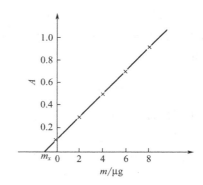

图 4-18　标准加入法工作曲线

【例 4-3】 测定合金中微量镁。称取 $0.2687g$ 试样，经化学处理后移入 $50ml$ 容量瓶中，以蒸馏水稀释至刻度后摇匀。取上述试液 $10ml$ 于 $25ml$ 容量瓶中（共取四份），分别加入镁 0、$2\mu g$、$4\mu g$、$6\mu g$、$8\mu g$。以蒸馏水稀释至刻度、摇匀。测出上述各溶液的吸光度依次为 0.1、0.3、0.5、0.7、0.9。求试样中镁的质量分数。

根据已知数据绘制 A-m 曲线（图 4-18）。由图可见，曲线与横坐标交点到原点的距离为 1.0，即未加标准镁的 $25ml$ 容量瓶内，含有 $1.0\mu g$ 镁。这 $1.0\mu g$ 镁只能来源于所加入的 $10ml$ 试样溶液。所以可由下式算出试样中镁的质量分数

$$w(\text{Mg}) = \frac{1.0\mu g \times 10^{-6}}{0.2687 \times \frac{10}{50}} \times 100\% = 0.002\%$$

【例 4-4】 标准加入法测水样中铜含量：取 20.00ml 水样 4 份，分别移入 4 个 50ml 容量瓶中，再分别加入铜标准溶液（100.0μg/ml）0.00、1.00ml、2.00ml、3.00ml，分别用 1% HNO₃ 溶液稀至刻度，摇匀喷雾，以蒸馏水调节仪器零点，分别测得吸光度 A 为 0.202、0.401、0.600、0.799 求铜的质量浓度 ρ。

① 用铜的质量（μg）作 A-m 曲线（图 4-19），作图得知 $m_x = 100\mu g$。

计算：

$$\rho(\text{Cu}) = \frac{m_x}{V_{样}} = \frac{100}{20} = 5.0(\mu g/ml) = 5.0(mg/L)$$

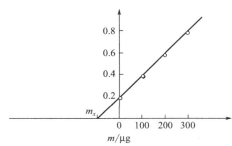

图 4-19 A-m 工作曲线

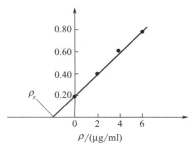

图 4-20 A-ρ 工作曲线

② 用铜体积质量浓度作 A-ρ 曲线。

图 4-20 中的 100μg、200μg、300μg，是在具有相同体积（20ml）的被测溶液中，加入标准溶液后，铜质量 m 的增量。现在改为标准铜溶液体积质量浓度 ρ 的增加值。$\rho = \frac{V_s \rho_s}{V_{容量瓶}}$，分别为 2μg/ml，4μg/ml，6μg/ml。

由作图获得 $\rho_x = 2.0\mu g/ml$（样品稀释后的浓度），上面操作是取水样 20.00ml 入 50ml 容量瓶定容，故原试样

$$\rho(\text{Cu}) = \frac{\rho_x V_{容量瓶}}{V_{样}} = \frac{2.0 \times 50}{20} = 5.0(\mu g/ml) = 5.0(mg/L)$$

使用标准加入法应注意以下几点。

① 标准加入法只适用于浓度与吸光度成直线关系的范围。

② 加入第一份标准溶液的浓度，与试样溶液的浓度应当接近（可通过试喷样品溶液和标准溶液，比较两者的吸光度来判断），以免曲线的斜率过大、过小，给测定结果引进较大的误差。

③ 该法只能消除基体干扰，而不能消除背景吸收等的影响。

标准加入法比较麻烦，适用于基体组成未知或基体复杂的试样的分析。

三、间接分析法

原子吸收光谱分析，除可以对大多数金属元素进行直接测定外，还可以用间接分析的方法测定某些非金属元素和有机化合物。

例如某试样中氯的测定。由于氯元素最灵敏的共振线在真空紫外区，能被火焰气体强烈

地吸收，难于直接测定。若在试样中定量地加入过量的 $AgNO_3$，使 Cl^- 与 Ag^+ 生成 $AgCl$ 沉淀，然后用原子吸收法准确地测定溶液中剩余的 Ag^+，从而推算出试样中氯的含量。

又如，利用 8-羟基喹啉能与铜盐生成可萃取的配合物，用原子吸收法可准确地测定萃取物中铜的含量，可推算出试样中 8-羟基喹啉的含量。间接原子吸收光谱法大大地扩大了原子吸收分析的应用范围，目前已经用间接原子吸收光谱法测定了许多有机化合物及非金属元素。

第五节 测量条件的选择

原子吸收光谱分析中的可变因素很多，而且各种测量条件不易重复。测量条件能够直接影响测定的准确度和灵敏度，也关系到能否有效地减除干扰因素。不同的测量条件会得到不同的测定结果。因此，适当地选择和严格地控制测量条件是很重要的。

一、分析线的选择

为了提高测定的灵敏度，通常选用元素的共振线作为分析线。因为共振线往往也是元素最灵敏的谱线，可使测定具有较高的灵敏度。但这也不是绝对的，在某些情况下，则应选用次灵敏线或其他谱线作为分析线。例如测钾，为了不增加仪器在红外光谱区的附件，不使用 $7655\text{Å}(1\text{Å}=0.1\text{nm})$ 共振线，而使用 4044Å 谱线；对于测汞，由于空气和火焰气体对汞的共振线 1849Å 都产生强烈的吸收，因而只能用 2537Å 谱线。当被测元素的共振线受到其他谱线干扰时，为了排除干扰保证测定结果的准确性，只好选用没有干扰的其他谱线作为分析线。例如铅的共振线 2170Å 受火焰吸收及背景吸收干扰较大，只好选用它的次灵敏线 2833Å。即使共振线不受干扰，在实际工作中，也未必都选用共振线。例如分析高浓度试样时，为了保持工作曲线的线性范围，选次灵敏线作为分析线是有利的。显然，对低含量组分的测定，应尽可能选最灵敏的谱线作分析线。表 4-3 列出了在原子吸收分析中常用的一些元素的分析线。

表 4-3 原子吸收分光光度法中常用的分析线　　　　　/nm

元 素	分析线	元 素	分析线	元 素	分析线	元 素	分析线
Ag	328.1,338.3	Eu	459.4,462.7	Na	589.0,330.3	Sm	429.7,520.1
Al	309.3,308.2	Fe	248.3,352.3	Nb	334.4,358.0	Sn	224.6,286.3
As	193.6,197.2	Ga	287.4,294.4	Nd	463.4,471.9	Sr	460.7,407.8
Au	242.8,267.6	Gd	368.4,407.9	Ni	232.0,341.5	Ta	271.5,277.6
B	249.7,249.8	Ge	265.2,275.5	Os	290.9,305.9	Tb	432.7,431.9
Ba	553.6,455.4	Hf	307.3,286.6	Pb	216.7,283.3	Te	214.3,225.9
Be	234.9	Hg	253.7	Pd	247.6,244.8	Th	371.9,380.3
Bi	223.1,222.8	Ho	410.4,405.4	Pr	495.1,513.3	Ti	364.3,337.2
Ca	422.7,239.9	In	303.9,325.6	Pt	266.0,306.5	Tl	276.8,377.6
Cd	228.8,326.1	Ir	209.3,208.9	Rb	780.0,794.8	Tm	409.4
Ce	520.0,369.7	K	766.5,769.9	Re	346.1,346.5	U	251.5,358.5
Co	240.7,242.5	La	550.1,418.7	Rh	343.5,339.7	V	318.4,335.6
Cr	357.9,359.4	Li	670.8,323.3	Ru	349.9,372.8	W	255.1,294.7
Cs	852.1,455.5	Lu	336.0,328.2	Sb	217.6,206.8	Y	410.2,412.8
Cu	324.8,327.4	Mg	285.2,279.6	Sc	391.2,402.0	Yb	398.8,346.4
Cy	421.2,404.6	Mn	279.5,403.7	Se	196.1,204.0	Zn	213.9,307.6
Er	400.8,415.1	Mo	313.3,317.0	Si	251.6,250.7	Zr	360.1,301.2

二、光谱通带的选择

选择光谱通带，实际上就是选择狭缝的宽度。但是由于不同仪器单色器的线色散倒数不同，仅用狭缝宽度不足以说明出射光的波长范围，所以用光谱通带更具有普遍意义。确定通带宽度，既要考虑到能将共振线与邻近的谱线分开，又要使单色器有一定的集光本领。一般说来，调宽狭缝虽然能够增大出射光强度，但出射光包含的波长范围也宽了。这样会使邻近的谱线与分析线同时进入检测器，而使测定的吸收值偏低；反之，调窄狭缝虽然可以减少非吸收线的干扰，但出射光强度不足，给测定造成困难。因此，应当根据具体情况调节适当的狭缝宽度。合适的狭缝宽度可通过实验的方法确定。将试液喷入火焰，调节狭缝宽度，测定不同狭缝宽度时的吸光度。当测得在某一狭缝宽度时，吸光度趋于稳定，再调宽狭缝时，吸光度立即减小。不引起吸光度减小的最大狭缝宽度，就是理应选取的最合适的狭缝宽度。

理想的狭缝宽度也可以根据已知的光谱通带进行计算。表 4-4 列出了一些元素在测定时经常选用的光谱通带。

表 4-4　不同元素所常选用的光谱通带　　　　　　　　　　　　　　　　/nm

元　素	共振线	通　带	元　素	共振线	通　带	元　素	共振线	通　带
Al	309.3	0.2	Hg	253.7	0.2	Rh	343.5	1
Ag	328.1	0.5	In	302.9	1	Sb	217.6	0.2
As	193.7	<0.1	K	766.5	5	Se	196.0	2
Au	242.8	2	Li	670.9	5	Si	251.6	0.2
Be	234.9	0.2	Mg	285.2	2	Sr	460.7	2
Bi	223.1	1	Mn	279.5	0.5	Te	214.3	0.6
Ca	422.7	3	Mo	313.3	0.5	Ti	364.3	0.2
Cd	228.8	1	Na	589.0①	10	Tl	377.6	1
Co	240.7	0.1	Pb	217.0	0.7	Sn	286.3	1
Cr	357.9	0.1	Pd	244.8	0.5	Zn	213.9	5
Cu	324.7	1	Pt	265.9	0.5			
Fe	248.3	0.2	Rb	780.0	1			

① 使用 10nm 通带时，单色器通过的是 589.0nm 和 589.6nm 双线。若用 4nm 通带测定 589.0nm 线，灵敏度可提高。

根据仪器中单色器线色散率的倒数（由仪器说明书查出），可以计算出不同的光谱通带所相应的狭缝宽度。例如某仪器单色器线色散率的倒数为 2nm/mm，分析铝时需采用 0.2nm 的光谱通带，狭缝宽度应为多少毫米？

狭缝宽度可计算如下

$$\frac{0.2nm}{2nm/mm}=0.1mm$$

有些仪器的狭缝不是连续可调的，而是一些固定的数值，如 0.1mm、0.2mm、0.5mm、1mm 等，可根据要求的通带选一适当的狭缝。

三、空心阴极灯工作电流的选择

较小的灯电流，使发射的谱线宽度较窄，有利于提高测定的灵敏度。但灯电流过低，使放电不稳定，光谱输出的稳定性差、强度下降。灯电流过大，也使放电不稳定、谱线变宽，从而导致测定的灵敏度下降，还会使灯的寿命缩短。一般说来，在保证有稳定的和一定光谱强度的条件下，应当尽量选用低的灯电流。商品空心阴极灯上都标有允许使用的最大工作电流（额定电流），对大多数元素而言，日常分析工作应选用额定电流的 40%～60% 较为合适。空心阴极灯需经预热才能达到稳定的光谱输出，使用前一般应预热 10～30min。

四、燃烧器高度的选择

在火焰的不同部位，基态原子的密度不同，因而测定的灵敏度不同。为了提高测定的灵敏度，应当使光源发出的光通过火焰中基态原子密度最大的区域，这个区域的火焰比较稳定，而且干扰也少。一般而言，在燃烧器狭缝口上方 10mm 附近，基态原子密度最大，但也随待测元素的种类和火焰的性质而异。所以，应当通过实验来选择恰当的燃烧器高度。其方法是，用一固定浓度的溶液喷雾，缓缓上下移动燃烧器至得到吸光度值最大时的位置，即为最佳燃烧器高度。

五、火焰的选择

需要根据待测元素的性质，选择适当的火焰。合适的火焰不仅可以提高测定的稳定性和灵敏度，也有利于减少干扰因素。火焰的温度要能使待测元素解离成基态原子即可，太高太低的火焰温度，对测定都不利。在火焰中容易生成难解离化合物的元素以及易生成耐热氧化物的元素，应当选用高温火焰；而对于易电离易挥发的碱金属元素，应当选用低温火焰。在进行原子吸收光谱分析时，除应选择火焰的种类外，还应选择合适的燃助比。确定最佳燃助比，一般通过实验的方法，即配制一标准溶液喷入火焰，在固定助燃气流量的条件下，改变燃料气流量，测出吸光度值。吸光度值最大时的燃料气流量，即为最佳燃料气流量。

六、样品的制备方法及试样量

对含有悬浮物的液体样品应当过滤或澄清后再用，以免堵塞毛细管。要使标准溶液的酸度及基体元素的浓度尽量一致，以消除基体干扰。对固体样品，原则上能用酸（盐酸或硝酸）溶解完全的就不用碱熔。必须用碱熔时，用量也要适当。同时，标准溶液中也应当加入相应量的熔剂。样品溶液的黏度以小为宜，含盐量一般控制在 1%～2%。对于黏度较大的样液，要使用多缝型燃烧器。

在火焰原子化法中，在一定的范围内雾化器的提升量增加，则吸光度增大。但当提升量增大到一定的值后，吸光度不但不会增大反而减小。这是由于试液对火焰的冷却作用，使喷入火焰的试样不能有效地原子化。因此应当在保持一定的燃助比与一定的总气体流量的条件下，调节毛细管与喷嘴口间的相对位置，改变提升量。测定吸光度随雾化器提升量的变化，当达到最大吸光度值时的提升量，就是最佳试样量。

七、光电倍增管负高压的选择

增大光电倍增管的负高压，能提高测定的灵敏度，但稳定性差，信噪比变小。降低负高压，能改善测定的稳定性，提高信噪比，但灵敏度降低。在日常分析中，光电倍增管的工作电压一般选在最大工作电压的 1/3～2/3 范围内。

第六节　干扰因素及消除方法

实践证明，原子吸收分析法的干扰较少，不失为一种选择性较好的分析方法。但它的干扰因素仍然是存在的，有时甚至是严重的。在实际工作中应当采取适当的措施来消除干扰，以期获得满意的分析结果。

一、化学干扰及消除

化学干扰是原子吸收光谱分析中的主要干扰因素。它是指在溶液中或火焰气体中由于待测元素与其他组分之间的化学作用而引起的干扰。这种干扰使被测元素的化合物不能充分解离和原子化，而降低了测定的灵敏度。

（一）化学干扰的形式

1. 与共存元素生成更稳定的化合物

待测元素与共存元素生成更稳定的化合物，是产生化学干扰的重要原因之一。例如，测 Ca 时，若有 H_3PO_4 存在时将产生干扰。这是由于 Ca 与 H_3PO_4 在火焰中生成了难解离的 $Ca_2P_2O_7$，因而使测定的灵敏度大大降低。

2. 生成了难熔的氧化物、氮化物或碳化物

被测元素在火焰中生成难熔的氧化物、氮化物或碳化物也是引起化学干扰的重要因素。例如，在空气-乙炔火焰中测镁，若有铝存在将产生干扰，使镁的吸光度下降。因为在这种火焰中镁与铝生成了难熔的化合物 $MgO \cdot Al_2O_3$，它是耐高温的氧化物晶体，妨碍了镁的原子化。又如硼、铀甚至在氧化亚氮-乙炔火焰中测定，灵敏度都很低，就是因为它们能与火焰气体生成碳化物或者氮化物。

（二）化学干扰的消除

因为化学干扰因素是各种各样的，具体采用什么方法消除，也要视具体情况而异。常用的方法有以下几种。

1. 改变火焰温度

对某些由于生成难熔、难解离化合物的干扰，可以通过改变火焰的种类，提高火焰的温度来消除。如在空气-乙炔火焰中，磷酸对钙测定的干扰、铝对镁测定的干扰，在改用氧化亚氮-乙炔火焰后，就可以消除。

2. 加入释放剂（或称抑制剂）

加入一种试剂，使试液中的干扰元素与之生成更稳定、更难解离的化合物。将待测元素从与干扰元素生成的化合物中释放出来，从而达到消除干扰的目的。所加入的这种试剂称为"释放剂"。例如，H_3PO_4 对 Ca 测定的干扰，当加入 $LaCl_3$ 时，则

$$LaCl_3 + H_3PO_4 =\!=\!= LaPO_3 + 3HCl$$

$LaPO_4$ 比 $Ca_2P_2O_7$ 具有更高的稳定性，因而使待测元素 Ca 能从 $Ca_2P_2O_7$ 中释放出来，或者说 $LaCl_3$ 抑制了 Ca 与 H_3PO_4 的化合。常用的释放剂有镧、锶或其盐类。

3. 加入保护剂

保护剂亦称保护配位剂或配位剂。它可以与待测元素生成稳定的配合物，而使待测元素不能再与干扰元素生成难解离的化合物；或者这种试剂与干扰元素生成稳定的配合物，而把待测元素孤立起来。很明显，这两种情况都保护了待测元素，避免了干扰。因而，所加入的试剂称为保护剂。例如，H_3PO_4 对 Ca 测定的干扰，当加入 EDTA 后，Ca 与之生成了稳定的配合物，消除了 H_3PO_4 对 Ca 测定的干扰；测镁时铝的干扰，当加入 8-羟基喹啉时，它与铝生成的螯合物比镁更稳定，把铝"保护"了起来，防止了铝对镁的干扰。有些情况下，释放剂和保护剂同时使用可以更有效地克服干扰。例如测镁时铝的干扰，如果同时加入释放剂（镧盐）及保护剂（甘油高氯酸），可以得到很好的效果。表 4-5 列出了一些用于抑制干扰的试剂。

表 4-5 用于抑制干扰的试剂

试　　剂	类型	干扰元素	测定元素	试　　剂	类型	干扰元素	测定元素
La	释放剂	$Al,Si,PO_4^{3-},SO_4^{2-}$	Mg	NH_4Cl	保护剂	Al	Na,Cr
Sr	释放剂	$Al,Be,Fe,Se,NO_3^-,$	Mg,Ca,Ba	NH_4Cl	保护剂	$Sr,Ca,Ba,PO_4^{3-},SO_4^{2-}$	Mo
		SO_4^{2-},PO_4^{3-}		NH_4Cl	保护剂	Fe,Mo,W,Mn	Cr
Mg	释放剂	$Al,Si,PO_4^{3-},SO_4^{2-}$	Ca	乙二醇	保护剂	PO_4^{3-}	Ca
Ba	释放剂	Al,Fe	Mg,K,Na	甘露醇	保护剂	PO_4^{3-}	Ca
Ca	释放剂	Al,F	Mg	葡萄糖	保护剂	PO_4^{3-}	Ca,Sr
Sr	释放剂	Al,F	Mg	水杨酸	保护剂	Al	Ca
$Mg+HClO_4$	释放剂	Al,P,Si,SO_4^{2-}	Ca	乙酰丙酮	保护剂	Al	Ca
$Sr+HClO_4$	释放剂	Al,P,B	Ca,Mg,Ba	蔗糖	保护剂	P,B	Ca,Sr
Nd,Pr	释放剂	Al,P,B	Sr	EDTA	配位剂	Al	Mg,Ca
Nd,Sm,Y	释放剂	Al,P,B	Ca,Sr	8-羟基喹啉	配位剂	Al	Mg,Ca
Fe	释放剂	Si	Cu,Zn	$K_2S_2O_7$	配位剂	Al,Fe,Ti	Cr
La	释放剂	Al,P	Cr	Na_2SO_4	配位剂	可抑制 16 种元素的干扰	Cr
Y	释放剂	Al,B	Cr				
Ni	释放剂	Al,Si	Mg	Na_2SO_4+	—	可抑制镁等十几种元素的干扰	
甘油高氯酸	保护剂	$Al,Fe,Th,$稀土$,Si,$ $B,Cr,Ti,PO_4^{3-},SO_4^{2-}$	Mg,Ca,Sr,Ba	$CuSO_4$			

4. 加入缓冲剂

即在标准溶液和试样溶液中，都加入大量的干扰成分，当加入量达到一定值时，可使干扰趋于稳定，不再变化。这种含有干扰成分的试剂称为缓冲剂。例如，在氧化亚氮-乙炔火焰中测钛，铝有严重的干扰，使测定结果难以准确。但当溶液中铝的浓度达到 $200\mu g/ml$ 时，铝对钛的干扰不再随溶液中铝的量而变化，从而可以准确地测定钛。但这种办法不是很理想的，因为它大大地降低了测定的灵敏度，并且不是经常有效。

5. 化学分离

利用化学（或物理）方法将待测元素与干扰元素分离，然后进行测定，是消除化学干扰的有效手段，对复杂样品尤其如此。分离的方法很多，例如沉淀分离、离子交换、有机溶剂萃取等，最常用的是有机溶剂萃取分离。萃取时，有的是利用某些无机盐在有机溶剂中有较大的溶解度，而更多的情况是使分析元素生成螯合物之后，再萃取到有机溶剂中。后者是加入适当的螯合剂，使金属离子变成螯合物，经萃取使之进入有机溶剂中，然后用原子吸收法测定。溶剂萃取有以下几个方面的作用。

① 在有机溶剂中测定，可以提高雾化效率，提高火焰温度，改变火焰性质，有利于提高灵敏度。

② 调节有机相与水相的比例，可以浓缩被测元素，即起到富集的作用，这对于微量组分的测定是很重要的。

③ 将被测元素转移到有机相中，而将基体留在水相中，也就是将干扰元素留在了水相，因而消除了干扰（当然也可以将干扰物萃取到有机相中，而测定留有被测元素的水相）。

在原子吸收分析中，要求加入的有机萃取剂燃烧稳定、不冒黑烟、不产生有毒有害气体以及背景吸收（即空白溶液的吸收讯号）小。最适宜的有机萃取剂一般以酯类和酮类效果较好，如甲基异丁基酮（MIBK）等。金属离子一般都是形成离子缔合型配合物或金属螯合物而被萃取，以后者的应用更为广泛、效果也较好。比较常用的螯合剂有二乙基荒酸钠（DDTC）、吡咯烷荒酸铵（APDC）、铜铁试剂、双硫腙等。

二、物理干扰及消除

（一）电离干扰

电离干扰是指待测元素在火焰能量的作用下发生了电离，降低了火焰中基态原子的浓度，使待测元素的吸光度降低。这种情况多发生在电离电位较低的碱金属及碱土金属元素的测定中。可用以下两种方法消除电离干扰。

1. 降低火焰温度

温度低则被电离的原子数就少。所以应根据元素的电离电位，选择适当的火焰温度。

2. 加入消电离剂

即在试液中加入大量比待测元素的电离电位更低的金属元素。通过这些元素的电离，增大了火焰中电子的浓度，从而能抑制待测元素的电离，或者使已电离的元素回到基态。所加入的更易电离的元素，叫做消电离剂。常用的消电离剂有 $CsCl$、KCl、$RbCl$ 等，一般用浓度为 1% 的溶液。

（二）基体干扰

溶液中溶质的浓度或溶剂不同时，则溶液的表面张力、黏度等物理性质必然存在着差异。所以溶液被雾化的效率及原子化效率都因此而变化，对吸光度的测定造成影响，这种干扰叫基体干扰或基体效应。当标准溶液与样品溶液中溶质的组成差别较大时，在测定时将产生这种干扰。样品溶液含酸类或盐类的浓度越高，则雾化效率越差，吸光度值越小。标准溶液与样品溶液所用溶剂不同或温度不同也能产生这种干扰。结果使含待测元素量相同的标准溶液和样品溶液，得不到相同的吸光度，造成测定结果的误差。消除基体干扰的方法有两种。

① 配制与样品溶液组成相似的标准溶液或采用标准加入法，是消除基体干扰最常用的方法。

② 如果样品溶液中含盐类或酸类浓度过高时，可用稀释的方法将样品溶液稀释至其干扰可以忽略为止（但应使待测元素仍能测出为前提）。

三、光谱干扰及消除

光谱干扰主要是指非原子性吸收对被测元素产生的干扰作用。它可以使待测元素的吸光度减小，好像溶液被"冲稀"一样；也可使待测元素的吸光度增加，造成一种"假吸收"。

（一）背景吸收

背景吸收是光谱干扰的主要因素。它是指待测元素的基态原子以外的其他物质，对共振线产生吸收而造成的干扰。背景吸收包括分子吸收和光散射。

1. 分子吸收

分子吸收是宽带吸收，分子吸收干扰使吸光度值增大，分析结果偏高。这种干扰来源于火焰中的氧化物、氢氧化物、金属盐类的分子、无机酸分子以及火焰气体分子对共振线的吸收。例如，在空气-乙炔火焰中测钙中钡的含量时，发现结果偏高。原因是钙在火焰中能生成 $Ca(OH)_2$，它在 5300~5600Å（1Å＝0.1nm）有吸收带，能吸收光源发射的钡的共振线 5536Å，所以使钡的测定结果偏高。含 10% $NaCl$ 的溶液在波长 2200~2800Å 有吸收带，它给 Cd2288Å、Ni2300Å、Hg2536.52Å 的测定带来严重的干扰。在波长 2000~2500Å，硫酸及磷酸有很强的分子吸收，而且随酸浓度的增大而增大。而硝酸和盐酸的分子吸收则很小，所以在原子吸收光谱分析中，无机酸大都采用硝酸与盐酸，而尽量不用硫酸、磷酸。

2. 光散射

光散射是由于火焰中固体颗粒对入射光的阻挡和散射，使光不能进入检测器而造成的一种假吸收，使测定结果偏高。光散射与入射光波长成反比，波长越短，则光散射越强。光散射也随基体浓度的增大而增大。

消除背景吸收，最简单的方法是配制一个组成与试样溶液完全相同，只是不含待测元素的空白溶液，以此溶液调零即可消除背景吸收。近年来许多仪器都带有氘灯自动扣除背景的校正装置，能自动扣除背景，比较方便可靠。因为氘（或氢）灯发射的是连续光谱，而吸收线是锐线，所以基态原子对连续光谱的吸收是很小的（即使是浓溶液，吸收也小于 1%）。而当空心阴极灯发射的共振线通过原子蒸气时，则基态原子和背景对它都产生吸收。用一个旋转的扇形反射镜将两种光交替地通过火焰进入检测器。当共振线通过火焰时，测出的吸光度是基态原子和背景吸收的总吸光度，当氘灯光通过火焰时，测出的吸光度只是背景吸收（基态原子的吸收可忽略不计），两次测定值之差，即为待测元素的真实吸光度。

（二）发射光谱的干扰

在所选用单色器光谱通带的条件下，不能将光源发射的待测元素的共振线与其邻近的其他谱线完全分开时，则共振线与其他谱线一起进入检测器，导致待测元素的吸光度减小。这种情况对多谱线元素尤其应当注意。例如，镍的共振线为 2320Å，它的前后各有一条与之邻近的谱线 2319.8Å 和 2321.4Å。这两条谱线可与共振线同时进入检测器，而产生上述干扰。

消除这种干扰的方法，是选用较小的单色器光谱通带。或者选用没有邻近线的次灵敏线作为分析线进行测定，但测定的灵敏度将降低。

当试样中共存元素的吸收线与待测元素的共振线十分接近时，则干扰元素将吸收待测元素的共振线。这种干扰使待测元素的吸光度值增大，分析结果偏高。例如测汞时，若试样中含有微量钴，则对汞的测定产生干扰。钴的吸收线为 2536.49Å，它将对汞的发射线 2536.52Å 产生吸收，造成假吸收现象，导致分析结果偏高。

消除这种干扰的方法，是选用待测元素的其他谱线作为分析线，或者分离造成干扰的共存元素。

第七节　灵敏度及检出极限

灵敏度和检出极限是衡量原子吸收分光光度计性能的两个重要的指标。

一、灵敏度（S）

（一）百分灵敏度

在火焰原子吸收光谱分析中，通常把能产生 1% 吸收（或 0.0044 吸光度）时，被测元素在水溶液中的浓度（$\mu g/ml$），称为百分灵敏度或相对灵敏度。用 $\mu g/(ml \cdot 1\%)$ 或 $10^{-6}/1\%$ 表示。

百分灵敏度的测定，不是必须测出 1% 吸收时的浓度，它可以按下式计算

$$S = \frac{\rho \times 0.0044}{A} \mu g/(ml \cdot 1\%) \tag{4-11}$$

式中　ρ——被测溶液的浓度，$\mu g/ml$；

A ——该溶液的吸光度。

（二）绝对灵敏度

在石墨炉原子吸收光谱分析中，常用绝对灵敏度的概念。它定义为能产生 1% 吸收（或 0.0044 吸光度）时，被测元素在水溶液中的质量。常用 pg/1% 或 g/1% 表示（1pg＝10^{-12}g）。

灵敏度通常可以看作是试液浓度测定的下限。最适宜的试液浓度，应选在灵敏度的 15～100 倍的范围内。同一种元素在不同的仪器上测定会得到不同的灵敏度，因而灵敏度是仪器的性能指标之一。

二、检出极限（DL）

（一）相对检出极限

在火焰原子吸收分析中，把能产生二倍标准偏差的读数时，某元素在水溶液中的浓度，定义为相对检出极限。用 $\mu g/ml$ 表示。相对检出极限可由下式算出

$$DL = \frac{\rho \times 2\sigma}{A}(\mu g/ml) \tag{4-12}$$

式中　ρ ——待测元素在水溶液中的质量浓度；

　　　A ——该溶液的吸光度；

　　　σ ——标准偏差（噪声电平），是用空白溶液或接近空白的标准溶液，经至少十次连续测定，所得吸光度值算出的。

（二）绝对检出极限

在石墨炉原子吸收光谱分析中，把能产生二倍标准偏差的读数时，待测元素的质量称为绝对检出极限。常用 pg 或 g 表示。

检出极限不但与仪器的灵敏度有关，而且与仪器的稳定性有关。既有高的灵敏度又有低噪声电平的仪器才是好仪器，这样的仪器才能适用于微量组分的测定。

通常所说的灵敏度和检出极限，都是对火焰原子吸收法而言。只有在表示石墨炉原子吸收分析的灵敏度和检出极限时，才加上"绝对"二字。表 4-6 列出了一些元素的灵敏度和检出极限，鉴于影响灵敏度的因素很多，以及不同型号仪器性能上的种种差异，所列数据仅供参考。

表 4-6　原子吸收分光光度法测定部分元素的灵敏度和检出极限

元　　素	波长/×10nm	火　焰　法		石墨坩埚法	
		检出极限[①] /($\mu g/ml$)	灵敏度[②] /[$\mu g/(ml \cdot 1\%)$]	绝对检出极限 /g	绝对灵敏度 /(g/1%)
Ag	3281	0.002	0.08	3×10^{-14}	1×10^{-13}
Al[③]	3093	0.02	1.1		1×10^{-12}
As	1937	0.05	1		
Au	2428	0.01	0.5		1×10^{-12}
Ba[③]	5536	0.008	0.4		6×10^{-12}
Bi	2231	0.025	0.7		
Ca[③]	4227	<0.0005	0.03		4×10^{-13}
Cd	2288	0.002	0.03	3×10^{-15}	8×10^{-14}
Co	2407	0.01	0.1		2×10^{-12}
Cr	3579	0.003	0.15		2×10^{-12}
Cu	3247	0.001	0.1		6×10^{-13}
Fe	2483	0.005	0.15		1×10^{-12}
Ga	2874	0.05	2.3		1×10^{-12}

续表

元　　素	波长/×10nm	火　焰　法		石墨坩埚法	
		检出极限[①]/(μg/ml)	灵敏度[②]/[μg/(ml·1%)]	绝对检出极限/g	绝对灵敏度/(g/1%)
Hg	2537	0.25	15		8×10^{-11}
K	7665	<0.002	0.1		
Mg	2852	<0.0001	0.008		4×10^{-14}
Mn	2795	0.002	0.08	3×10^{-14}	2×10^{-13}
Na	5890	<0.0002	0.04		
Ni	2320	0.002	0.1		
Pb	2833	0.01	0.5		2×10^{-12}
Sb	2175	0.04	1		
Se	1960	0.05	2		9×10^{-12}
Si[③]	2516	0.02	1.2		5×10^{-14}
Sn	2246	0.01	1.2		
Sr	4607	0.002	0.2		1×10^{-12}
Ti[③]	3643	0.04	1.4		4×10^{-11}
V[③]	3184	0.04	1.3		
Zn	2138	<0.001	0.04		3×10^{-14}

① 用 Perkin-Elmer403 型原子吸收分光光度计。

② 用 Perkin-Elmer303 型原子吸收分光光度计。

③ 用 N_2O-C_2H_2 火焰。

第八节　原子荧光光度分析简介

原子荧光光度分析法，是一种通过测量待测元素的原子蒸气在辐射能的激发下所产生的荧光强度，来测定元素含量的一种仪器分析方法。气态原子吸收光源的辐射能后，跃迁至较高的能级，在很短的时间内（约 10^{-8} s），激发态原子将发生辐射跃迁而过渡到低能级或基态，这种二次辐射即为荧光。荧光的波长如与光源辐射的激发光（称一次发射）波长相同，这种荧光称为共振荧光。也可能发射比共振荧光波长长或短的荧光，但在原子荧光光度分析中，以共振荧光为常用。

将试样引入火焰（或无火焰）原子化器时，试样中的待测元素被原子化而成为原子蒸气。若用能发射元素共振线的光源发射出强度很大的共振线，经聚焦后照射到原子蒸气上，则在与光源成 90°角的方向上，就可以通过分光系统及检测器，检测到该元素发射的荧光。各种元素发射的荧光波长各不相同，是元素的特征荧光。根据这些特征波长，可以进行原子荧光定性分析。所发射的荧光强度，与单位体积原子化器中该元素基态原子的浓度成正比。如果激发光的强度及原子化条件保持恒定，则可由荧光强度测出试样中该元素的含量，这就是原子荧光的定量分析。

原子荧光光度分析所使用的原子荧光分光光度计和原子吸收分光光度计基本上一样，也包括光源、原子化器、分光系统和检测系统四个部分。其区别是，为了消除透射光对荧光测定的干扰，原子荧光分光光度计的光源、原子化器与分光系统、检测器不是排在一条直线上，而是排成直角形的，如图 4-21 所示。

原子荧光分光光度分析的优点是检出极限好，对一些元素如锌、镉、钙、镁等具有很高的

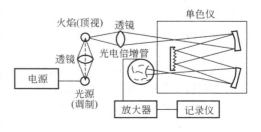

图 4-21　原子荧光分光光度计示意图

灵敏度。光谱比较简单，干扰因素相对较少。主要缺点是光散射干扰的影响严重，这在一定程度上影响了该方法的发展。

表 4-7 列出了一些火焰原子化应用实例。

表 4-7　火焰原子化应用实例

被测元素	使用波长/nm	火焰（乙炔/空气）	溶液介质（体积分数）	光谱通带/nm	灯电流/mA	主 要 干 扰
Pb	283.3	3/8	2%HNO$_3$	0.7	10	
Zn	213.9	3/8	2%HNO$_3$	0.7	10	
Ni	232.0	蓝色火焰 1/2	2%HNO$_3$	0.2	30	
Co	240.73	富燃火焰	2%～3%HCl	0.2	30	磷酸
Bi	223.0	1.2/7.5	5%HCl 或 HNO$_3$	0.2	额定电流 50%	
Cd	228.8	3/8 氧化性不发亮	2%HNO$_3$	0.7	8～10	
Mn	279.5	氧化性蓝色火焰	2%HCl	0.2	20	H$_2$SO$_4$ H$_3$PO$_4$
Cr	357.9	还原性黄色火焰	1%H$_2$SO$_4$ 10g/L NaSO$_4$	0.2	25	H$_3$PO$_4$
Ca	422.7	燃助比 0.24 氧化性火焰	SrCl$_2$ EDTA	0.2	10～12	介质溶液消除了 H$_3$PO$_4$ 干扰
Mg	285.2 202.6 测高含量	燃助比 0.22 氧化性火焰	SrCl$_2$ EDTA	0.2	8～10	释放剂、保护剂消除 PO$_4^-$ 干扰
K	766.5 测低含量 404.4 测高含量	燃助比 0.2 贫燃蓝色火焰	2%HCl 用二次蒸馏水	0.2	8～10	样品中 Na 含量达 10%，则标准中亦加 NaCl
Na	589.0 330.2	贫燃蓝色火焰	2%HCl KCl	0.2	10～12	加 KCl 消除电离干扰
Cu	324.8	蓝色火焰	2% HNO$_3$	0.2	10	
Au	242.8	贫燃火焰	10%HCl	0.2	8	
Ag	328.1	氧化性蓝色火焰	10%HCl	0.7	4	

思 考 题

1. 什么叫原子吸收光谱分析法？它与紫外-可见分光光度分析法有何异同？

2. 什么叫共振发射线和共振吸收线？为什么说共振线是元素的特征谱线？

3. 在原子吸收光谱分析中，为什么每测一种元素都要使用该元素的空心阴极灯作光源？

4. 为什么在原子吸收光谱分析中，通常采用峰值吸收法测量吸光度？

5. 何谓锐线光源？在原子吸收光谱分析中为什么要用锐线光源？如何正确选择空心阴极灯的灯电流？

6. 影响雾化效率的因素有哪些？在原子吸收光谱分析中，是否喷雾试样量越多吸光度值越大？

7. 在火焰原子吸收光谱分析中选择火焰种类的依据是什么？为什么要调节燃气与助燃气的比例及燃烧器的高度？

8. 为什么通常不用原子吸收光谱法进行物质的定性分析？

9. 比较石墨炉原子化法和火焰原子化法的优缺点，说明为什么石墨炉原子化法比火焰原子化法有更高的灵敏度？

10. 原子吸收光谱分析中有哪些干扰因素？如何消除？

11. 何谓灵敏度与检出极限？如何测定？

12. 原子吸收光谱分析有几种常用的定量方法？各适用于什么样的样品分析？

13. 原子荧光分光光度分析的原理是什么？

习　题

1. 镍标准溶液的浓度为 $10\mu g/ml$，精确吸收该溶液 0、1ml、2ml、3ml、4ml，分别放入 100ml 容量瓶中。稀释至刻度后测得各溶液的吸光度依次为 0、0.06、0.12、0.18、0.23。称取某含镍样品 0.3125g，经处理溶解后移入 100ml 容量瓶中，稀释至刻度。精确吸取此溶液 2ml 放入 100ml 容量瓶中，稀释至刻度。在与标准曲线相同的条件下，测得溶液的吸光度为 0.15。求该试样中镍的质量分数。

2. 在 50ml 容量瓶中，分别加入 Cu^{2+} 0.05mg、0.10mg、0.15mg、0.20mg。稀释至刻度后测得各溶液的吸光度依次为 0.21、0.42、0.63、0.84。称取某试样 0.5112g，溶解后移入 50ml 容量瓶中，稀释至刻度。在与工作曲线相同的条件下，测得溶液的吸光度为 0.40，求试样中铜的质量分数。

3. 精确吸取四份 0.5ml 某待测样品，分别放入 10ml 容量瓶中。然后在这四个容量瓶中分别精确加入 0、1ml、2ml、3ml 浓度为 $0.05\mu g/ml$ 的锂标准溶液，稀释至刻度。在原子吸收分光光度计上测出上述溶液的吸光度依次为 0.06、0.125、0.185、0.250，求样品中锂的浓度。

4. 称取某含镉试样 2.5115g，经处理溶解后，移入 25ml 容量瓶中，稀释至刻度。在四个 25ml 容量瓶内，分别精确加入上述样品溶液 5ml，然后在这四个容量瓶中依次加入浓度为 $0.5\mu g/ml$ 的镉标准溶液 0、5ml、10ml、15ml，稀释至刻度。测得各溶液的吸光度依次为 0.06、0.18、0.30、0.41，求试样中镉的质量分数。

5. 取锌标准溶液（$20\mu g/ml$）：0.0、2.0ml、4.0ml、6.0ml、8.0ml、10.0ml 分别移入 6 个 50ml 容量瓶中，用 1% $HClO_4$（体积分数）溶液稀释至刻度摇匀，测得吸光度为 0.00、0.10、0.201、0.303、0.401、0.500。

取人发 1g 左右，用不锈钢剪，剪成 1cm 长左右，用 1%（体积分数）洗发精搅洗 30min，自来水洗 20 遍，用蒸馏水洗 10 遍，于 65～70℃烘箱中干燥 4h，干燥器中冷却后，称取其发样 0.4000g 入 100ml 烧杯中，加 5ml 浓 HNO_3，在电热板上低温加热消解，全部溶解后，取下冷却。加入 $HClO_4$ 1ml，再在电热板上加热冒白烟至溶液余 1～2ml，不可蒸干，取下冷却，全部转入 50ml 容量瓶中，用蒸馏水稀至刻度，摇匀。按此步骤同备一份空白溶液。以此空白溶液调仪器零点，测得发样试液 $A_x=0.250$，求人发中锌含量（质量分数）或（$\mu g/g$）。

填空练习题

1. 原子吸收定量分析的理论依据符合＿＿＿＿＿＿定律。

2. 原子化系统中，火焰原子化装置主要包括：＿＿＿＿、＿＿＿＿、＿＿＿＿、＿＿＿＿。

3. 石墨炉原子化程序有四个步骤：＿＿＿＿、＿＿＿＿、＿＿＿＿、＿＿＿＿。

4. 原子吸收分光光度法的定量方法有多种，其中最常用的定量方法有：＿＿＿＿、＿＿＿＿。

5. 目前原子吸收光谱仪，常用的光源是＿＿＿＿＿＿。

选择练习题

1. 原子吸收法测定 Ca^{2+} 或 Mg^{2+} 时，需加入 $SrCl_2$（二氯化锶），其目的是（　　　）。

A. 消除电离干扰　　　B. 消除样品中 PO_4^{3-} 干扰　　　C. 消除基体干扰

2. 原子吸收测定某矿石中，基体产生部分影响，宜采用的定量方法是（　　　）。

A. 工作曲线法　　　　B. 标准加入法　　　　　　C. 比较法　　　　　　D. 内插法

3. 原子吸收分光光度计的光电转换元件，必须需是（　　　）。

A. 光电池　　　　　　B. 光电倍增管　　　　　　C. 光电管

教 学 建 议

一、本章重点

1. 原子吸收分析流程示意图、基态原子的产生、共振线。定量分析的理论基础符合比耳定律。

2. 定量分析方法及计算。

3. 原子吸收分光度计的组成部件及功能。

4. 操作条件的选择。

二、选学内容

1. 基本原理中的微观理论、吸收谱线变宽原因、符合比耳定律的详细推导过程。

2. 灵敏度及检出项（机动）。

3. 原子荧光光度法简介（机动）。

三、朗伯-比耳定律的应用

1. 吸光度与气态池厚度成正比：要掌握气态池是可以变化的。灯头的狭缝为 100mm 长度者，因为灯头可以旋转，其厚度可是 $5 \sim 100mm$。当测微量组分，空心阴极灯光路与狭缝平行，池厚为 100mm，吸光度 A 最大。当组分含量较高，则可以旋转灯头，使狭缝与光路垂直或成一锐角。

2. 吸光度与浓度 c（或 ρ）成正比：要掌握 $A \propto N_0$。当喷雾速度一定时，被测溶液的浓度 $c \propto N_0$，故 $A = K'cL$，当 L 固定时，$A = Kc$。符合比耳定律。在实际分析工作中，每次样品的测定，必重新作工作曲线，并且在测定过程中必须固定喷雾速度不变，L 厚度保持不变。

四、实验

建议开设如下 4 个实验：

① 火焰原子吸收光谱法测自来水中镁（工作曲线法）；

② 火焰原子化（或无火焰原子化）测铜（标准加入法）；

③ 原子吸收最佳条件的选择；

④ 人发中锌的测定。

如课时减少，至少开 8 节课实验，最佳条件的选择，可以分散在实验前演讲半小时，如对光、波长选择、燃烧器高度选择等。

第五章

气相色谱法

◆ 概述
◆ 气相色谱仪
◆ 气相色谱检测器
◆ 气相色谱固定相
◆ 气相色谱定性方法
◆ 气相色谱定量分析
◆ 基本理论及操作条件的选择

第一节　概　　述

气相色谱是 20 世纪 60 年代迅速发展起来的一门分离、分析技术。它利用物质的物理及物理化学性质将多组分的混合物进行分离，并测定其含量。既可以作分析工具，又可以制备纯物质。目前广泛应用于石油工业、化学工业、环境保护、生物学、农业、食品、宇宙航空等各个领域，应用范围日趋广泛。

一、色谱法简介

为什么叫色谱分析？这个名词源于 1906 年俄国植物学家茨威特（Tswett）做的一个实验。他在一根类似滴定管的玻璃柱中装入细颗粒的碳酸钙固体，又用石油醚去萃取树叶中的色素，然后倒入上述玻璃柱中，再用石油醚去淋洗，结果管柱中出现了不同颜色的色节，证明这个色谱柱有分离不同叶绿素的功能，并由此创造了一个名词"色谱"。但现在的色谱分析已失去颜色的含意，而这个名词被沿袭下来。

所谓气相色谱分析是基于被测组分在两相之间的分配，这两相中一个是表面积很大的固定相，另一个是载送被测组分前进的流动相气体，由于样品中的不同物质在两相中具有不同的分配系数，当两相作相对运动时，这些物质随流动相运动，并且在两相中进行反复多次的分配，使那些分配系数只有微小差异的物质，在移动的速度上产生了很大的差别，从而达到相互分离，并可进行定性、定量。

二、色谱法的分类

色谱法有多种类型，也有不同分类方法。如果按照相态分类，可分为气相色谱、液相色谱；如果按照固定相的性质分类，可分为柱色谱、纸色谱、薄层色谱；如果按照物理化学原理，可分为吸附色谱、分配色谱、离子交换色谱。

目前应用较广的是下面四种色谱法。

（一）气相色谱

气相色谱根据其固定相不同，又可分为气-固色谱和气-液色谱。流动相是气体，固定相是固体者，称气-固色谱；流动相是气体，固定相是液体者（惰性固体上涂一层液膜——固定液）称气-液色谱。由于固定相是装填在一根柱管中，所以又称柱色谱。当流动相的气体（载气）携带样品通过色谱时，混合物就得到了分离，被分离了的各组分依次进入检测器，检测器转变为电信号，用记录器记录各组分的信号，可得如图5-1色谱图。

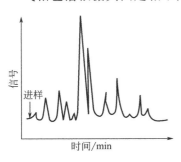

图 5-1　色谱图

根据色谱峰出来的时间定性，根据峰高或峰面积定量。

（二）高效液相色谱

高效液相色谱法又称高压液相色谱法、高速液相色谱法，因为流动相为液体所以称液相色谱。根据其分离机理不同，又可分吸附色谱、分配色谱、离子交换色谱、凝胶色谱法。

（三）纸色谱

用色层纸作固定相，将样品溶液滴加在纸上，用有机溶剂展开，基于不同组分的移动速率不同而达到相互分离。此法目前只限于分离，分离后的组分再进行灰化溶解，采取比色等方法测定其含量。

（四）薄层色谱

将粉状吸附剂（如硅胶-G）用水调湿均匀，涂覆在一块玻璃板上，风干后将样品滴加在板上，用有机溶剂展开，也是基于各组分的移动速率不同而达到分离目的。分离后的物质可以将硅胶一起弄下来进行滴定分析、比色分析，也可以直接测量其色斑面积定量。CS-910型双波长薄层扫描仪，用紫外线扫描，可自动测定其含量。

三、气相色谱法的特点

气相色谱是基于色谱柱能分离样品中各组分，检测器能连续响应，能同时对各组分进行定性定量，所以气相色谱法具有以下特点。

（一）分离效能高

气相色谱与液相色谱的分离效能，在所有的分析手段中目前为最佳，它能分析沸点十分接近的复杂混合物。例如用毛细管色谱柱分析 $40\sim150℃$ 汽油时，110min 内获得 168 个色谱峰，其他分析手段很难获得如此高的分离效能。另外，对同位素、烃类异构体也有较强的分离能力。

（二）灵敏度高

灵敏度高低主要是指检测器的灵敏度，目前高灵敏检测器可检出 10^{-11} g 的物质，一般可测 $10^{-9}\sim10^{-6}$ 级的杂质，对于大气污染分析，经浓缩可测 10^{-12} 的微量有毒物质。

（三）分析速度快

气相色谱分析的周期较快，分析一个样品的时间只需几分钟到几十分钟。例如分析半水煤气，从进样到全部出峰只要 5min 左右。目前气相色谱仪开始普遍配有微型计算机，能自动画出色谱峰，打印出保留时间，然后打印出分析结果，分析速度更快。

（四）应用范围广

气相色谱可分析气体和易于挥发的液体和固体，一般分析摩尔质量小于400g/mol的有机物，也可分析部分无机物。对于不易挥发的高分子可以用裂解法分析裂解产物。对于某些金属离子可以转化成易于挥发的卤化物或金属螯合物再分析。

第二节　气相色谱仪

气相色谱仪的型号种类繁多，就仪器的气路结构来分，可分单柱单气路气相色谱仪和双柱双气路气相色谱仪两种，前者结构较简单适用于恒温分析，后者适用于程序升温。

气相色谱仪是以气体为流动相，具有连续运行的管道密闭系统，整个气相色谱仪由载气系统、进样系统、分离系统、检测系统、温度控制系统、信号记录或微机数据处理系统六部分组成。图5-2是以热导池检测器为例的单气路气相色谱仪结构原理示意图。

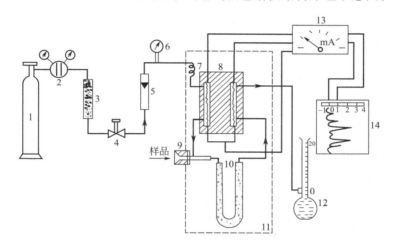

图5-2　气相色谱仪原理示意图

1—高压瓶；2—减压阀；3—干燥管；4—针形阀；5—转子流量计；6—压力表；7—预热管；8—热导池检测器；9—进样器；10—色谱柱；11—恒温箱；12—皂膜流量计；13—测量电桥；14—记录器

载气由高压瓶1供给，经减压阀减压至2kgf/cm²（196kPa）左右，经干燥管3除去水分和杂质，经针形阀4稳定地控制载气流速，经转子流量计5指示气体流量，压力表6指示色谱柱前所具有的压力（柱前压），经预热管7预热气体，通过热导池检测器8的参考臂，经进样器9，将注入的样品气化后进入色谱柱10，将混合物分离成单一组分，再依次进入热导池检测器8的测量臂，将组分的变化转变为电信号，此信号经惠斯顿电桥线路送入电子电位差计，记录如图5-3所示的色谱图，色谱峰的大小与相应组分的含量有正比关系。

一、色谱图及有关名词

被测组分从进样开始，经色谱柱分离到组分全部流过检测器后，在长图记录仪上记录下来的响应信号，随时间而分布的图像称色谱图（如图5-3），根据色谱图的出峰时间和峰面积（或峰高）进行定性定量，色谱图中还规定了一些专有名词和术语。

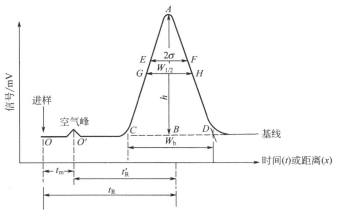

图 5-3　色谱流出曲线

1. 基线

没有试样进入检测器，在实验操作条件下，反映检测器噪声随时间变化的线称为基线，稳定的基线是一条直线。

2. 死时间（t_M）

死时间指不被固定相吸附或溶解的气体，例如气液色谱中空气不被固定液溶解，从进样开始到柱后出现浓度最大值所需要的时间，如图 5-3 中 OO' 所示的距离（mm、cm 或时间 "min"）。

3. 保留时间（t_R）

从进样开始到组分柱后出现浓度最大值所需要的时间，如图 5-3 中 OB。

4. 调整保留时间（t'_R）

系指组分的保留时间与死时间的差值，如图 5-3 中的 $O'B$。

$$t'_R = t_R - t_M$$

5. 死体积（V_M）

指色谱柱内除了填充物固定相所占的空隙体积。即不被固定液溶解（如空气）的组分从进样到柱后出现浓度最大值所需要载气体积。

$$V_M = F_0 t_M$$

式中　V_M——死体积；

　　　F_0——校正了柱温及水蒸气压的载气柱后流速。

$$F_0 = \frac{p_0 - p_w}{p_0} \cdot \frac{T_{柱}}{T_{室}} \cdot F_{皂}$$

式中　p_0——当时大气压，Pa；

　　　p_w——当时室温下水蒸气压，Pa；

　　　$T_{柱}$——色谱柱温度，K；

　　　$T_{室}$——室温，K；

　　　$F_{皂}$——用皂膜流量计测得的柱后流速，ml/min。

6. 保留体积（V_R）

$$V_R = F_0 t_R$$

7. 调整保留体积（V'_R）

$$V'_R = V_R - V_M = F_0 t'_R$$

8. 峰高（h）

色谱峰顶与基线的垂直距离，如图 5-3 中的 AB。

9. 区域宽度

（1）标准偏差（σ）　峰高 0.607 处色谱峰宽度的一半，如图 5-3 中 EF 的一半，即 $EF = 2\sigma$。

（2）半峰宽（$W_{1/2}$）　峰高一半处的峰宽度，如图 5-3 中的 GH。

$$W_{1/2} = 2\sigma\sqrt{2\ln 2} = 2.354\sigma$$

（3）峰底宽（W_b）　从色谱峰两边的拐点（E、F）作切线与基线相交部分的宽度，如图 5-3 中的 CD。

$$W_b = 4\sigma$$

10. 相对保留值（$r_{1,2}$）　某组分 1 与基准组分 2 的调整保留值之比。$r_{1,2}$ 越大，选择性越好。

$$r_{1,2} = \frac{t'_{R(1)}}{t'_{R(2)}}$$

二、气相色谱仪

气相色谱流程如图 5-2，它由六部分组成。

（一）载气系统

载气是载送样品进行分离的惰性气体，是气相色谱流动相。常用的载气有氢气、氮气、氩气、氦气和空气。载气一般由高压瓶供给。在等压气相色谱过程中，要求载气在柱中的渗透性不变，因此要求柱的入口有一个不变的压力，流速要恒定，色谱都应有气流稳压装置。

至于使用何种载气，要取决于选什么样的检测器和分析对象。要求载气不与固定液和被测物起化学反应，当分析超纯物质时，要求载气的纯度也要高，否则将影响灵敏度和稳定性。

为了获得稳定纯净和具有一定流速的载气，载气从高压钢瓶出来后，要经过减压阀减至 0.1~0.4MPa 再使用，减压阀除了减压以外，还有一定的稳压作用。为了除去载气中的微量水分等杂质，气路中串有一个干燥管（硅胶或分子筛）。气路中的针形阀 4 可以准确调节载气流速并附有稳压装置，如图 5-4。

腔 A 与腔 B 通过连动杆由孔的间隙相连通，当手柄往内移动时，阀针往左移，阀门打开一定程度，载气以一定流速通过，系统达到平衡后，如果进气压力 p_1 有小的上升，则腔 B 气压 p_2 增加，波纹管向右伸张，使弹簧向右压缩，阀针同时右移，减小了阀针与阀座的间隙，因此气流阻力增加，使载气出口压力 p_3 保持平稳不变。同理，载气入口压力 p 有小的下降时，针阀可以自动调节，使 p_3 稳定。

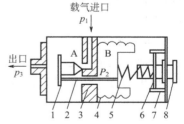

图 5-4　稳压阀

1—阀针；2—连动杆；3—阀体；
4—针形阀；5—压簧；6—滑板；
7—滑杆；8—调节手柄

气相色谱仪气路系统中的载气流量一般采用转子流量计来计量，转子流量计是由一根带刻度的小玻璃管，上刻有体积流速标记，玻璃管内有一个塑料转子（或硬橡胶转子）。当有气体通过转子流量计时，转子便上浮转动，当流量恒定，转子则在固定的位置上转动，转子上端所对应的刻度即为气体流量（ml/min）。

转子流量计一般用皂膜流量计（如图 5-2 中的 12）校正，它是一个有体积刻度的玻璃管，下端为橡皮帽，内装肥皂水，当气体从侧管流入时，挤压橡皮帽，便有皂膜上升，用秒表测定皂膜移动的速度。例如测得气体在 20s 内流过的气体为 15ml，则载气流速为

$$15 \times \frac{60}{20} = 45 (\text{ml/min})$$

按下式即可算出常压下气体流过转子流量计的流速：

$$F_{\text{转}} = F_{\text{皂}} \frac{p_0 - p_w}{p_0}$$

式中 $F_{\text{转}}$——在室温和常压下转子流量计的体积流速，ml/min；

$F_{\text{皂}}$——在室温和常压下气体流过皂膜流量计的体积流速，ml/min；

p_0——大气压力，Pa；

p_w——在室温条件下水的饱和蒸气压，Pa（见表 5-11）。

（二）进样系统

进样就是把被测的气体、液体样品快速而定量地加到色谱柱上进行色谱分离，对于气体样品，只需用六通阀导入或用医用注射器通过进样口注入，由载气带入色谱柱 10。对于液体样品则用微量注射器注入，微量注射器有 $1\mu l$、$5\mu l$、$10\mu l$、$50\mu l$、$100\mu l$ 几种，$1\mu l$ 等于 $\frac{1}{1000}$ml。进样口下端为气化室，如图 5-5。

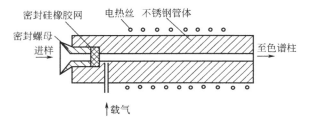

图 5-5　进样口与气化室

气体样品为了获得更好的重现性，大多采用六通阀进样，图 5-6 为上海分析仪器厂生产的推拉式六通阀。

此阀为长形四方块体，中间有一圆形金属拉杆，拉杆上套有四个橡皮圈，推入时为取样，样气进入定量管（0.1～10ml 任意选定）。将拉杆拉出为进样，载气将定量管中的样气带入色谱柱进行分离。旋转式六通阀的原理相同，但结构形状不同。

（三）分离系统

分离系统的核心是色谱柱，其功能是将多组分样品分离为单个组分。色谱柱目前有两种柱型。

1. 填充色谱柱

填充柱的内径一般为 3～6mm，长 1～10m，可由不锈钢、铜、玻璃和聚四氟乙烯材料制成。柱子的形状有 U 形和螺旋形两种，分离效果基本相同。

2. 毛细管色谱柱

毛细管柱又名空心柱，内径 0.2～0.5mm，长 30～

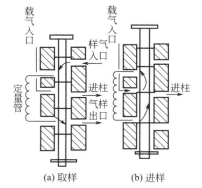

图 5-6　推拉式六通阀

50m，可由不锈钢或玻璃制成。不锈钢耐温，机械强度高，使用较广。玻璃毛细管柱经济，使用性能良好，效能高，但易折断，使用时要特别小心。毛细管柱是在内壁涂一层固定液，或者涂一层已有固定液的载体（约 0.1mm 厚）。将混合组分分离主要靠固定液。

（四）检测系统

混合组分经色谱柱分离以后，按次序先后进入检测器。检测器的作用是将各组分在载气中的浓度变化转变为电信号。目前检测器的种类繁多，最常用的检测器为热导池检测器和氢火焰检测器，其工作原理将在第三节详述。

（五）温度控制系统

温度控制系统是气相色谱仪的重要组成部分，温度影响色谱柱的选择性和分离效率；影响检测器的灵敏度和稳定性。所以色谱柱、检测器、气化室都要进行温度控制。三者最好分别恒温，但不少气相色谱仪的色谱柱、检测器置于同一恒温室中，效果也很好。气化室的温度控制是为了使液体或固体样品迅速完全气化，气化室的温度要高于样品的沸点，但温度不能过高，否则会使样品组分分解。

目前国内外普遍采用可控硅控温，这种控温器安全可靠，控温精度高，操作简便。其原理如图 5-7。

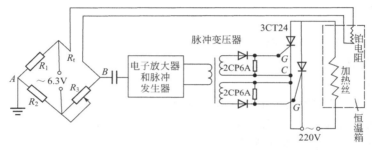

图 5-7 可控硅控温原理图

控温原理是由电阻 R_1、R_2、电位器 R_3 和热敏电阻 R_t（铂丝）组成惠斯顿电桥。恒温箱需要升温时，调节给定电位器 R_3，使 R_3 阻值增大，则 $R_3R_1 \neq R_tR_2$ 电桥处于不平衡状态，A、B 两端有一电位输给电子放大器和脉冲发生器，由脉冲变压器输出脉冲信号，经两个 2CP6A 二极管整流后，先后加在两个可控硅 3CT24 的可控极 G 上，则此可控硅交替导通，加热丝加热，恒温箱温度上升，铂电阻阻值增加，当 R_t 增大到使 $R_3R_1 = R_tR_2$ 电桥处于平衡状态，A、B 两端无电压输出，脉冲变压器无脉冲信号，则可控硅控制极 G 上无微小正电压，可控硅关闭，加热丝停止加热。当恒温箱温度下降，铂电阻 R_t 值减小，电桥又处于不平衡状态，则可控硅又处于不平衡状态，则可控硅 G 上又有一个微小正电压，可控硅又导通，加热丝加热，这样可以使恒温箱保持所需的温度。

（六）记录或微机处理数据系统

记录器又名电子电位差计，它能将检测器的电信号直接进行记录，有些检测器（如氢火焰检测器），要先经过微电流放大器将讯号放大后，再输入记录器获得色谱图，记录器的工作原理如图 5-8。

当输入信号 $U_入$ 等于 A、B 两端电位时，放大器输入为零，可逆电机不转动，记录笔与电位器 W_1 的滑点 A 处于不同的某平衡位置。当输入信号变化时，电桥平衡破坏，放大器即有正的或负的输入，经放大后驱动可逆电机正转或反转，同时带动记录笔和滑点 A 左右移动，直至 A、B 两端电位与变化后的电位相等，电桥重新平衡，记录笔才停止移动。记录纸以一定速度转动，记录笔在记录纸上画下色谱峰，可根据出峰时间定性，根据所画峰高或峰面积定量。

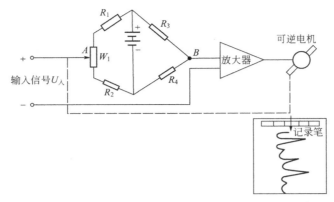

图 5-8　记录器工作原理图

记录仪型号很多，外形方面，过去以立式为主，目前大多采用平卧式。选用记录仪应注意以下几个参数。

1. 满标量程

指记录仪画满标色谱峰所需输入的信号毫伏值。热导池与氢火焰检测器一般配 5mV 或 10mV 记录仪，毫伏值愈小，记录仪灵敏度愈高。

2. 满标时间（笔速）

指记录笔由记录纸的始端画至终端所需时间。目前国产记录仪的满标时间为 1s、2.5s、8s 三种，填充柱色谱选 1s 或 2.5s 比较合适，毛细管色谱柱宜选 1s 或小于 1s 的记录仪。目前已有 0.5s 的记录仪问世。对于保留时间短的快速色谱峰，要求响应时间短，否则记录笔跟踪不上，会使定量结果失真。

近年来，气相色谱仪已逐步改用色谱数据处理机取代记录仪，色谱数据处理机用热敏打印记录色谱图，并且能在一张打印纸上打印出保留时间、峰面积、质量分数。算技术研究所生产的 CDMC-1E 等系列色谱数据处理机已被广泛采用。其他色谱数据处理机如上海分析仪器厂生产的 1900 型、北京分析仪器厂生产的 9202 型等。色谱数据处理机可与任何气相色谱仪相匹配，只要并联在原记录仪的接线处即可使用。

气相色谱仪的种类繁多，国产厂家有上海分析仪器厂生产的 102G 型、1002 型、1102 型和 1121 型；上海第二分析仪器厂生产的 8810 型、8820 型；北京分析仪器厂生产的 SQ-205 型、SQ-206 型、SP2308 型、6000 型、3700 型和 3400 型；四川分析仪器厂生产的 SC-1001 型、SC-6 型、SC-7 型、SC-8 型；山东鲁南化工仪表厂生产的 SP-502 型、SP501N 型、SP501 型；大连仪表厂生产的 SP-09 型系列。

国外产品，主要是日本在我国有一定市场，如日本岛津公司生产的 GC-R1A、GC-5A～16A 带数据处理机的气相色谱仪。GC-16A 还有自动报警装置。曾为某厂安装调试使用过 GC-14A 气相色谱仪，性能较好。

第三节　气相色谱检测器

检测器的作用是将色谱柱分离后的组分转变为电信号，它是气相色谱仪的重要部件。气相色谱检测器，据统计已有 30 余种，其中最常用的是热导池检测器、氢火焰检测器，其次是电子捕获检测器、火焰光度检测器。

一、检测器的分类

（一）按响应时间分类

1. 积分型检测器

积分型检测器是试样随时间的累加，其输出信号是试样总量的叠加。例如体积检测器、电导检测器等。

2. 微分型检测器

微分型检测器是指试样通过它不停留积累，反映流过检测器每一瞬间被测组分的量。此类检测器为一般色谱分析常用，如热导池检测器、氢火焰检测器、电子捕获检测器、火焰光度检测器。

（二）按响应特性分类

1. 浓度型检测器

检测器的响应取决于载气中组分浓度的瞬间变化。例如热导池检测器、电子捕获检测器。

2. 质量型检测器

检测器的响应值取决于单位时间组分进入检测器的质量。例如氢火焰检测器、火焰光度检测器。

（三）按样品变化情况分类

1. 破坏型检测器

在检测过程中，被测物质发生了不可逆变化。例如氢火焰检测器、火焰光度检测器。

2. 非破坏型检测器

在检测过程中，被测物质不发生不可逆变化。例如热导池检测器、电子捕获检测器。

（四）按选择性能分类

1. 多用型检测器

检测器对多类物质都有响应信号的称多用型检测器或通用型检测器。例如热导池检测器。

2. 专用型检测器

仅对某类物质有选择性响应的检测器。例如电子捕获检测器、火焰光度检测器。

二、检测器的性能指标

（一）灵敏度

检测器的灵敏度亦称应答值、响应值，是评价检测器质量高低的重要指标。灵敏度的定义是：单位量的物质通过检测器时所产生信号大小。灵敏度表示的方法有两种，浓度检测器以 S_g 表示；质量型检测器以 S_t 表示。

1. 浓度型检测器灵敏度 S_g

定义为 1ml 载气中携带 1mg 某组分通过检测器时所产生的信号（mV）值。

$$S_g = \frac{A u_1 F_0}{u_2 m_i} (\text{mV} \cdot \text{ml/mg})$$

式中　A——某组分（如苯）色谱峰面积，cm^2；

u_1——记录器灵敏度，mV/cm；

u_2——记录仪走纸速度，cm/min；

m_i——注入某组分 i 的质量，mg；

F_0——柱后流速，ml/min。

$$F_0 = F_{皂} \cdot \frac{p_0 - p_w}{p_0} \cdot \frac{T_{检}}{T_{室}}$$

式中　$F_{皂}$——用皂膜流量计测得的流速，ml/min；

　　　p_0——色谱柱出口压力，即当日大气压，Pa；

　　　p_w——室温时的水蒸气压，Pa；

　　　$T_{检}$——检测器恒温室温度，K；

　　　$T_{室}$——室温，K。

【例 5-1】 热导池检测器灵敏度的测定：注入纯苯（密度 $0.88 g/cm^3$）$0.5 \mu l$，测得峰高为 12.5cm，半峰宽度为 2.5mm，衰减 1，记录器纸速为 5mm/min，记录器灵敏度为 5mV/25cm，柱后流速 F_0 为 30ml/min，求 S_g。

解

$$S_g = \frac{1.065 h W_{1/2} u_1 F_0}{V_{样} d u_2} = \frac{1.065 \times 12.5 \times 0.25 \times 5/25 \times 30}{0.5 \times 0.88 \times 0.5} = 90.5 (mV \cdot ml/mg)$$

2. 质量型检测器灵敏度 S_t

定义为每秒钟 1g 某组分进入检测器时所产生的信号（mV）值。

$$S_t = \frac{60 u_1 A}{m_i u_2} (mV \cdot s/g)$$

式中　u_1——记录器灵敏度，mV/cm；

　　　A——峰面积，cm^2；

　　　u_2——记录纸移动速度，cm/min；

　　　m_i——某组分 i 的质量，g。

【例 5-2】 氢火焰灵敏度的测定：$1 \mu l$ 含苯 0.05% 的 CS_2 溶液，测得峰高为 12cm，半峰宽为 0.5cm，记录器灵敏度为 0.2mV/cm，纸速 1cm/min，求 S_t。

解

$$S_t = \frac{60 u_1 A}{m_1 u_2} = \frac{60 \times 0.2 \times 12 \times 0.5 \times 1.065}{0.05\% \times 0.88 \times 0.001 \times 1} = 1.7 \times 10^8 (mV \cdot s/g)$$

（二）敏感度

灵敏度还不能完全说明检测器的优劣，因为灵敏度没有反应仪器的噪声水平，所谓噪声是指没有组分通过检测器时，基线的波动。由于信号是可以任意放大的，当灵敏度增大时，噪声也增大，这是不可取的。例如评价收音机，不但要收台多，而且要噪声小，如果音量放大，噪声也很大，则这架收音机并不会受到欢迎。所以灵敏度较高的检测器，还要用敏感度来量度。

敏感度 D 又称检测极限，定义为某组分的峰高（mV）恰为噪声的二倍时，单位体积（或时间）所需引入检测器最小物质的量。

$$D = \frac{2 R_N}{S}$$

式中　R_N——噪声，mV；

S——灵敏度。

浓度型检测器的敏感度以 D_g 表示。

$$D_g = \frac{2R_N}{S_g}(\text{mg/ml})$$

质量型检测器的敏感度以 D_t 表示。

$$D_t = \frac{2R_N}{S_t}(\text{g/s})$$

敏感度 D 越小，说明灵敏度高，噪声小。图 5-9 为基线波动示意图。

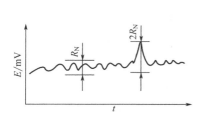

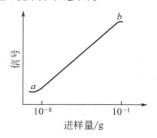

图 5-9　基线波动（噪声）示意图　　　　图 5-10　检测器的线性关系

（三）检测器线性范围

检测器的线性范围指其响应信号与被测组分浓度成线性关系的范围（如图 5-10）。

若检测器的检测上限为 b（10^{-1}），检测器的下限为 a（10^{-8}），则检测器的线性范围为

$$\frac{b}{a} = \frac{10^{-1}}{10^{-8}} = 10^7$$

其值越大，线性范围越宽，检测器越好。

（四）选择性

气相色谱的检测器甚多，有些检测器属通用检测器，而有些检测器属选择性检测器。例如热导池检测器属通用型检测器，对有机物、无机物都有响应。氢火焰检测器属多用型检测器，它对所有的有机物都产生信号，而对无机物如 H_2、O_2、CO、CO_2、N_2、H_2O 等无信号。火焰光度检测器对含硫、磷杂原子团的化合物灵敏度特别高，属专用检测器或称选择性检测器。电子捕获检测器对含卤素的化合物和含烯酮结构的化合物有较大的响应，属选择性检测器。

三、热导池检测器

热导池检测器（简称 TCD）是应用最早的检测器，它结构简单，灵敏度适宜，稳定性较好，而且对所有物质都能产生信号，是目前应用最广的一种通用检测器，几乎任何一台气相色谱仪都备有这种检测器。

（一）热导池结构

热导池由池体和热敏元件构成，有双臂热导池和四臂热导池两种，如图 5-11。

热导池块体用不锈钢或铜制成，双臂热导池具有两个大小、形状完全对称的孔道，孔径为 3～4mm，每一孔道中装有一根热敏钨丝，其形状、电阻值基本相同，钨丝可采用 25W 或 40W 灯泡钨丝，为了克服高温钨丝易氧化的问题，可将钨丝镀金。铂丝的温度系数更大，但不能加工成像钨丝那样的螺旋状，单丝阻值又太小，灵敏度不够，所以应用反不如钨丝。

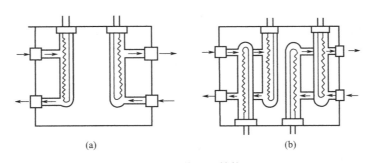

图 5-11 热导池结构

(a) 双臂热导池；(b) 四臂热导池

目前使用铼钨丝，具有较高的抗氧化能力，机械强度也好，是一种很好的热敏电阻丝。

四臂热导池具有四根相同的金属钨丝，灵敏度比双臂热导池约高一倍，所以目前大多采用四臂热导池。

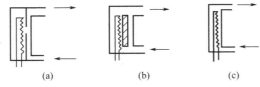

图 5-12 热导池气路形式

(a) 流通型；(b) 半流通型；(c) 扩散型

热导池的气路形式有三种：流通型、扩散型和半流通型，如图 5-12。

流通型具有响应快、灵敏度高，但易受气流波动的影响；扩散型具有稳定的特点，但响应慢、灵敏度低；半流通型介乎二者之间。

（二）热导率

热导池检测器是基于气体成分的变化引起热导率变化这一物理特性来设计的。载气中组分的变化，引起热敏电阻上温度的变化，温度的变化再引起电阻的变化，根据电阻值变化大小间接测定组分含量。

在热传导过程中，不同的固体，其热传导速率不同；同样，不同气体其热传导速率也不同。在热力学中用热导率的大小来表示此性质。传热快的热导率大，热导率用 λ 表示，其含意是：某一均匀稳定的传热介质中，在单位温度梯度（$℃/cm$），每秒钟（s）通过单位面积（cm^2）的热量焦耳（J）。单位为 $J/(cm \cdot s \cdot ℃)$。常见的气体和某些蒸气的热导率如表 5-1。

表 5-1 某些气体和有机蒸气的热导率

组 分	$\lambda/[10^{-4}J/(cm \cdot s \cdot ℃)]$		组 分	$\lambda/[10^{-4}J/(cm \cdot s \cdot ℃)]$		组 分	$\lambda/[10^{-4}J/(cm \cdot s \cdot ℃)]$	
	0℃	100℃		0℃	100℃		0℃	100℃
空气	2.4	3.1	一氧化碳	2.3	3.0	异丁烷	1.4	2.4
氢气	17.2	22.3	硫化氢	1.3	—	正戊烷	1.3	5.3
氦气	14.6	17.4	二氧化碳	1.5	2.2	正庚烷	—	1.8
氧气	2.5	3.2	二氧化硫	0.8	—	苯	0.9	1.8
氮气	2.4	3.1	氧化氮	2.4	—	丙酮	1.0	1.7
氩气	1.7	2.2	甲烷	3.0	4.6	氯仿	0.7	1.0
氖气	4.6	4.5	乙烷	1.8	3.3	乙烯	1.8	3.0
氙气	0.5	—	丙烷	1.5	2.6	甲醇	1.4	2.2
氨气	2.2	3.3	正丁烷	1.3	2.3			

从表中可以看出，热导率 λ 与组分有关，不同的物质具有不同的热导率，相对分子质量小的 H_2 热导率最大。

（三）热导池的电桥线路

热导池中，热敏元件电阻值的变化，可通过惠斯顿电桥来测量，如热导池为两臂式检测器，其测量电桥线路如图 5-13。

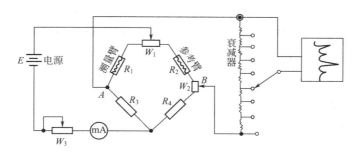

图 5-13　双臂热导池测量电桥线路

图中 R_1 为热导池测量臂，R_2 为参考臂，R_3 与 R_4 为锰铜线绕电阻，W_1 与 W_2 为粗细零调电位器，W_3 为桥电流调节电位器，E 为直流稳压电源，且 $R_1 = R_2$，$R_3 = R_4$。

当载气以恒定的速度通过检测器的参考池和测量池，被恒电流加热的钨丝 R_1 和 R_2，被载气带走和通过载气传导给池体的热量也一定，因此 R_1 与 R_2 上的温度也相等，所以 R_1 仍等于 R_2，又 $R_3 = R_4$，$R_1 R_4 = R_2 R_3$，电桥处于平衡状态，A、B 两端电位 $E_{AB} = 0$，记录器无讯号输入。

当样品注入后，通过色谱柱分离，某组分被载气带入测量池时，因组分的热导率 λ 不等于载气的热导率，则钨丝 R_1 上的温度将改变。若组分的导热系数 λ 小于载气的热导率，则钨丝 R_1 上的温度将升高，电阻 R_1 增大，产生一个 ΔR_1 的变化，因 R_2 未变，所以（$\Delta R_1 + R_1$）$R_4 \neq R_2 R_3$，$E_{AB} = 0$，电桥有一信号电压输给记录器，并获得一色谱峰，这就是电桥线路的工作原理。

如果检测器为四臂热导池，且 $R_1 = R_2 = R_3 = R_4$，都为热敏钨丝，则 R_1 与 R_4 共为参考臂，R_2 与 R_3 共为测量臂，当有一样品组分进入测量池，则（$\Delta R_2 + R_2$）（$\Delta R_3 + R_3$）$\neq R_1 R_4$，有一更大信号输入记录器，获得更高的色谱峰，所以灵敏度比双臂热导池约高一倍。其电桥线路如图 5-14。

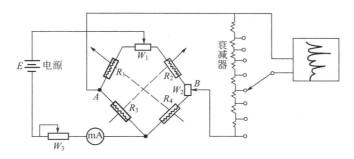

图 5-14　四臂热导池测量电桥线路

热导池使用日久，钨丝可能断丝，则需进行更换，更换时注意 R_1 与 R_4 是在同一参考池中，R_2 与 R_3 在同一测量池中，如果接线发生错误或安装时钨丝触及池体，则无信号输出。

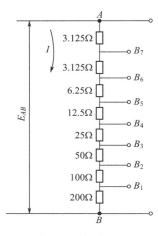

图 5-15　衰减原理图

（四）衰减

当电桥输出信号过大，色谱峰出格，则应使用色谱仪上的衰减旋钮。衰减原理是利用一串电阻进行分压。图 5-15 中，在 A、B 之间串联一系列电阻，其阻值分别为 200Ω、100Ω、50Ω、25Ω、12.5Ω、6.25Ω、3.125Ω。各电阻之和为 400Ω，A、B 之间的电压为 E_{AB}，通过各电阻的电流 I 是相同的，根据串联电阻的原理有

$$E_{AB_1} = \frac{200}{400} E_{AB} = \frac{1}{2} E_{AB}$$

$$E_{AB_2} = \frac{100}{400} E_{AB} = \frac{1}{4} E_{AB}$$

$$E_{AB_3} = \frac{50}{400} E_{AB} = \frac{1}{8} E_{AB}$$

......

衰减倍数，视被测组分含量而定，色谱仪面板上的衰减旋钮，可供任意选择倍数，可获得大小适宜的色谱峰。

（五）影响热导池检测器灵敏度的因素

1. 桥电流的影响

桥电流增加，使钨丝温度也增高，钨丝与池臂的温差增大，热传导更容易，当被测组分进入测量池时，产生较大电阻值变化，电桥输出电位增大，获得更高的色谱峰。热导池灵敏度和桥电流的三次方成正比，即 $S_g \propto I^3$，所以增加桥电流，能使灵敏度迅速增大。但桥电流不宜过大，否则稳定性下降，噪声增加，同时还可能烧毁钨丝。当用 H_2 或 He 作载气时，桥电流一般控制在 100～200mA；当用 N_2 或 Ar 作载气时，桥电流控制在 100～150mA。

2. 载气的影响

载气与被测组分的热导率差值愈大，灵敏度越高，由于一般物质的热导率都比 H_2 和 He 小很多，所以使用 H_2 或 He 作载气能提高灵敏度。同时，载气的热导率大，在相同的桥电流下，热丝温度较低，所以可使用更高桥电流，有利于灵敏度的提高。

3. 热敏元件电阻值的影响

选择电阻值高，电阻温度系数大的热敏元件，能获得较大的灵敏度，因为阻值大，当被测组分进入检测器时，能产生较大电阻值的变化，电桥能输出较大的电位信号给记录器，可提高灵敏度。钨丝的温度系数虽不如铂丝和镍丝，但加工方便，价格便宜，所以使用最广，钨丝电阻值一般选 20～80Ω。

4. 池体温度的影响

热导池检测器对温度很敏感，温度高灵敏度下降。当桥电流固定时，钨丝温度就一定，如果池体温度低，钨丝与池体温差大，热传导就容易，当被测组分进入测量池，会产生较大电阻值变化，就会得到较高的色谱峰，提高了灵敏度。但池体温度不能太低，否则会使样品在检测器内冷凝，一般检测器的温度不得低于柱温。

四、氢火焰离子化检测器

氢火焰离子化检测器（简称 FID)，它对大多数有机化合物有很高的灵敏度，比一般热

导池的灵敏度高两个数量级，所以适宜测定痕量有机物，是目前最常用检测器之一。但是它对无机物不产生讯号，同时检测时样品被破坏。

（一）氢火焰检测器结构及工作原理

氢火焰离子化检测器的结构如图 5-16。

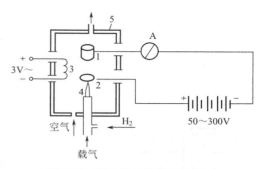

图中 1 是收集极，2 是极化极又称发射极，3 是点火极，4 是氢火焰，5 是离子室外壳，A 是微电流装置。被测组分由载气携带从色谱柱流出，与氢气混合一起进入离子室，由毛细管喷嘴喷出。

图 5-16　氢火焰检测器示意图

氢气在空气的助燃下（事先用点火极点燃火焰），进行燃烧，温度能达 2000℃ 左右，在火焰的激发下，被测有机组分电离为正离子和电子。离子室内有收集极和极化极，电极加有 150～300V 直流电压，这个电压称极化电压。电离出来正离子奔向收集极（负极），电子奔向极化极（正极），产生了微电流，由测量微电流装置 A 指示出。微电流大小与被测组分有定量关系。

氢火焰的电离效率很低，大约每 50 万个碳原子中有一个碳原子被电离，因此产生的电流很微弱，不能直接送入记录器，需经微电流放大器放大后，再送入记录仪上记录其色谱峰，图 5-17 为氢火焰检测器的气路和电路连接示意图。

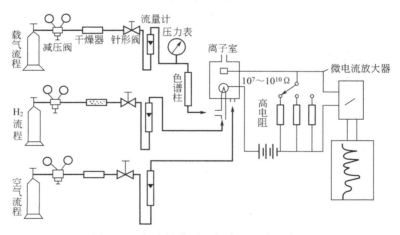

图 5-17　氢火焰检测器气路和电路示意图

（二）氢火焰离子化检测器机理

氢火焰离子化机理在早期认为是热至电离，即含碳有机物在火焰高温作用下，会产生少量的碳正离子（C^{4+}）和电子而产生信号。目前研究的结果，认为火焰电离是化学电离，即有机物在火焰中发生自由基反应而被电离，其火焰性质如图 5-18。

图中 A 为预热区，B 为点燃区，C 为裂解区，有机物在此区产生自由基 CH·，至 D 层与外层扩散来的氧产生氧化反应生成正离子 CHO^+ 及电子。现以苯为例来说明电离反应过程

$$C 层 \quad C_6H_6 \xrightarrow{\text{裂解}} 6CH\cdot$$
$$D 层 \quad 6CH\cdot + 3O_2 \Longrightarrow 6CHO^+ + 6e^-$$

正离子与水蒸气碰撞

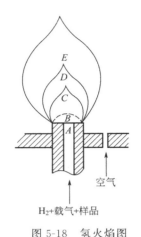

图 5-18　氢火焰图

$$6CHO^+ + 6H_2O = 6CO + 6H_3O^+$$

化学电离产生的正离子 CHO^+、H_3O^+ 和电子在电场作用下，分别为收集极和极化极捕获而产生微电流，经微电流放大器放大后，送记录仪记录而获得色谱图。

（三）氢火焰检测器的操作条件

① 实验表明，用氮气作载气比用其他气体（如 H_2、He、Ar）作载气的灵敏度要高。

② 在一定范围内增大空气和氢气流量可提高灵敏度。但 H_2 流量过大反而会降低灵敏度，空气流量过大会增加噪声，一般可参考如下流量（ml/min）比氮气：氢气：空气＝1：1：10，例如 40：40：400。

③ 极化电压低于 50V 时，正负离子收集不完全；高于 300V 时，将引起噪声增大和不稳定。一般选择极化电压为 150～300V。

④ 收集极与喷嘴之间的距离为 5～7mm 时，往往可获得较高灵敏度。

⑤ 保持离子室和收集极表面清洁，所以经常用无水酒精等有机溶剂清洗离子室。

⑥ 测定高相对分子质量物质时，适当提高检测室温度也有利于提高灵敏度。

五、电子捕获检测器

电子捕获检测器（简称 ECD）也是一种离子化检测器，可与氢火焰共用一个放大器。它的应用仅次于热导检测器和氢火焰检测器，是一种有选择性的高灵敏度检测器，它只对具有电负性物质，如含有卤素、硫、磷、氧、氮的物质有信号，物质的电负性愈强，检测器的灵敏度愈高。对无电负性的烃类无信号。

（一）电子捕获检测器的结构

检测器结构如图 5-19 所示。

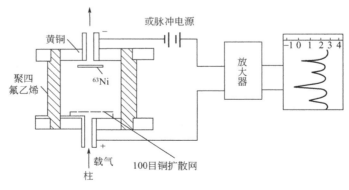

图 5-19　电子捕获检测器示意图

载气入口端为正极，出口端为负极，放射源可用金属钛膜吸收 ^3H（重氢），或在金属表面镀上放射源 ^{63}Ni，载气用 N_2 或 Ar。当载气从色谱柱出来进入检测器时，放射源放射出 β 射线，使载气电离，产生正离子及电子，这些带电粒子在恒定或脉冲电场作用下，产生一较大基始电流，当有电负性物质进入检测器后，捕获慢速电子，使基流降低，产生倒峰。

（二）电子捕获检测器机理

1. 基流的形成

当载气（如 N_2）通过铜网均匀进入检测器时，放射源放射出 β 射线，轰击 N_2 产生电离

$$N_2 \xrightarrow{\text{β 射线}} N_2^+ + e^-$$

生成的正离子和电子分别向正极和负极移动，形成电流，这电流称基流，一般为 $10^{-8} \sim 10^{-9}A$。

2. 产生信号

当电负性物质 AB 进入离子室时，因 AB 有较强的电负性，可以捕获慢速电子并放出能量

$$AB + e^- = AB^- + E$$

或者生成 A^- 或 B^-，这一过程称电子捕获。生成的负离子 AB^- 又与正离子 N_2^+ 碰撞重新结合成中性分子

$$N_2^+ + AB^- = N_2 + AB$$

由于此过程减少了电子和正离子 N_2^+，因而使基流下降，所以产生的信号是倒峰。如图 5-20。

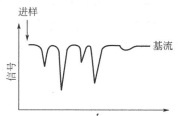

图 5-20 电子捕获检测器产生的色谱图

（三）操作条件的选择

1. 极化电压

加极化电压的方式可直流供电或脉冲供电。加极化电压是为了收集离子和电子，极化电压过高，使自由电子的能量加大而不易被捕获，因此在保证能将全部离子收集的情况下，直流电压要求低于 50V，一般为 5～20V。

脉冲供电时，脉冲间隔常为 50μs、150μs，脉冲宽度 1μs，脉冲振幅 30～60V，因为脉冲间隔远大于脉冲宽度，所以自由电子的能量远比直流供电小，容易被电负性组分所捕获，因而灵敏度较高，线性范围较宽，载气流速影响较小，因而检测器的稳定性较好。

2. 载气

载气中若含有微量 O_2 和 H_2O 等电负性物质，对检测器响应有很大影响，要求载气纯度达 99.99%。一般采用 5Å(0.5nm) 分子筛除 H_2O，活性铜除 O_2。

3. 检测器温度

检测器温度对响应值有直接影响，若组分捕获电子形成负分子并放出能量，则检测器灵敏度随温度上升而下降，如芳香族、羰基化合物等。当组分捕获电子后，又自身离解，并吸收能量，则检测器温度高可提高灵敏度，如卤代烃等。

检测器的温度一般要求高于柱温，以防柱内固定液等挥发物沉积于放射源上，使放射源污染，造成灵敏度下降。如果被污染，则可提高检测器温度，用载气冲洗，或用有机溶剂清除污物。

4. 样品进样量

进样量不宜过大，一般为 $10^{-12} \sim 10^{-9}g$，进样量过大会引起检测器饱和，产生平头峰，且破坏原来的工作状态，数小时才恢复，所以浓样品要稀释。

5. 离子室要避免与空气接触

空气中的氧能污染离子室，因为氧能捕获电子，所以更换进样口硅橡胶垫片时要快速，不使用时，气路系统的进口和出口都应密封，以免氧进入检测器。

（四）电子捕获检测器的应用

电子捕获检测器对卤代烃，含硫、磷、氧的化合物有选择性响应，且灵敏度高。目前广

泛应用于食品、农副产品中农药残毒分析，大气、水中污染物的分析等。例如萃取进样，可测水中含硫化物、二硝基苯、二氯苯、三氯苯、四氯苯、六氯苯、硝基氯苯、三硝基甲苯、苦味酸、二硝基氯苯、五氯酚、有机汞、铍、硒等。在大气中可测光气、NO_2、城市烟雾中过氧乙酰基硝酸酯、氯化烃。对三氯乙烯、四氯化碳、三氯甲烷、氮氧化物、硝酸、亚硝酸酯有特别高的灵敏度。

六、火焰光度检测器（FPD）

火焰光度检测器是一种选择性检测器，它对含硫、磷化合物有高的选择性和高灵敏度，能测 10^{-6} 级和 10^{-9} 级的硫、磷化合物。

（一）火焰光度检测器的结构

检测器由氢焰和光度部分构成。氢焰部分包括火焰喷嘴、遮光槽、点火器及用作氢焰检测器的收集电极等。光度部分包括石英窗、滤光片和光电倍增管，如图 5-21。

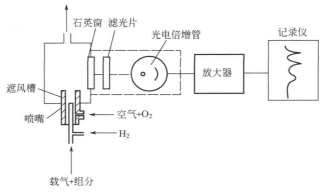

图 5-21　火焰光度检测器

含硫或磷的化合物由载气携带，先与氧、空气混合、由检测器下部进入喷嘴，喷嘴周围有四个小孔，供给过量燃气 H_2，产生光亮稳定的火焰，喷嘴上面的遮光槽可把火焰本身及烃类杂质发出的光挡去，借以增进火焰的稳定性，降低噪声。硫、磷燃烧产生的特征光，通过石英窗口，滤光（硫用 384nm 干涉滤光片；磷用 526nm 干涉滤光片），然后经光电倍增管转换为电信号，由记录仪记录色谱峰。

（二）火焰光度检测器机理

1. 磷的检测机理

有机磷化合物首先氧化生成磷的氧化物，然后被富氢焰的 H 还原为 HPO^*，这个磷碎片射出一系列特征波长的光，其中心波长为 526nm，其强度与有机磷化合物有定量关系。

2. 硫的检测机理

含硫化合物在富氢焰中燃烧，首先氧化为 SO_2，然后被 H 还原成硫原子，两个硫原子在 390℃ 左右生成激发态 S_2^* 分子，能发射 $350\sim430$nm 特征分子光谱，最大强度波长为 384nm，借助 384nm 干涉滤光片，测量其发射光强度，可测得含硫化合物含量。

（三）应用

火焰光度检测器，目前主要用于含硫、磷化合物。例如 SO_2、H_2S、硫醇、石油化工中总硫、单体硫化物，以及农药残毒分析等。

第四节 气相色谱固定相

气相色谱分析中，经常遇到的样品是混合物，要实现混合物组分的彼此分离，主要靠固定相的正确选择。目前，气相色谱固定相可分为三类：固体固定相、液体固定相和合成固定相。

一、固体固定相

气固色谱分析中的固定相是一种吸附剂，目前常采用的吸附剂有非极性的炭质吸附剂、中等极性的氧化铝、强极性的硅胶、分子筛。

（一）炭质吸附剂

1. 活性炭

活性炭是应用最早的吸附剂之一，活性炭具有微孔结构，比表面积大，约 $800 \sim 1000 m^2/g$。通常分析永久性气体和低沸点烃类，不宜分析高沸点组分和活性气体。组分在活性炭上的保留值重复性较差，拖尾较严重，若在活性炭上涂少量减尾剂或固定液，则能改善峰形，提高柱效，如表 5-6 中图 1。活性炭可分析 N_2、CO_2、CH_4、 $CH_2{=}CH_2$ 、 $CH{\equiv}CH$ 等混合物以及氮氧化物。商品层析活性炭在 160℃ 活化 2h 即可使用。最高使用温度应小于 200℃。

2. 石墨化炭黑

将炭黑在惰性气体中加热到 $2500 \sim 3000℃$，则原来不均匀的表面结构就石墨化，得到有均匀表面的石墨化炭黑，用它分离极性组分也能得到对称峰。

3. 炭分子筛

用聚偏乙烯小球经高温热解处理得到的残炭物质，比表面约 $800 m^2/g$，微孔直径约 $15 \sim 20 Å$（$1Å = 0.1nm$），工作温度可达 $-78 \sim 400℃$，具有耐高温、填充简便、柱效高等优点。主要用于分离稀有气体、永久气体、$C_1 \sim C_3$ 烃等。例如分析乙烯中微量空气、CO_2、H_2S、SO_2、N_2O、CH_4、 $CH{\equiv}CH$ 、 $CH_2{=}CH_2$ 等。乙炔先于乙烯出峰，可测乙烯中微量乙炔。

炭分子筛在室温可分离 O_2、N_2、CH_4、CO 等组分。柱失效后，可升温至 180℃ 活化。

（二）氧化铝

氧化铝的表面积约 $200 m^2/g$，具有较好的机械性能和热稳定性，一般用来分析 $C_1 \sim C_4$ 烃类、烯烃及永久性气体的混合物，使用温度小于 400℃。催化活性强，可在低温（如 $-196℃$）分离氢的同位素及异构体。氧化铝的活化要根据分析的对象进行处理，一般在 600℃的马弗炉中活化 4h。

（三）硅胶

色谱用硅胶，孔径 $10 \sim 70 Å$，比表面积 $800 \sim 900 m^2/g$，一般用来分析 CO_2 如表 5-6 中图 2、$C_1 \sim C_4$ 烷烃、N_2O、SO_2、H_2S、SF_6、CF_2Cl_2。其分离能力与孔径及含水量有关，市售的色谱硅胶需装柱后在 200℃通载气活化处理 2h。

（四）分子筛

分子筛是一种合成的硅铝酸盐，其基本化学组成是 $X(MO) \cdot Y(Al_2O_3) \cdot Z(SiO_2) \cdot$

U(H_2O)，式中的 M 表示某些金属阳离子，如 Na^+、K^+、Li^+、Ca^{2+} 等。气相色谱分析中常用的是 Na 型（4Å，13X）和 Ca 型（5Å，10X）。

分子筛是一种无规则结晶，可制成颗粒状或微球形，加热后结构水从硅铝骨架中逸出，留下一定大小和均匀分布的孔穴，差热分析指出，分子筛从 260℃ 开始脱去结构水，故活化温度应在 300～600℃，通常在 550℃ 的马弗炉中活化 2h，冷却后立即装柱即可使用。使用日久，分子筛吸水而失去活性，需从柱中取出再活化；亦可在柱中 200℃ 通载气活化 2h 以上。

分子筛主要用来分离永久性气体，如 N_2、O_2、CO、CH_4、H_2 等。CO_2、H_2O、NH_3 为不可逆吸附，需高温才能脱附，如 CO_2 采取程序升温时，在 250℃ 亦能流出色谱柱获得良好色谱峰。

关于分子筛机理，曾认为它对不同直径的分子起过筛作用，即小分子被吸进孔穴保留，大于孔穴直径的分子，则通过外表面从柱中流出，不被保留，如同分子过筛一样。但许多永久性气体如 H_2、O_2、N_2 的分子直径（2.4Å、2.8Å、3.0Å）比分子筛孔穴直径小得多，仍能获得良好分离。另一些相对分子质量较大的正、异构烷烃、环烷烃，其分子直径比分子筛直径大得多，通过程序升温亦能获得很好的分离，并按碳数顺序出峰。这些事实，分子过筛的机理无法解释。实际上分子筛的分离是基于分子筛的极性作用。或者说主要是分子筛的极性而引起的吸附作用，过筛作用也兼而有之。

二、液体固定相

气液色谱从 1952 年问世之后，气相色谱得到迅速的发展，并成为高效、快速、灵敏的分析手段。气液色谱与气固色谱比较具有更多的优点：气液色谱在通常操作条件下有良好的对称峰；固定液的品种繁多，大有选择余地；固定液的用量可以任意变化，易于涂覆，装填色谱柱也很简单；固定液可作填充柱，也可作毛细管柱，柱的寿命比吸附剂长得多，如不超过柱的最高使用温度，柱的寿命可达数年之久。

毛细管柱的固定相就是固定液；填充色谱柱的固定相由担体和固定液组成。

（一）固定液

1. 对固定液的要求

理想的固定液，需具备以下几个条件。

① 溶解度要大、选择性要高。为了达到多组分的彼此分离，固定液对被测组分必须有一定的溶解度，才能根据各组分溶解度的差异，达到相互分离。

② 蒸气压要低、热稳定性要好。在操作温度下，固定液只允许很低的蒸气压，否则由于固定液的流失或热分解，将影响色谱柱的寿命，且噪声增大。为了避免固定液流失，柱温不能超过最高使用温度。

③ 化学稳定性要好。在操作条件下，固定液不与载气、担体、被测组分发生不可逆化学反应。

④ 黏度小、凝固点低。如果在操作柱温下，固定液凝固，则被测组分不起分配作用，结果柱效很低。通常把固定液熔点作为柱的最低使用温度。例如阿皮松 L、聚苯醚（OS-138）为 75℃，甲基硅橡胶（SE-30）为 100～125℃，聚乙二醇-20M 为 68℃，聚酰胺-900 为 175℃。

2. 固定液与组分分子间的作用力

多组分样品之所以能彼此分离，是基于各组分在固定液中溶解度不同。组分之所以能够溶解在固定液中，是因为固定液与组分分子之间有相互作用力，且组分不同，作用力大小亦不同。

① 定向力。定向力也叫静电引力，它是由于极性分子具有永久偶极矩，彼此产生静电作用引起的。极性越大，静电引力越大，溶解度越大，在柱中滞留时间越长，后流出色谱柱。

② 诱导力。当一个极性分子和一个非极性分子在一起的时候，在极性分子电场作用下，对另一分子会产生诱导作用，使非极性分子产生极性，两分子相互吸引，这叫诱导力。当样品中有非极性分子，可以利用极性固定液的诱导效应来分离。

③ 色散力。非极性分子间唯一的相互作用力，它的产生是由于分子中电子运动，在某一瞬间产生周期性变化的瞬间偶极矩，并伴随一同步电场产生，这电场又会使邻近的分子极化，极化了的分子反过来又使瞬间偶极矩的变化幅度增大，产生了所谓色散力。非极性分子之间的作用力主要靠色散力。

④ 氢键力。也是一种定向力，其作用比化学键力弱，比色散力、诱导力强。当氢原子和一个电负性很大的原子 X（如 F、O、N）构成共价键时，它又能与另外一个电负性很大的原子 Y 形成一种强的静电引力，这就叫氢键作用力，以 X—H⋯Y 表示。

⑤ 特殊作用力。组分与固定液分子间能形成弱的化学键力来进行组分的分离。例如银离子与双键有配位作用，即双键上的 π 电子与银离子形成弱配合物。

因此在固定液中加银离子可使烯类物质保留值增加。又例如脂肪酸的重金属盐有配位作用力，当使用硬脂酸锌、硬脂酸铜、油酸镍作固定液时，由于与胺类有弱的配位能力，很容易将胺类进行分离。

3. 固定液的分类

固定液的种类不断增加，据统计，目前已有千种之多，它们各具有不同的性质和用途，对各种固定液进行科学的分类，将给使用和选择固定液带来方便。目前固定液按极性和化学结构分类。

① 相对极性分类。用相对极性表示固定液的分类是罗什奈德（Rohrschneider）于 1959 年提出的，其测定方法如下：规定以 β,β'-氧二丙腈的相对极性（P）为 100，角鲨烷的相对极性为 0，再选定一物质对（正丁烷、丁二烯），然后在角鲨烷和 β,β'-氧二丙腈固定液柱和待测固定液柱上分别测出相对保留值并取对数。

$$q = \lg \frac{t'_R（丁二烯）}{t'_R（正丁烷）}$$

待测固定液的相对极性 P_x 可用下式表示

$$P_x = 100 - 100\,\frac{q_\beta - q_x}{q_\beta - q_角}$$

式中　q_β——β,β'-氧二丙腈柱上测得的 q 值；

　　　q_x——待测固定液上测得的 q 值；

　　　$q_角$——角鲨烷柱上测得的 q 值。

各种固定液的相对极性在 0～100 之间，以 20 为一级，分为五级，用 +1、+2、+3、

＋4、＋5 表示；非极性用－1 表示。＋1、＋2 为弱极性，＋3 为中等极性，＋4、＋5 为强极性固定液。表 5-2 为部分常用固定液。

表 5-2　部分常用固定液

固定液名称	商品名称	相对极性	麦氏平均极性	最高使用温度	溶剂	分 析 对 象
角鲨烷	SQ	O	O	150℃	乙醚 甲苯	非极性基准固定液 分离 $C_1 \sim C_8$ 烃类
阿皮松 L	APL	－1	29	300	苯，氯仿	高沸点有机物
甲基硅油 甲基硅橡胶	SE-30 OV-101	＋1	43	350	氯仿＋丁醇 (1:1)	高沸点极性物质
苯基(10%)甲基聚硅氧烷	OV-3	＋1	85	350	苯，丙酮	高沸点化合物
苯基(20%)甲基聚硅氧烷	OV-7	＋2	118	350	苯，丙酮	高沸点化合物
邻苯二甲酸二壬酯	DNP	＋2	161	130	乙醚，甲醇	烃、醇、醛、酮、酸、酯
苯基(50%)甲基聚硅氧烷	OV-17	＋2	177	300	苯，丙酮	高沸点化合物
聚苯醚	—	＋3	243	250	甲苯，氯仿	多核芳烃
三氟苯基(50%)甲基聚硅氧烷	QF-1 OV-210	＋3	300	250	氯仿	含卤化合物，金属螯合物，甾类。从烷烃、环烃中分离芳烃
β-氰乙基(25%)甲基聚硅氧烷	XE-60	＋3	357	275	氯仿	分析苯酚、酚醚、芳胺、生物碱、甾类
聚乙二醇	PEG-4000 PEG-6000 PEG-20M	＋4 (氢键型)	471 461 462	175 175 200	丙酮 氯仿	醇、酮、醛、脂肪酸、酯等极性化合物，对芳香和非芳香有选择性
己二酸二乙二醇酯	DEGA	＋4	553	250	氯仿	分离 $C_1 \sim C_4$ 脂肪酸甲酯、甲酚异构体
丁二酸二乙二醇聚酯	DEGS	＋4	686	220	丙酮 二氯甲烷	分离饱和及不饱和脂肪酸酯、苯甲酸酯异构体
1,2,3-三(2-氰乙氧基)丙烷	TCEP	＋5	829	175	氯仿 甲醇	选择性保留低含氧化合物(如醇)、伯胺、不饱和烃、环烷烃、脂肪酸异构体
β,β'-氧二丙腈	ODPN	＋5		120	甲醇 丙酮	分离硫化物、硫醇、硫醚、卤代硫等

罗什奈德所提出相对极性的测定计算方法，以确定固定液极性的大小，便于用相似相溶的规则选择固定液。但上述测算方法还不够完善，不能反映组分和固定液分子之间的全部作用力。1966 年罗氏又改进了固定液的评价方法，他采用了五种不同性质的化合物：苯、乙醇、甲乙酮、硝基甲烷、吡啶在某固定液和非极性角鲨烷固定液测定其保留指数差值（ΔI），就是某固定液相对极性 P 大小的量度：

$$P = \Delta I_P^i = I_P^i - I_S^i$$

式中　I_P^i——五个基准物的某一化合物 i 在被测固定液 P 上的保留指数；

　　　I_S^i——某化合物 i 在角鲨烷固定液上的保留指数（保留指数的测定计算方法见本章第五节）。

五个基准物可测得五个 ΔI_P^i，五个常数代数和 $\sum \Delta I_P^i/100$ 之值愈大，其固定液的极性愈大，这就是罗什奈德的总极性，五个常数的算术平均值就是平均极性，数值愈大极性愈强。

后来麦克雷诺兹（Mcreynolds）在罗什奈德方法的基础上提出了改进方案。他提出了十种具有代表性的物质作为基准物，在 200 多种固定液上测定其特征常数，所制麦克雷诺兹常数表，可从《分析化学手册》查到，为固定液的选择提供了参考数据。

② 按化学结构分类。按固定液结构可分为烃类、醇类、腈类、脂类、聚硅氧烷、胺类、金属化合物及其他。

4. 固定液的选择

选择什么固定液将多组分样品分开，是一个重要研究课题。到目前为止，选择固定液的原则，尚无严格的规律可循，在多数情况下，凭文献资料和个人的实践经验去选择固定液。但是"相似相溶"规律必须遵循，它能使实践工作少走弯路。"所谓相似相溶"，就是被测组分的官能团、化学键、极性或化学性质与固定液有某些相似性，性质相近者，分子间的作用力强，被测组分在固定液中的溶解度大，保留值大，则容易达到分离的目的。

① 利用相似相溶原理选择。非极性样品应选非极性固定液。组分与固定液的作用力为色散力，次甲基愈多，则色散力愈强，所以组分按沸点顺序出峰，即低沸点组分先出峰，高沸点组分后出峰；对于同系物则按碳数顺序出峰，即相对分子质量小的先出峰。

中等极性样品选中等极性固定液。这类固定液，分子中含有极性和非极性基团。组分和固定液分子间的作用力为色散力和诱导力，没有特殊的选择性，基本上按沸点顺序出峰。对于沸点相同的极性和非极性组分，则诱导力起主导作用，非极性组分先流出色谱柱。

强极性样品选强极性固定液。这类固定液分子中有强极性基团，组分与固定液分子之间的作用力，主要靠定向力，组分按极性大小的顺序出峰。如果样品中同时有极性和非极性组分，则非极性组分先流出色谱柱。

兼有酸性或碱性的极性样品可选用合成固定相。如 GDX-3 型或 GDX-4 型高分子微球分离带酸性或碱性样品时不拖尾，其流出色谱柱的顺序，基本上按相对分子质量大小出峰，相对分子质量小的先出峰。也可以用强极性固定液，再加少量酸、碱填加剂（如 H_3PO_4、KOH），如拖尾，可克服拖尾现象。

氢键样品选氢键固定液。如腈醚、多元醇固定醇固定液，其中氰基中的氮、羟基中的氧，电负性较大，能同醇、酚、酸、伯胺、仲胺等组分形成氢键。组分按氢键力的大小流出色谱柱，氢键力小的先出峰。氢键强弱的顺序为

$$F—H\cdots F > O—H\cdots O > N—H\cdots N > N\equiv CH\cdots N$$

芳香异构体样品可选用特殊固定液有机皂土或液晶固定液。有机皂土的分离机理目前尚不清楚。液晶固定液也是一种特殊的固定液，是介于结晶的固体和正常液相之间的中间物，控制适当温度，可使固定液保持为液晶。

混合固定液。对于一个复杂的多组分样品，有时单用一种固定液还不能把所有的组分完全分离，则可以使用两种或两种以上固定液，以适当的方式混合起来，就可能把固定液调节到所需要的极性范围，把难分离物质对分开。配制方法可以采用混涂，即把几种固定液按一定比例混合溶解再涂渍到担体上；也可以混装，即将固定液分别涂渍在担体上，然后再按一定比例混合装柱；还可以采用串联柱，即将两种固定液分别涂在两份担体上，再分别装柱串联使用。

② 利用罗什奈德和麦克雷诺兹常数选择固定液。罗什奈德或麦克雷诺兹用基准物在各种固定液上测得的总极性或平均极性数值越大，相对极性就越强。极性强的样品就选总极性或平均极性大的固定液。例如固定液 QF-1 的麦克雷诺兹常数的总和为 1500（平均值 300），固定液 OV-17 的麦克雷诺兹常数的总和为 884（平均值 177），QF-1 比 OV-17 的极性大，如

果分离极性样品可选 QF-1 进行分离。

③ 用实验方法选择固定液。一般选用四种固定液制得四根色谱柱，安装在两台双气路的气相色谱仪上。试样分别在这四根柱上，以适当操作条件进行初步分离，观察未知样品的分离情况。如果分离不佳，再根据固定液的极性程序调整或更换固定液，选择一种最佳固定液。四种固定液可选 SE-30、OV-17、PEG-20M、DEGS。

④ 查阅文献资料、手册选择固定液。查阅文献是一种广泛采用的方法，但系统查阅文献资料比较费时，如果查阅手册就能达到目的，那就更简便。国内有《气相色谱实用手册》、《分析化学手册》等。

⑤ 利用固定液选择表。在前人大量实践工作的基础上总结了以样品类型供选择的固定液类型表，如表 5-3 所示。

表 5-3　以样品为类型的固定液选择表

样品类型	固　定　液　名　称	涂渍量/%
醇类	聚乙二醇-1000，聚乙二醇-6000，聚乙二醇-2 万，聚乙二醇单硬脂酸酯，山梨醇酯，Porapak-Q	5～20（低碳醇）
	甲基硅油 SE-30，甲基苯基硅油(OV-17)	5～10（高碳醇）
醛类	聚乙二醇-1000，聚乙二醇-6000，聚乙二醇-20M(不适合于甲醛分析)，聚乙二醇硬脂酸酯，Porapak-Q，Chromosorb-105	5～20
胺类	Chromosorb-103，Porapak-Q(低碳胺)，N,N,N,N-四(2-羟乙基)乙二胺(THEED)，脂肪伯胺(Armmeen-SD)，聚乙二醇＋KOH，聚酰胺(rersamide)	10～20
$C_1\sim C_4$ 气态烃类	角鲨烷，阿匹松，甲基硅油，邻苯二甲酸酯，磷酸甲苯酯，腈类，硅胶，活性氧化铝，Porapak-Q	20～25
液态烃	角鲨烷，阿匹松，甲基硅油，邻苯二甲酸酯，聚丙二醇，磷酸三甲苯酯，聚乙二醇-1000，聚乙二醇-6000，聚苯醚，腈类，聚乙二醇-2 万，对硝基苯二甲酸反应的产物(EFAP)	5～20
脂肪酸	聚乙二醇-1000＋H_3PO_4，聚乙二醇-6000＋H_3PO_4，聚乙二醇-20M＋H_3PO_4，二乙醇丁二酸酯＋H_3PO_4，Porapak-Q，Chromosorb-104	5～20　1～3（H_3PO_4）
脂肪酸酯	聚乙二醇-1000，聚丙二醇，二乙二醇丁二酸酯	5～10
酚类	邻苯二甲酸酯＋H_3PO_4，聚乙二醇-20M＋H_3PO_4，磷酸三甲酚酯＋H_3PO_4	5～20　1～3(H_3PO_4)
甾族	硅油类(OV-1，OV-17，OV-225，SE-30，QF-1，XE-60，OV-210)	1～2
氨基酸	聚酯类，石油 OF-17	0.5～2
生物碱	硅油类 OV-1，OV-17，SE-30	1～2
农药	硅油类 OV-17，OV-1，XE-60，丁二酸二乙二醇酯	1～3

(二) 担体

担体亦称载体，是承担固定液的一种颗粒状、多孔性的化学惰性物质。

1. 对担体的要求

表面惰性好，没有吸附活性，没有催化作用，热稳定性好，比表面积适当，孔结构合适，机械强度高。

2. 担体的分类

气液色谱中使用的担体，可分为硅藻土型和非硅藻土型两大类。硅藻土担体目前使用最普遍，由于制造工艺不同，又分为红色硅藻土担体和白色硅藻土担体。

（1）红色硅藻土担体　由天然硅藻土在胶黏剂作用下，于 900℃ 左右煅烧而成，其中含有少量 Fe_2O_3，使担体略带红色，故称红色担体。此担体孔径较小，比表面较大，能承担较多的固定液，机械强度好，不易粉碎，分离效能高，主要用于分析非极性和弱极性化合物。由于表面存在吸附活性中心，分析极性物质时易产生拖尾。国产的 6201、201、202；国外的 C-22 保温砖、Chromosorb P 属此类。

（2）白色硅藻土担体　由天然硅藻土加 Na_2CO_3 助熔剂在 900℃ 以上煅烧而成，其中 Fe_2O_3 变成白色的铁硅酸钠，故称白色担体。它的孔径较大，比表面较小，表面惰性好，主要应用于极性和碱性物质的分析。但机械强度较差，易粉碎，涂渍固定液和装柱时要细心操作。国产 101 白色担体，102、405、303 釉化担体；国外的 Chromosorb W、Celite 545、Gas Chrom Q 属此类。

（3）非硅藻土担体　目前应用的非硅藻土担体有玻璃微球、氟担体、氟氯担体、陶瓷担体等。其中应用较广的是玻璃微球及氟担体。

玻璃微球。是一种有规则的小球，主要优点是能在较低柱温下分析高沸点样品，且分析速度快。由于表面积只有 $0.1 \sim 0.2 m^2/g$。固定液涂渍量 0.05% ~ 3% 之间。虽然柱效低，但近代在药物、农药等分离、分析方面被采用。近几年来采用含铝较高的碱石灰玻璃，制成蜂窝状结构、低密度的微球。经过改性后的玻璃球担体，可分离、分析甾族化合物，理论塔板数达 1000 块，峰形不出现拖尾。

氟担体。由四氟乙烯聚合而成，它耐腐蚀，广泛应用于强极性化合物。这些强极性化合物在其他担体严重拖尾，但在氟担体上不拖尾。例如水、甲酸、乙酸在内径为 4.8mm，柱温为 125℃ 的 10% 聚乙二醇的氟担体柱上能得到很好分离，出峰次序为水、乙酸、甲酸。

3. 担体的表面处理

担体的表面由于有硅醇（Si—OH）和（Si—O—Si）基团，并有少量金属氧化物，如 Al_2O_3 酸性作用点和 Fe_2O_3 碱性作用点。这些基团及酸、碱作用点会引起对组分的吸附，造成色谱峰拖尾，所以表面要进行处理。

（1）酸洗担体　通常将担体浸在 1∶1 或浓盐酸中，加热处理 20 ~ 30min，然后把酸去净，以纯水漂洗至中性，改用甲醇脱水，110℃ 烘干 16h，过筛备用。也可用王水处理红色担体。酸洗使酸性组分色谱峰不拖尾。

（2）碱洗担体　通常将酸洗后的担体接着用 10% NaOH 的甲醇溶液浸泡和回流担体，然后用甲醇和水洗至中性后干燥。也可用 1% Na_2CO_3 溶液浸泡 5min，过滤、烘干、过筛备用。碱洗后的担体，主要分析碱性组分。

（3）硅烷化担体　担体表面的硅醇和硅醚基团，经硅烷化处理后，失去了氢键力，纯化了表面。一般把 12g 担体浸在 60ml 5% 的硅烷化试剂甲苯溶液中，摇动 5min 过滤，依次用甲苯、甲醇洗至中性 110℃ 干燥 4h。常用硅烷化试剂有三甲基氯硅烷、二甲基二氯硅烷、六甲基二硅胺。

（4）釉化处理　用 2% Na_2CO_3 水溶液（或硼砂水溶液）浸泡红色担体 24h，吸滤，母液用 3 倍水稀释后淋洗担体，烘干后，先在 870℃ 煅烧 3.5h，升温至 980℃ 煅烧 40min。表面即形成了一层玻璃状釉层，这一釉层纯化了表面活性，减免了峰的拖尾。同时担体一些微孔优先吸附 Na_2CO_3（或硼砂），烧结后将微孔堵死，使担体孔隙结构趋于均一，故可增加柱效。

（5）物理钝化处理　在担体表面覆盖一层惰性物质，如担体表面镀银、涂四氟乙烯等以掩盖表面活性。

（6）涂减尾剂　减尾剂的作用是在担体表面上涂一层能与羟基形成氢键的物质，主要是用表面活性剂以饱和表面吸附中心，减少极性组分的拖尾。常用的减尾剂有己二酸、癸二酸、硬脂酸、三元酸、间苯二甲酸、对苯二甲酸、三乙醇胺、氢氧化钠、磷酸等。

4. 担体的选择

担体选择适当有利于分离，能提高柱效。选择担体的大致原则如下。

① 固定液用量大于5％，选用硅藻土白色担体或红色担体。

② 固定液用量小于5％，应选用表面处理过的担体。

③ 腐蚀性样品可选用氟担体。

④ 高沸点组分可选用玻璃微球担体。

⑤ 担体粒度常选用60～80目或80～100目。高效柱可选用100～120目。

常用担体如表5-4所示。

表 5-4　常用担体

担体	型号	性能和用途	担体	型号	性能和用途
红色担体	6201 担体	宜分析非极性物质	白色担体	405 担体	白色硅藻土担体
	6201 硅烷化担体	催化和吸附性减小		101 担体	白色硅藻土担体
	6201 釉化担体	经硼砂釉化处理，催化、吸附减小		101 酸洗担体	101 担体经盐酸处理
	301 釉化担体	性能介于红色与白色担体之间，宜分析中等极性组分		102 担体	白色硅藻土担体
	302 釉化担体	由 202 担体釉化，再经高温灼烧		102 酸洗担体	102 担体经盐酸处理
	201 担体	红色硅藻土担体		102 硅烷化担体	102 担体经六甲基二硅胺处理
	201 酸洗担体	201 担体经盐酸处理而成		Chromosorb W	白色硅藻土担体
	202 担体	红色硅藻土担体	其他担体	玻璃微球担体	经酸、碱处理过的玻璃微球
	202 酸洗担体	202 担体经盐酸处理而成		701 氟担体	四氟乙烯制成
	Chromosorb P	红色硅藻土担体		玻璃微球硅烷化担体	经六甲基二硅胺处理

三、合成固定相

合成固定相又称高分子聚合固定相，它既可作色谱吸附剂使用，又可作担体涂上固定液后使用。有人认为，其分离机理随使用温度而变化，低温时可能以吸附作用为主，高温时以分配作用为主。

合成固定相可分为极性和非极性两大类，非极性类是以苯乙烯为单体，二乙烯基苯为交联剂的共聚物，如国产 GDX-1、GDX-2 型，在这类固定相上，组分基本上按相对分子质量大小顺序分离。极性类是苯乙烯和二乙烯基苯的共聚物中，引入各种极性基团后的产物，如国产 GDX-3、GDX-4 型，其中 3 型引入的是三氯乙烯，4 型引入的是乙烯吡咯酮。在这类固定相上，相对分子质量接近的组分，基本上按极性大小顺序分离。合成固定相具有较大的比表面（100～500m^2/g），孔结构均匀，机械强度好，柱子易填充均匀，高温时也不流失，对极性物质，如水、乙醇、游离脂肪酸等的分离较好，水峰一般最先流出。常见合成固定相如表5-5。

表 5-5　合成固定相

名　称	化 学 组 成	极性	最高使用温度/℃	参 考 用 途
GDX-101	二乙烯苯、苯乙烯共聚	很弱	270	适用于烷烃、卤代烷、芳烃、醇、醚、醛、酮、酸、酯、胺、腈等的分析,特别是轻气体、低沸点化合物
GDX-102	二乙烯苯、苯乙烯共聚	很弱	270	通用型,适用于分析沸点较高的化合物
GDX-103	二乙烯苯、苯乙烯等共聚	很弱	270	同上,还可分离正苯醇-叔丁醇
GDX-104	二乙烯苯、苯乙烯等共聚	很弱	270	通用型,较适用于气体分析,如半水煤气
GDX-105	二乙烯苯、苯乙烯等共聚	很弱	270	适用于永久性气体及气体中微量水的分析
GDX-201	二乙烯苯、苯乙烯等共聚	很弱	270	通用型,较适于高沸点化合物的分析,水峰稍有拖尾
GDX-202	二乙烯苯、苯乙烯等共聚	很弱	270	同上,分析正丙醇、叔丁醇保留时间较短
GDX-203	二乙烯苯、苯乙烯等共聚	很弱	270	同上,乙酸-乙酐-苯的分离保留时间较短
GDX-301	二乙烯苯、三氯乙烯共聚	弱	250	适用于氯化氢-乙炔的分析
GDX-303	二乙烯苯、三氯乙烯共聚	—	250	
GDX-401	二乙烯苯、吡咯酮共聚	中等	250	氯化氢中微量水、甲醛水溶液和氨水等分析
GDX-403	二乙烯苯、吡咯酮共聚	中等	250	水中氨和甲醛及低级胺中水等的分析
GDX-501	二乙烯苯、丙烯腈共聚	较强	270	C_4 烯烃异构体分离
GDX-502	二乙烯苯、丙烯腈共聚	较强	250	$C_1 \sim C_4$ 烯烃和 CO、CO_2 的分析,能完全分离乙炔、乙烯、乙烷
401 有机担体	二乙烯苯,乙烯乙基苯共聚	很弱	270	相当于 GDX-101
402 有机担体	二乙烯苯、苯乙烯等共聚	很弱	270	相当于 GDX-102
403 有机担体	二乙烯苯、苯乙烯等共聚	很弱	270	相当于 GDX-103
404 有机担体	二乙烯苯、丙烯腈共聚	较强	270	相当于 GDX-501
406 有机担体	苯乙烯、二乙烯苯共聚			与 Porapak-P 相似
407 有机担体	二乙烯苯、乙基乙烯共聚			与 Porapak-Q 相似
408 有机担体	二乙烯苯、苯乙烯、极性单体共聚			与 Porapak-R 相似
Porapak-P	苯乙烯、二乙烯苯共聚	弱	250	用于分离各种羰基化合物,适用于分析烷烃、芳烃、醇、酮、醛、醚、酯、酸、卤代烷、腈、胺等,特征分离乙烯、乙炔
Porapak-R	苯乙烯,二乙烯苯、极性单体共聚	强	250	适用于分析醚类、活性物质及氯、氯化氢中的水

四、色谱柱的制备

对于固定相为吸附剂、高分子微球,则只需在一定温度下活化,装入洗净的管柱中即可应用。但液体固定相需按下列步骤制备色谱柱。

（一）清洗柱管及试漏

试漏的方法是将柱子全部浸在水中,将出口堵死,然后通气,在高于使用操作压力下不应有气泡冒出。清洗的方法与柱子材料有关,对于玻璃柱,可用 $K_2CrO_4-H_2SO_4$ 洗液浸泡,然后用自来水冲洗至中性,烘干备用。对于铜柱需用 10% 的盐酸浸泡并用水泵抽洗,直至抽吸液中没有金属、铜锈或其他悬浮杂质为止,然后用自来水冲洗至中性,烘干待用。对于不锈钢柱，则应用 5％～10％的热 NaOH 的水溶液抽洗 4～5 次，以除去管内壁的油腻和污物，然后用自来水冲洗至中性，烘干使用。

（二）固定液的涂渍

首先将市售担体过筛，筛去粉末，并选好固定液和溶剂，确定液担比（一般为 5：100～30：100），准确称一定量的固定液倾入适当溶剂中待完全溶解后，将一定量经预处理和筛分过的担体倒入溶液中，轻轻摇动烧杯，让溶剂均匀挥发，以保证固定液在担体表面均匀分布，然后在通风橱中或红外灯下除去溶剂，待溶剂完全挥发后，再筛去细粉，即可准备装柱。

对于一些溶解性差的固定液，如硬脂酸盐类、氟橡胶、山梨醇等，则需要采取回流法涂渍。例如涂阿匹松固定液时，先将溶剂（苯）和阿匹松倒入圆底烧瓶中加热，阿匹松溶解后，将担体倒入，继续回流 1.5～2h，然后切断电源，取下冷凝器。溶剂和担体倒入烧杯，在通风橱内，让溶剂挥发干净。

（三）装填固定相

将已洗净烘干的色谱柱的一端塞上玻璃丝，接入真空泵，在不断抽气下，在色谱柱的另一端通过专用小漏斗加入已涂渍好的固定相，在装填时，不断轻敲柱管，使装填均匀紧密，直至填满。如图 5-22。

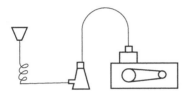

图 5-22　泵抽装柱示意图

（四）色谱柱老化

固定相装入色谱柱后还不能马上使用，要进行老化处理。老化的目的有两个，一是除尽固定相中的残留溶剂，二是促使固定液均匀地、牢固地涂覆在担体上。老化的方法是将色谱柱接入色谱仪，在稍高于操作时的柱温，但又不超过固定液的使用温度，连续通载气 4～8h，甚至更长时间，老化后即可进行样品分析。

五、应用实例

气相色谱分析应用已十分广泛，应用实例繁多，下面仅以三种不同固定相各举数例供参阅，列于表 5-6。

表 5-6　应用分离实例

气相色谱条件	出峰顺序	色谱图
1. 柱长 2m，内径 3～4mm 2. 固定相：活性炭 40～60 目涂 1% H_3PO_4 3. 柱温：102～105℃ 4. 载气：H_2，60ml/min 5. 桥电流 150mA	1. N_2 2. CO 3. CH_4 4. CO_2	图 1　变换气色谱图
1. 硅胶柱 1m（装于热导参考臂前） 2. 5A 分子筛柱 2m（装于热导池测量臂前） 3. 碱石棉柱 1m（装于分子筛柱与热导池参考臂之间） 4. 柱温：小于 40℃ 5. 载气：H_2，60ml/min	1. 混合峰 2. CO_2 3. O_2 4. N_2 5. CH_4 6. CO	图 2　半水煤气色谱图

续表

气相色谱条件	出峰顺序	色谱图
1. 固定相：氧化铝涂 1%β,β'-氧二丙腈，柱长 2m 2. 柱温：30℃ 3. 载气：N_2，70ml/min	1. 空气 2. 甲烷 3. 乙烷 4. 乙烯 5. 丙烷 6. 丙烯	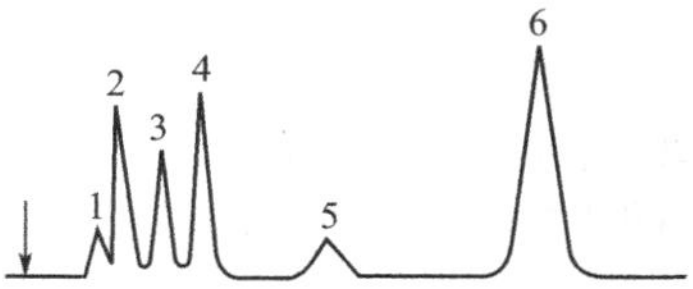 图 3　C_1～C_3 气体烃分析
1. 固定相：15% 邻苯二甲酸二壬酯 6201 柱，柱长 2m，内径 4mm 2. 载气：H_2，60ml/min 3. 柱温：100℃ 4. 桥电流 150mA 或氢火焰检测器	1. 苯 2. 甲苯 3. 二甲苯	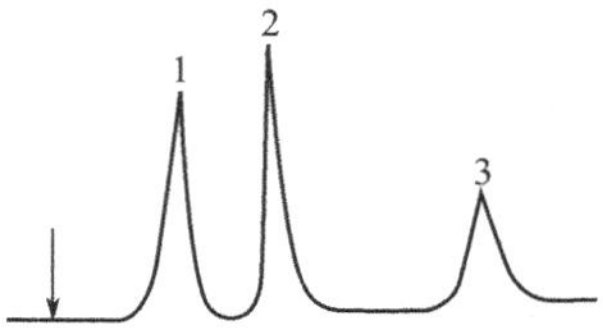 图 4　苯、甲苯、二甲苯色谱图
1. 固定相：2.3% DNP 和 2.3% 有机皂土 201 柱 2. 柱温：70℃ 3. 载气：N_2，30ml/min 4. 氢火焰检测器	1. 苯 2. 甲苯 3. 乙苯 4. 对二甲苯 5. 间二甲苯 6. 邻二甲苯	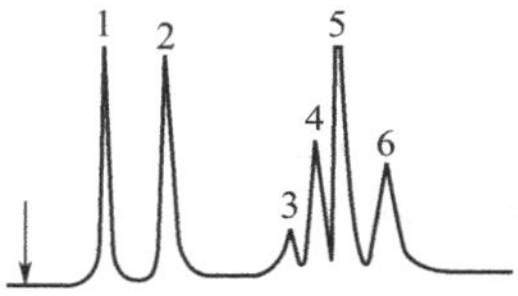 图 5　二甲苯异构体的分离
1. 固定相：5% 液体石蜡 201 红色担体柱，柱长 2m，内径 3～4mm 2. 柱温：90℃ 3. 载气：H_2，80ml/min 4. 检测器：热导池	1. 三氯甲烷 2. 二氯甲烷 3. 四氯化碳 4. 三氯乙烷 5. 四氯乙烯	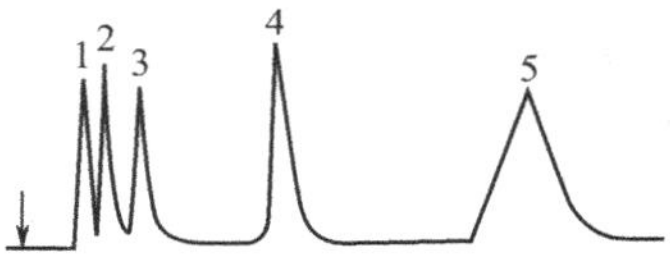 图 6　三氯甲烷等色谱图
1. 固定相：6% 甲基乙烯基硅橡胶 110-2 涂于 102 白色担体上 2. 柱长 1m，柱内径 4mm 3. 柱温 160℃ 4. 载气：H_2 50ml/min 5. 检测器：热导池	1. 溶剂 2. 苯酚 3. 2,4-二氯酚 4. 2,4,6-三氯酚	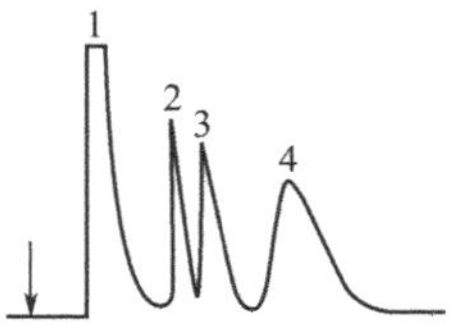 图 7　苯酚色谱图
1. 固定相：10% 聚乙二醇-20M 涂于 101 硅烷化白色担体上，柱长 1m，柱内径 4mm 2. 柱温：150℃ 3. 载气：N_2，40ml/min 4. 氢火焰检测器	1. 甲醇 2. 乙醇 3. 正丙醇 4. 正丁醇 5. 正戊醇 6. 正己醇	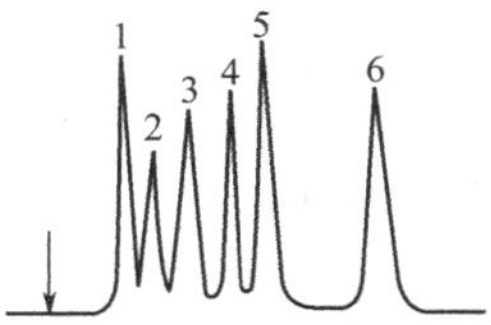 图 8　C_1～C_6 醇色谱图

续表

气相色谱条件	出峰顺序	色谱图
1. 固定相:2.5%OV-1 加 5%OV-210 硅藻土担体 2. 柱温:240℃ 3. 载气流速:50～60ml/min 4. 气化温度:260℃	E_2-雌二醇 E_1-雌醇 E_3-雌三醇	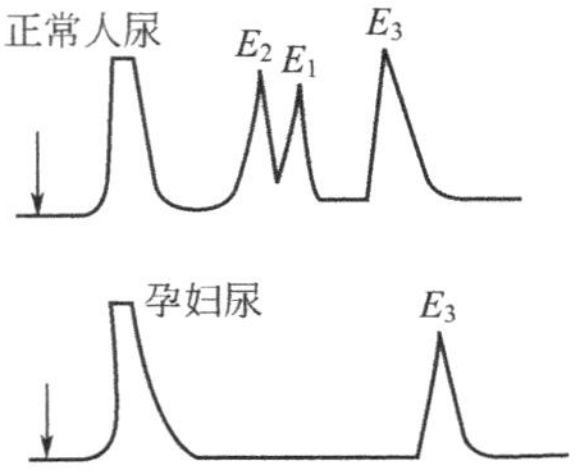 图 9　测定某妇女尿
1. 固定相:401 有机担体 1m 2. 柱温:95℃ 3. 载气:H_2,40ml/min 4. 热导池检测器 5. 气化温度:130℃	1. 水 2. 内标物甲醇 3. 乙醇	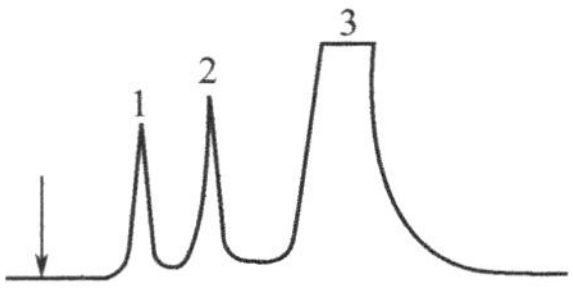 图 10　乙醇中微量水的测定
1. 固定相:GDX-102 4m,内径 3～4mm 2. 柱温:60℃ 3. 载气:H_2,40ml/min 4. 热导池检测器	1. O_2、N_2 2. CO_2 3. H_2S 4. H_2O	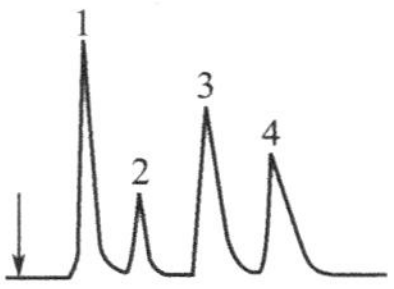 图 11　硫化氢等色谱图
1. 固定相:5% β,β'-氧二丙腈 80～100 目硅胶,2m 2. 柱温:50℃ 3. 检测器 TCD 4. 载气:H_2 或 N_2 50ml/min	1. 空气 2. 二氟二氯甲烷 3. 一氟三氯甲烷 4. 一氟二氯甲烷 5. 四氯化碳 6. 三氯甲烷	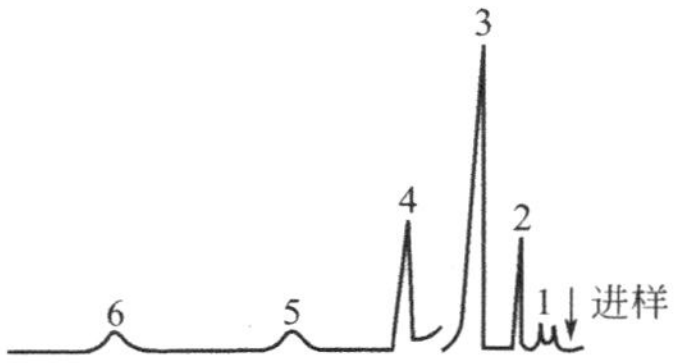 图 12　氯氟代甲烷
1. 固定相:5%E301 涂于 60～80 目 101 担体 1m 2. 柱温:148℃ 3. 检测器 FID 4. N_2 载气:55ml/min	1. 乙醇 2. 间苯二甲腈 3. 间苯二甲胺	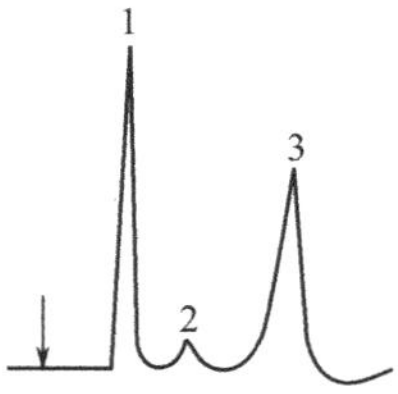 图 13　间苯二甲胺
1. GDX-103 柱 2m 2. 柱温:—230℃ 3. 载气:$H_2$30ml/min 4. TCD 5. 桥电流:150ml	1. 乙醚-石油醚萃取溶剂 2. 山梨酸 3. 十一烷(内标) 4. 苯甲酸	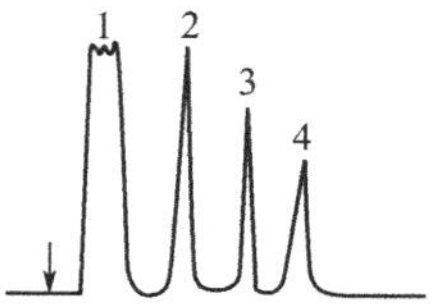 图 14　食品中山梨酸、苯甲酸的测定

续表

气相色谱条件	出峰顺序	色谱图
1. 10％二乙二醇琥珀酸聚酯 60～80 目 2. 柱长：3m 3. 柱温：180℃ 4. FID	6. 丁二酸二甲脂 7. 戊二酸二甲脂 8. 己二酸二甲脂 （其他略）	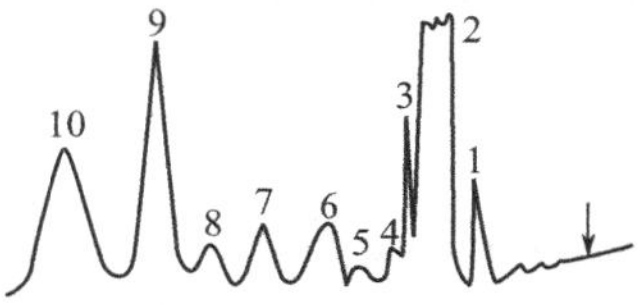 图 15　皂化废碱液分析
1. 聚乙二醇－20M：红色担体＝20：100 2. 柱温：81℃ 3. 柱长：2m 4. FID	1. 丁烯 2. 氯代仲丁烷 3. 氯代正丁烷 4. 正丁醚 5. 正丁醇	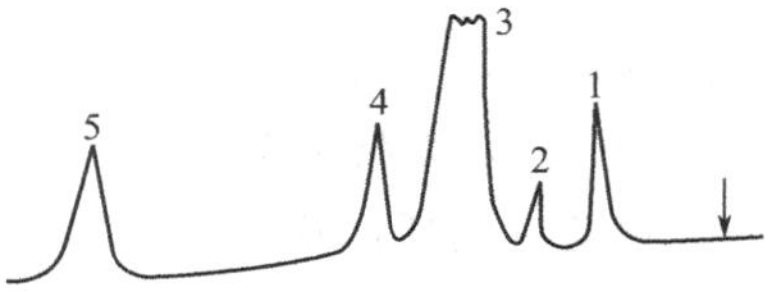 图 16　氯丁烯分析

第五节　气相色谱定性方法

气相色谱定性分析的目的是确定每个色谱峰代表什么组分。气相色谱一般是分离、定性、定量工作同时进行，在分析之前要对样品的来源，分析目的，有何用途等进行了解，以便能估计大致组成，然后再确定分离条件和定性、定量方法。目前主要根据色谱峰的保留值定性，复杂组分的定性仍存在不少困难，尚待不断研究，往往需要采用多种方法综合解决。常用的定性方法有以下几种。

一、用纯物质对照定性

用已知纯物质对照定性是气相色谱最简便、最常用可靠的定性方法，只有找不到纯物质时，才用其他间接定性方法。

（一）保留时间或保留体积定性

当固定相和操作条件（如柱温、柱长、柱内径、载气流速）不变时，任何一种物质都有一定的保留时间或保留体积，可作定性依据。

定性方法：先测出未知物中每个峰的保留时间（min、s 或距离 mm、cm），然后将欲测的某纯物质注入色谱仪，若未知物中某峰的保留时间与纯物质相同者，则二物质也相同。

（二）峰增高法定性

当两组分保留值较接近，操作条件又不十分稳定时，可以将某纯物质加入到试样中（取部分试样），再注入色谱仪，若某色谱峰的峰高增加，则此峰即为某纯物质。

二、保留指数定性

1958 年科瓦特（Kovats）提出了保留指数定性，到目前为止，仍是保留值中很有价值的表达式。

（一）定义

保留指数是把物质的保留行为用两个紧靠近它的两个正构烷烃标准物来标定。某物质 X 的保留指数 I_x 可用下式计算

$$I_x = 100 \left[z + n \frac{\lg t'_{R(x)} - \lg t'_{R(z)}}{\lg t'_{R(z+n)} - \lg t'_{R(z)}} \right]$$

式中，$t'_{R(x)}$、$t'_{R(z)}$、$t'_{R(z+n)}$ 代表待测物质 X 和具有 z 及 $z+n$ 个碳原子数的正构烷烃的调整保留时间（也可以用调整保留体积、净保留体积或距离 mm）。n 可以等于 1，2，3，……，但数值不宜过大。

正构烷烃的保留指数，在任何情况下，人为规定为 100 倍碳的个数，即为 $100z$，如戊烷、己烷、庚烷的保留值为 500、600、700。

（二）苯保留指数的测定

要测某一物质的保留指数，只要与相邻两正构烷烃混合在一起（或分别进行），在相同色谱条件下进行分析，测出保留值，按上式进行保留指数 I 的计算，将 I 与文献值对照定性。I 值只与固定相及柱温有关。例如 60℃鲨鱼烷柱上苯保留指数的计算，如图 5-23 所示数据，苯在正己烷和正庚烷之间流出，$z=6$，$n=1$。

所以

$$I_{\text{苯}} = 100 \left[6 + 1 \times \frac{\lg 395.3 - \lg 262.1}{\lg 661.3 - \lg 262.1} \right] = 600 + 100 \times \frac{2.5969 - 2.4185}{2.8204 - 2.4185} = 644.4 \approx 644$$

从文献中查得 60℃鲨鱼烷柱上 I 值 644 时为苯，再用纯苯对照实验确证是苯。

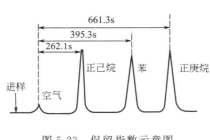

图 5-23 保留指数示意图

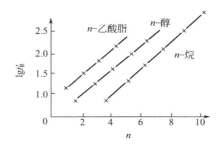

图 5-24 调整保留时间 t'_R 的
对数与碳数 n 的关系

三、经验规律定性

（一）碳数规律

从大量实验结果证明，有机同系物的保留值（t'_R、V'_R、$r_{1,2}$）的对数与其分子中碳原子数 n 呈线性关系。

$$\lg t'_R = A_1 n + C_1$$

式中，A_1、C_1 是与固定液及被测组分的分子结构有关的经验常数。

从图 5-24 中可知，同系物的保留值与碳数有关，碳数少的先流出色谱柱先出峰。

（二）沸点规律

同族具有相同碳原子数目的碳链异构体的调整保留值（V'_R、$r_{1,2}$）的对数值与沸点成线性关系。即沸点低者先流出色谱柱先出峰，沸点高者后流出色谱柱后出峰。

四、与其他方法结合定性

（一）利用化学反应定性

1. 柱前处理法

有些化合物能与特征试剂起反应，生成相应的衍生物，则处理后的样品，该组分峰提前或后移或消失，比较处理前后的色谱图，可确定组分属哪类（族）化合物。例如酚类与乙酸酐作用生成相应的乙酸脂，色谱峰提前。卤代烷与乙醇-硝酸根反应生成沉淀，则色谱峰消失。

2. 柱上选择性除去法

如果把化学试剂涂渍在担体上，装在一根短柱内，串于分析柱之前，也达到了柱前处理的目的。

3. 柱后流出物化学定性法

可在柱后串一 T 形毛细管活塞分流器，定性时，可直接通入装有定性试剂的检测管，利用显色、沉淀等现象进行定性。

（二）与其他仪器结合定性

气相色谱是分离有机组分的最佳仪器，但对复杂组分的定性鉴定则不是最佳。质谱、红外光谱是鉴定未知物的有效工具，所以目前有色谱-质谱联用、色谱-红外光谱联用。

1. 色谱-质谱仪

质谱仪灵敏度高，扫描速度快，能准确测未知物相对分子质量，是目前解决复杂组分的定性最有效工具之一。

2. 色谱-红外光谱仪

红外光谱仪对纯物质有特征性很高的红外光谱图，能用于色谱柱流出物的定性鉴定。但红外光谱灵敏度不高，需要 1mg 以上的样品组分，所以有时采用制备色谱收集馏分进行定性。

第六节　气相色谱定量分析

定量分析的依据是检测器响应信号的大小，色谱图的峰面积 A 或峰高 h 与进入检测器某组分的质量 m 成正比

$$m = fA \qquad （或 m = fh）$$

式中　f——校正因子；

A——峰面积；

h——峰高。

要准确测定某组分的质量 m（或质量分数），必须准确测出峰面积，并预先用标准物测出校正因子 f。

一、峰面积的测量方法

测量峰高比测量峰面积要简便得多，但是峰高与操作条件（柱温、载气流速）有关，其定量的线性范围较窄。因此采用峰高定量要求操作条件十分恒定，峰形窈窕对称，半峰宽度不变。

（一）峰高乘半峰宽法

$$A = hW_{1/2}$$

这是一种近似的测量方法，只有实际面积的 0.94 倍，如作绝对测量应按下式计算

$$A = 1.065hW_{1/2}$$

但是定量分析中作相对计算时，1.065 可以约去，不影响分析结果。此法目前应用最广，但只适宜测对称峰。其测量方法如图 5-25。

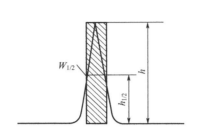 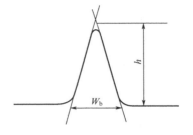

图 5-25　峰高乘半峰高宽测面积　　　　　图 5-26　三角形法测峰面积

（二）三角形测量法

将对称色谱峰看做一个等腰三角形。峰高乘峰底宽之半即为峰面积，如图 5-26。

$$A = \frac{1}{2}hW_b$$

此法亦为近似计算，其绝对峰面积应按下式计算。

$$A = 1.032 \times \frac{hW_b}{2}$$

（三）峰高乘平均峰宽法

在峰高 0.15 和 0.85 处分别测出峰宽，然后取平均值，再乘峰高

$$A = \frac{1}{2}(W_{0.15} + W_{0.85})h$$

此法适宜于测定那些不对称峰并获得较准确的结果。

（四）自动积分

自动电子积分仪是快速、准确的测量工具，精密度可达 $0.2\% \sim 2\%$，不对称峰亦能测出准确结果。目前已逐步推广色谱数据处理机，可准确打印出峰面积。

二、定量校正因子

定量分析中需要应用绝对校正因子和相对校正因子。

（一）绝对校正因子 f_i

绝对校正因子系指某组分 i 通过检测器的量与检测器对该组分响应信号之比。

$$f_i = m_i / A_i \qquad (或 \; f_i = m_i / h_i)$$

式中　f_i——组分 i 的绝对校正因子；

$\quad\quad A_i$——组分 i 的峰面积；

$\quad\quad h_i$——组分 i 的峰高；

$\quad\quad m_i$——组分通过检测器的量，g，mol 或质量分数。

测定方法是将已知量的被测标准物质注入色谱仪，可获得一色谱图，根据进样量和峰面积或峰高，即可计算出绝对校正因子。

【例 5-3】 取含氧量为 21% 的新鲜空气 1ml（或任意准确的体积），注入气相色谱仪，获得一个 42mm 的色谱峰，仪器的衰减 $n=1$，计算峰高表示的绝对校正因子，则

$$f_{氧} = \frac{21}{42 \times 1} = 0.5$$

取相同体积（如 1ml）的样品注入色谱仪，获得 20mm 高的色谱峰（衰减 $n=1$），则氧的体积分数 $\varphi_{氧}$ 可求出（$\varphi_{氧}=10\%$）。

（二）相对质量校正因子

在归一化定量中，需要使用相对校正因子，因为两质量相同的不同物质，在同一检测器上所获得的响应值并不相同。因此不能根据峰面积或峰高所占的比例直接计算物质的含量。可用一标准物质对峰面积或峰高进行校正，用校正后的峰面积或峰高计算物质的含量。

相对质量校正因子是某组分 i 与基准组分 s 的绝对校正因子之比，用 $f'_{i/s}$ 或 $f''_{i/s}$ 表示。

$$f'_{i/s} = \frac{f_i}{f_s} = \frac{m_i/A_i}{m_s/A_s} = \frac{m_i}{m_s} \cdot \frac{A_s}{A_i}$$

$$f''_{i/s} = \frac{f_i}{f_s} = \frac{m_i/h_i}{m_s/h_s} = \frac{m_i}{m_s} \cdot \frac{h_s}{h_i}$$

式中　$f'_{i/s}$——峰面积相对质量校正因子；

　　　$f''_{i/s}$——峰高相对质量校正因子；

　　　f_i——组分 i 的绝对校正因子；

　　　f_s——组分 s 的绝对校正因子；

　　　m_i——组分 i 通过检测器的量；

　　　m_s——基准组分 s 通过检测器的量。

【例 5-4】 苯、甲苯、乙基苯相对校正因子的测定：将一个经过洗净、烘干，带有橡皮塞的小瓶（如空青霉素瓶）在分析天平上准确称量，然后加入苯称量，加入甲苯称量，再加入乙基苯称量，则三者的质量为已知，混匀，取一定量注入色谱仪，获得三个色谱图，测量其峰面积或峰高，以苯为基准物，按上式可计算出相对校正因子 f' 或 f''，如表 5-7。

表 5-7　相对质量校正因子示例

组　分	组分质量/g	峰面积/mm²				峰面积相对质量校正因子 f'
		1	2	3	平均	
苯（基准物）	2.220	442	440	438	440	1.00
甲苯	2.220	429	428	430	430	1.02
乙基苯	2.221	419	422	420	420	1.05

相对质量校正因子 $f'_{i/s}$ 的计算过程如下。

$$f'_{苯/苯} = \frac{m_苯/A_苯}{m_苯/A_苯} = 1.00$$

$$f'_{甲苯/苯} = \frac{m_{甲苯}/A_{甲苯}}{m_苯/A_苯} = \frac{m_{甲苯}}{m_苯} \cdot \frac{A_苯}{A_{甲苯}} = \frac{2.220}{2.220} \cdot \frac{440}{430} = 1.02$$

$$f'_{乙基苯/苯} = \frac{m_{乙基苯}/A_{乙基苯}}{m_苯/A_苯} = \frac{m_{乙基苯}}{m_苯} \cdot \frac{A_苯}{A_{乙基苯}} = \frac{2.221}{2.220} \cdot \frac{440}{420} = 1.05$$

（三）相对校正因子的其他表示方法

上述相对质量校正因子是一种最简便的计算方法，目前，分析工作者采用 f' 相对质量校正因子。但相对校正因子还有以下几种表示方法。

① 相对响应值 $S'_{i/s}$，又叫相对质量响应值。它与相对质量校正因子 $f'_{i/s}$ 互为倒数关系。

$$S'_{i/s}=\frac{A_i/m_i}{A_s/m_s}=\frac{1}{f'_{i/s}}$$

② 相对摩尔校正因子 f'_{Mo} 以摩尔数表示物质的量，则相对摩尔校正因子按下式计算。

$$f'_M=\frac{f_{i(M)}}{f_{s(M)}}=\frac{\dfrac{m_i}{M_i}\Big/A_i}{\dfrac{m_s}{M_s}\Big/A_s}=\frac{A_s M_s m_i}{A_i M_i m_s}=f'_{i/s}\frac{M_s}{M_i}$$

式中　　　M_i——被测物 i 的相对分子质量；

　　　　　M_s——基准物 s 的相对分子质量；

　$f_{i(M)}$，$f_{s(M)}$——组分 i 与 s 的绝对摩尔校正因子。

③ 相对摩尔响应值 $S'_{(M)}$。是相对摩尔校正因子的倒数

$$S'_{(M)}=\frac{S_{i(M)}}{S_{s(M)}}=\frac{A_i m_s M_i}{A_s m_i M_s}=\frac{1}{f'_{(M)}}$$

式中　$S_{i(M)}$，$S_{s(M)}$——绝对摩尔响应值。

④ 相对质量校正因子另一种表示。历史上一些色谱工作者计算相对质量校正因子 F' 与 f' 有如下关系。

$$F'_{i/s}=f'_{i/s}\cdot\frac{M_s}{100}$$

式中　M_s——基准物的相对分子质量。

$F'_{i/s}$ 与 $f'_{i/s}$ 只差一个常数 $M_s/100$，在计算相对含量时可以约去，故 $F'_{i/s}$ 与 $f_{i/s}$ 可通用。早期色谱工作者采用苯作基准物，载气采用氢气或氦气，如表 5-8 中的 f' 值，是由 F' 换算而成的。目前现场应用，多采用 $f'_{i/s}$。

表 5-8　部分热导、氢焰相对质量校正因子 $f'_{i/苯}$[①]

化合物名称	热导 $f'_{i/苯}$	氢焰 $f'_{i/苯}$	化合物名称	热导 $f'_{i/苯}$	氢焰 $f'_{i/苯}$	化合物名称	热导 $f'_{i/苯}$	氢焰 $f'_{i/苯}$
甲烷	1.74	0.87	环己烷	1.06	0.90	正丙醇	1.09	0.54
乙烷	1.33	0.87	环庚烷	—	0.90	异丙醇	1.11	0.47
丙烷	1.16	0.87	苯	1.00	1.00	正丁醇	0.96	0.59
丁烷	1.15	0.92	甲苯	0.99	0.96	异丁醇	1.02	0.61
戊烷	1.14	0.93	乙基苯	0.95	0.92	戊醇	0.98	0.63
己烷	1.12	0.92	对二甲苯	0.96	0.89	丁醛	—	0.55
庚烷	1.12	0.89	间二甲苯	0.96	0.93	庚醛	—	0.69
辛烷	1.09	0.87	邻二甲苯	0.93	0.91	丙酮	1.15	0.44
壬烷	1.08	0.88	异丙苯	0.92	0.87	甲酸	—	0.009
癸烷	1.09	—	正丙苯	0.95	0.90	乙酸	—	0.21
十一烷	0.99	—	乙烯	1.33	0.91	丙酸	—	0.36
异丁烷	1.10	—	乙炔	—	0.96	丁酸	—	0.43
异戊烷	1.10	0.94	甲醇	1.34	0.21	乙酸乙酯	0.99	0.34
环戊烷	1.09	0.93	乙醇	1.22	0.41	苯胺	0.95	0.67

① 载气为氦。

三、定量方法

（一）归一化（又名归一法）定量

气相色谱分析最常用又较准确的方法，但此法若要归一为质量分数，则要求所有组分都出峰，若部分组分不流出色谱柱，不出峰，但其质量分数已知，仍可用归一化法定量。

假设样品中有 4 个组分，且都出峰，如图 5-27。

当 4 个组分为同系物或同分异构体，其相对质量校正因子相同或相近似，则各组分含量可按下式计算

$$m_i = \frac{A_1}{\sum A} \times 100\%$$

若被测物不为同系物，由于同一检测器，对不同组分响应值不同，即等量的两物质产生的峰面积不一定相等，因此峰面积还得乘相对质量校正因子，归一法应按下式准确计算。

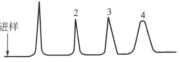

图 5-27 归一化定量

$$m_i = \frac{A_1 f'_{1/s}}{A_1 f'_{1/s} + A_2 f'_{2/s} + A_3 f'_{3/s} + A_4 f'_{4/s}} \times 100\%$$

【例 5-5】 用热导池检测器分析乙醇、庚烷、苯和乙酸乙酯的混合物，分析数据如下：

化合物	峰面积/cm²	相对质量校正因子 $f'_{i/苯}$	化合物	峰面积/cm²	相对质量校正因子 $f'_{i/苯}$
乙醇	5.0	1.22	苯	4.0	1.00
正庚烷	9.0	1.12	乙酸乙酯	7.0	0.99

$$w(乙醇) = \frac{5.0 \times 1.22}{5.0 \times 1.22 + 9.0 \times 1.12 + 4.0 \times 1.00 + 7.0 \times 0.99} \times 100\%$$

$$= \frac{5.0 \times 1.22}{27.11} \times 100\% = 22.50\%$$

$$w(庚烷) = \frac{9.0 \times 1.12}{27.11} \times 100\% = 37.18\%$$

$$w(苯) = \frac{4.0 \times 1.0}{27.11} \times 100\% = 14.75\%$$

$$w(乙酸乙酯) = \frac{7.0 \times 0.99}{27.11} \times 100\% = 25.56\%$$

文献上发表的相对校正因子能否直接引用？如果使用氢气作载气，一般认为可以直接引用。不过，分析工作者大都自己在样品中任找一基准物，用纯物质自己测定相对校正因子。

归一化定量的优点是不需要准确进样，如果色谱峰为已知峰，且不自己测定相对校正因子，则也不需要标准纯物质。

（二）内标法定量

这是一种常用且较准确的定量方法。当组分不能全部流出色谱柱，或检测器对样品中某些组分不产生信号，或只测定样品中某一组分，采用内标法可获得准确结果。

内标法定量是将一定量的纯物质作为内标物，加入到已准确称量的样品中去，根据被测组分的峰面积（或峰高）和内标物的峰面积（或峰高），计算出被测组分的含量。内标法又可分相对因子计算法和工作曲线法。

1. 相对质量校正因子定量法

（1）计算公式的推导　设被测物含量为 m_i，内标物为 m_s，则有

$$m_i = f_i A_i$$
$$m_s = f_s A_s$$

两式相除得

$$\frac{m_i}{m_s} = \frac{f_i A_i}{f_s A_s}$$

$$m_i = m_s \cdot \frac{f_i}{f_s} \cdot \frac{A_i}{A_s}$$

$$w_i = \frac{m_i}{m_{样}} \times 100\% = \frac{m_s}{m_{样}} \cdot \frac{f_i}{f_s} \cdot \frac{A_i}{A_s} \times 100\%$$

即

$$w_i = \frac{m_s}{m_{样}} \cdot f'_{i/s} \cdot \frac{A_i}{A_s} \times 100\%$$

式中　$f'_{i/s}$——相对质量校正因子，由分析者自行测定。

（2）乙醇中微量水的测定　色谱条件见表 5-6 中的图 10。

① f'_{H_2O/CH_3OH} 的测定　称量已洗净烘干的小瓶，再加入纯水和无水甲醇分别称量，若得水的净质量为 1.8333g，甲醇净质量 2.3501g，将其混匀，并注入数微升至色谱仪，可得色谱图。若从图 5-28 中测得 $A_{甲醇} = 2.5 \text{cm}^2$，测得 $A_{水} = 3.4 \text{cm}^2$，则

$$f'_{水/甲醇} = \frac{m_{水}}{m_{甲}} \cdot \frac{A_{甲醇}}{A_{水}} = \frac{1.8333}{2.3501} \times \frac{2.5}{3.4} = 0.5736$$

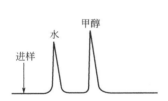

图 5-28　内标法测相对质量校正因子

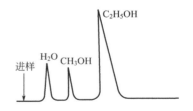

图 5-29　内标法测乙醇中微量水

② 乙醇样品的测定　将已洗净烘干的小瓶称量，加入乙醇样品称量，再加入内标物无水甲醇称量。若称得样品质量为 4.3726g，甲醇 0.088g，混匀，取 1μl 注入色谱仪可获得如图 5-29 色谱图。若从图中测得 $A_{水} = 5.6 \text{cm}^2$，$A_{甲醇} = 1.2 \text{cm}^2$
则

$$w(H_2O) = \frac{m_{甲醇}}{m_{样}} \cdot \frac{A_{水}}{A_{甲醇}} \cdot f'_{水/甲醇} \times 100\% = \frac{0.0880}{4.3726} \times \frac{5.6}{1.2} \times 0.5736 \times 100\% = 5.39\%$$

内标法进样量不需要严格控制，且准确度高，但每次都需要称量样品及内标物，不宜快速分析。

2. 工作曲线法

① 如果每次称取同样量的样品和加入等量的内标物，则

$$w_i = \frac{m_s}{m_{样}} \cdot f'_{i/s} \cdot \frac{A_i}{A_s} \times 100\% = \frac{A_i}{A_s} \times 常数$$

即被测物含量与 A_i/A_s 有正比关系，按此关系可绘制工作曲线，如图 5-30。

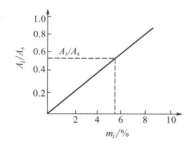

图 5-30　内标法工作曲线（Ⅰ）

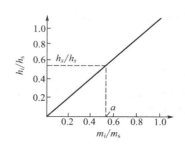

图 5-31　内标法工作曲线（Ⅱ）

分析样品时，加入与标准曲线相同量的内标物，混匀进样，测出被测组分与内标物峰面积（或峰高）比值，可从工作曲线上找出被测组分含量。

此法适宜于工厂控制分析，若用量取体积代替称量，则分析速度更快。

② 如果每次称样量不同，每次加入内标物的量亦不同，则可绘制如图 5-31 的工作曲线。

测定样品时，可准确称取适量的样品和内标物，混匀进样，测定其峰高比（或峰面积比），从工作曲线上找出质量比值 a，按下式计算含量

$$m_i = \frac{m_s}{m_{样}} \cdot a$$

（三）外标法定量

外标法是用标准样品校正定量，此法计算比较简单，操作也很方便，只是需要准确的进样量。例如气体分析，进样量以毫升为单位，进样引起的相对误差较小，所以多用外标法定量。

1. 工作曲线法

在一定操作条件下，将已知浓度的纯样品，配成不同浓度的标样，分别进样作色谱图。如某气体样品中 CO_2 含量的测定，先将纯 CO_2 用氮气稀释成不同浓度，各进样一定体积（如 1ml），测量各峰高 h（或峰面积 A）与 CO_2 对应的含量作工作曲线，如图 5-32。

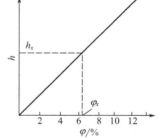

图 5-32　工作曲线法定量

测定未知样品时，注入与标样相同体积的气体样品，测出其中 CO_2 的峰高（或峰面积），即可从曲线上找出 CO_2 含量。

2. 比较法

如果随时可以找到标样，可用比较法定量，即先进标样，随即进同体积的样品，测出峰高（或峰面积），按下式可计算被测组分 i 的含量。

$$m_i = h_i \frac{m_s}{h_s}$$

式中　m_i，h_i——被测组分的含量及峰高；

　　　m_s，h_s——被测组分标准物的含量及峰高。

3. 单点绝对校正因子法

单点绝对校正因子（f_i）定量法又称单点系数（K）法。此法是固定的操作条件下，先测得标样中被测组分的峰高 h_s（或峰面积），根据组分 i 的已知含量 m_s 及衰减倍数 n 可计算

出绝对校正因子 f_i（或称单点系数 K）。

$$f_i = \frac{m_s}{h_s n}$$

只要操作条件不变，f_i 可使用较长一段时间。测定样品时，在同一操作条件下、注入与标样同体积的样品，测出被测组分 i 的峰高 h_x，即可根据绝对校正因子计算出被测组分的质量分数或体积分数。

$$\rho_i = f_i h_i n \quad 或 \quad \phi_i = f_i h_i n$$

【例 5-6】 氮肥厂半水煤气中 O_2、N_2、H_2、CH_4、CO 的测定。

① 用标样测出校正因子 f_i：将半水煤气灌装在钢瓶中，保持一定压力，然后用奥氏气体分析器或其他方法分析此气体，经多次分析获得准确结果，可作标样；也可买来商品钢瓶标样。用六通阀将标样注入色谱仪，获得色谱图，测出各组分峰高，即可算出各组分的绝对校正因子。例如已知 CO_2 的体积分数为 $0.12(12\%)$，测得 $h_{CO_2} = 30mm$，衰减为 $\frac{1}{2}(n=2)$。则 CO_2 的绝对校正因子 f_{CO_2} 可求出。

$$f_{CO_2} = \frac{12\%}{30 \times 2} = 0.002$$

② 样品的测定：在相同操作条件下，用同一六通阀进样，获得 O_2、N_2、CO_2、CH_4、CO 一组色谱峰，如图 5-33。

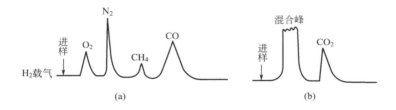

图 5-33　双柱双气路并联半水煤气色谱图
(a) 2m 分子筛柱；(b) 1m 硅胶柱或有机 401 柱

若测得 $h_{CO_2} = 25mm$，则 CO_2 体积分数可按下式算出

$$\varphi(CO_2) = f_{CO_2} h_{CO_2} n = 0.002 \times 25 \times 2.0 = 0.1 = 10\%$$

其他气体的测量计算方法相同。

四、色谱数据处理机在气相色谱定量分析中的应用

色谱数据处理机既能记录色谱峰，又能打印保留时间，还能自动积分各色谱峰的峰面积和各组分的含量。现以 CDMC-1CX 型色谱数据处理机为例，简介在气相色谱在定量分析中的应用。

（一）色谱数据处理机

CDMC-1CX 色谱数据处理机是色谱分析的专用微机。操作人员只需设置各类分析参数、计算参数，处理机将自动完成色谱信号的采集、峰形分割处理和测量，执行各种计算方法，打印保留时间，色谱峰及峰面积，并能定量计算分析结果。图 5-34 是 CDMC-1CX 色谱数据处理机的控制面板。表 5-9 为面板灯、键、开关说明。

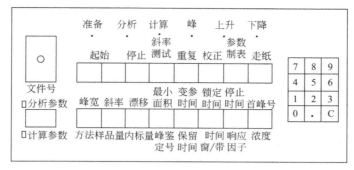

图 5-34　CDMC-1CX 色谱数据处理机控制面板

表 5-9　面板灯、键、开关说明

名　称	功　能	说　明
电源	电源开关位于机器右侧前部	接通电源 10min 后,机器稳定
信号线	接于机器右侧后部	二信号线由主机输出端相连接
准备灯	准备分析	接通电源,初始化完成后,此灯亮
分析灯	表示进入分析阶段	按下"起始键"灯亮
计算灯	表示进入定量计算阶段	按下"停止键",灯亮
峰灯	表示进来的信号是灯	鉴别是出峰时候,灯亮
上升灯	表示输入信号是增加	输入信号增加,灯亮
下降灯	表示输入信号是减少	输入信号减少,灯亮
文件号	文件号拨轮从 0~9	准备灯亮时,拨动字轮选择文件号
起始	开始分析	按下此键,分析灯亮,同时执行设置的程序,并自动锁住停止键以外的其他各键
停止	分析结果计算开始	为了早于所设置的时间,按停止键,即结束分析
斜率测试	自动设置斜率	根据(峰宽×10)s 自动设置斜率并打印出来
重复	重复计算	按照设置的参数和已经得到的保留时间和面积数据重新计算
校正	设置求响应值的平均值	记入校准分析的字数,最多 9 次若置入 0.1,则本次分析作废
参数列表	打印分析参数	转换开关处于"分析参数",即弹起位置,可设置面板下排键的上方参数"峰宽"~"峰号"
走纸	打印走纸机	按此键,打印纸向前连续走动
峰宽	最小峰宽(5s)	以最小峰的半宽来设置
斜率/(μV/min)	峰的检测灵敏度起点至峰终点	此项参数由"斜率测试"键自动测定。仪器原设定 70μV/min
漂移/(μV/min)	确定基线变化的程度。(O):自动修正	按"漂移",设置"O",则自动修正
最小面积	最小面积(10)	如果设"10",则小于 $10(\mu \cdot$s)的面积,机器将自动删除
变参时间	改变峰宽与斜率的时间间隔。(O):自动	每过一段设置的时间间隔,峰的检测灵敏度和峰宽加倍,斜率值减半。置"O"时,自动改变
锁定时间	删除不相关峰的时间。"O"不删除	将某段时间出的峰锁定,可删除不需要的峰

续表

名　称	功　能	说　明
停止时间	分析结果时间,机器原设置为 1000min	不按"停止"键,需 1000 才会结束分析,转入计算。时间可任意设置。一般可手工按"停止"
首峰号	ID 表编号中的最小编号,时间程序中首步号(1)	一般不需设置,如果将第二个峰(或者更大编号峰)设为首峰,则需设置
峰鉴定号	组分编号或时间程序的步号	编制 ID 表或时间程序使用。①在内标法中给内标峰为第一个编号;②通过本键分析时的年、月、日、时;③测量时输入电平;④设走纸速度及记录器灵敏度
保留时间/min	标准保留时间	定性依据
时间窗/带	时间窗或时间带	相对于标准保留时间而言的一个允许区域,单位为 min
响应因子	即校正因子	求校正因子(如相对质量校正因子加以设置)
浓度	标准样中组分浓度	求相对校正因子时,设置
方法	分析、计算方法(51)	51 法:面积归一法(机内已设定此程序) 52 法:修正面积归一法 53 法:内标法 54 法:外标法 ……
样品量/mg 或 ml,μg	样品的质量或校正因子的测定的标样量(100)	使用内标法,校正因子的修正面积归一法等需输入样品量。不可设置"0"
内标量/mg 或 μg	内标质量(1)	采用内标法时,需输入内标物的数量
参数保护开关	位于机底板	开关向右时切断电源,所有设置好的参数都能保护。开关向左,重新接通电源后,需重新设置各参数。机器长期不用,开关应向左,以免内装镍铬电池失效

（二）应用

1. 归一法测叔丁醇、仲丁醇、异丁醇

（1）色谱条件

① 色谱柱：$\phi 3$，402 有机担体，2m 柱。

② 柱温：140℃。

③ 检测器：TCD。

④ 载气：H_2。

（2）按表 5-10 操作程序操作

表 5-10　归一化操作程序

序号	操　作	初始值	单位	说　明
1	"文件号"			选择文件号(0~9),1 个文件号可设一程序
2	"分析参数"			弹起位置
3	"峰宽"	5	s	最小峰宽。以最窄半高处的峰宽设置
4	"斜率"	70	μV/min	仪器可自动设置。不另设置
5	"漂移"	0	μV/min	基线漂移,设置为"0",实行自动处理
6	"最小面积"	10	μV·s	最小面积。小于 10 者弃去,不归一化计算

续表

序号	操 作	初始值	单位	说　明
7	"变参时间"	0	min	改变参数的时间间隔。设置"0",实行自动处理
8	"锁定时间"	0	min	不锁定,不删除色谱峰
9	"停止时间"	1000	min	分析结束的时间。提前则手按"停止"
10	"首峰号"	1		一般第一个峰为首峰号,也可将后面峰设为首峰号
11	检查色谱 的平衡 0 点			按"900"再按"峰鉴定号",如打印出来的输入电平在 −200 ～ +1000,则 0 点已调好
12	"斜率测试"			当按此键,打印出斜率所要的时间,这就是斜率的自动设置
13	"方法"	51		归一化法
14	注入样品按"起始"			峰出完了,按"停止",机器即自动计算出分析结果,如图 5-35

从图 5-35 中可以看出,按 "起始" 键,即打印 "start" 并开始分析,第一个为杂质峰,
保留时间 0.25min;第二个峰为叔丁醇,保留
时间 为 1.00min,含量 27.042%,峰 面 积
19981μV·s;第三个峰为仲丁醇,保留时间为
1.89min,含量 35.079%,峰面积 25819μV·
s;第四个峰为异丁醇,保留时间为 2.45min,
含量 37.853%,峰面积 27969μV·s。色谱实
验时间:11-17　15-57,即(2007 年)11 月 17
日 15 时 57 分。

2. 修正面积归一法

修正面积归一法,即峰面积乘一个相对质
量校正因子。对于非同系物,要获得准确分析
结果,必须乘 $f'_{i/s}$ 修正,由于二物质的质量
相同而产生的峰面积不等所带来的误差。采用
色谱数据处理机来计算各组分的含量步骤如
下:①采用 51 归一法,测出标准混合物中各

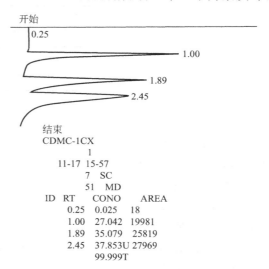

图 5-35　叔丁醇、仲丁醇、异丁醇色谱图

组分的保留时间;②采用配制好的标准混合物用 52 方法编制 ID 表,即确定首峰号 1(相对
质量校正因子的标准比较物 s),并输入各组分的质量分数或体积分数;③注入标准混合物,
按 "起始" 即可打印出相对质量校正因子;④注入样品,按 "起始",即可打印出样品中各
组分的质量分数或体积分数。此法需经多日实践才能熟练掌握。

内标法测定步骤大体上与修正面积归一法相似(53 方法)。

第七节　基本理论及操作条件的选择

一、气相色谱的分离过程

多组分样品通过色谱柱能达到彼此分离的目的,下面简述分离过程。

(一) 气-固色谱

当色谱柱填充物为吸附剂时,样品由载气带入柱子,组分被吸附剂吸附,后面载气继续

流过时，吸附着的被测组分又被洗脱下来，这种洗脱下来的现象称脱附。脱附了的组分又随着载气继续前进，又被新的吸附剂吸附，随着载气的流动，被测组分在吸附剂表面进行反复的吸附→脱附→吸附→脱附的循环过程。由于各组分的性质不同，在吸附剂表面的吸附能力就有差异，吸附力小的先流出色谱柱，先出峰；吸附力大的后流出色谱柱后出峰。经过色谱柱一段距离后，各组分就达到了彼此分离，依次排队流出色谱柱，经过检测器和记录系统，形成了一系列色谱峰。图 5-36 是以氢气作载气，O_2、N_2 在 50nm 分子筛柱中分离过程示意图。

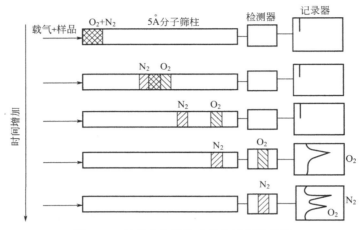

图 5-36　组分在色谱柱中分离过程示意图

氧的吸附能力小于氮的吸附能力，所以氧先流出色谱柱，并随着载气进入检测器转变为电信号，由记录器进行记录而获得色谱峰。氮后流出色谱柱后出峰。

（二）气-液色谱

气-液色谱中，组分彼此分离的原理是基于不同组分在固定液中溶解度不同。当载气携带样品与固定液接触时，各组分就可能溶解到固定液中去，后面来的新鲜载气又将溶解在液相中的组分洗脱挥发出来，继续前进，又溶于液相，如此循环，经过千百次的溶解→洗脱挥发→溶解→再洗脱挥发。由于各组分在固定液中的溶解度不同，溶解度大的不易洗脱挥发，后流出色谱柱，后出峰。溶解度小的在柱中滞留时间短，先流出色谱柱先出峰。

（三）分配系数

组分在固定相和流动相之间发生的吸附、脱附或溶解、挥发的过程叫分配过程。被测组分根据吸附和溶解能力的大小，以一定比例分配在固定相和气相之间，溶解度大或吸附力大的组分，分配在固定相的量就多些，分配在气相（流动相）中的量少些。反之，溶解度小或吸附力小的组分，在固定相中的量小于流动相（气相）中的量。

当温度一定，两相达到平衡时，组分在两相中的浓度比称分配系统 K。

$$K = \frac{c_{固}}{c_{气}}$$

式中　$c_{固}$——组分在固定相中的浓度；

　　　$c_{气}$——组分在气相中的浓度。

K 值的大小反映了物质吸附或溶解能力的大小，K 值愈大，组分在柱中滞留时间愈长，K 值小，组分在柱中滞留时间短。所以气相色谱分离的基本原理是由于不同组分在两相中具有不同的分配系数而达到组分的彼此分离。

（四）分配比

又名分配容量、容量因子，定义为平衡状态时，组分在固定液中的质量（P）与组分在流动相中的质量（q）之比值：

$$K' = \frac{P}{q}$$

二、塔板理论与柱效率

最早由马丁（Martin）等提出的塔板理论，是用塔板数的概念描述色谱柱中的分离过程，以塔板数的多少，衡量柱效能高低。塔板概念是从蒸馏塔中借用来的，实际色谱柱中并无塔板。塔板理论亦称平衡理论，主要是把气液色谱过程看成组分在固定液里溶解平衡的过程。

（一）基本假设

塔板理论建立在以下几点假设之上。

① 载气以脉冲式进入柱子，每次进入柱子的最小体积为一个塔板的体积。

② 在每一塔板高度 H 内，组分在两相中瞬间能达到平衡。

③ 所有组分开始都加在零号塔板上，组分的纵向扩散可以忽略。

④ 分配系数在每块塔板上都是一个常数。

（二）理论塔板数

理论塔板数（n）是柱效能指标，它反映了各组分在两相中的分配情况。气液两相中组分分配，瞬间是不能达到平衡的，但经过一定柱长后，组分在气液两相就能达到平衡，这一小段柱长称理论塔板高度，简称塔板高 H。常以理论塔板数 n 和理论塔板高度 H 来评价色谱柱效能，对于长度一定的色谱柱，板高 H 越小，则理论塔板数 n 越大，组分在两相中达到平衡的次数也越多，色谱峰的区域宽度也越窄，分离能力也越大，柱效就高。常用气相色谱填充柱的板高 H 为 1mm 左右，所以 1m 长的色谱柱约 1000 个理论塔板数。板高 H 与柱长 L 有如下关系

$$H = \frac{L}{n}$$

理论塔板数 n 与色谱峰宽，保留时间有如下关系

$$n = 5.54 \left(\frac{t_R}{W_{1/2}} \right)^2$$

或

$$n = 16 \left(\frac{t_R}{W_b} \right)^2 = \left(\frac{t_R}{\sigma} \right)^2$$

从以上二式可以看出，保留时间愈长、色谱峰宽愈小，则塔板数 n 愈多，塔板高度 H 就愈小，则柱效就高。

由于死时间 t_M 或死体积 V_M 的存在，有时计算出来的 n 很大，H 很小，而色谱柱的实际分离能力并不好。故需要扣除死时间 t_M 来计算，则塔板高度改为有效塔板高度 $H_{有效}$、有效塔板数 $n_{有效}$ 来表示。

$$n_{有效} = 5.54 \left(\frac{t_R'}{W_{1/2}} \right)^2$$

或

$$n_{有效} = 16 \left(\frac{t_R'}{W_b} \right)^2$$

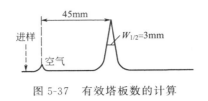

图 5-37　有效塔板数的计算

$$H_{有效} = \frac{L}{n_{有效}}$$

【例 5-7】　根据图 5-37 计算有效塔板数。

解

$$n_{有效} = 5.54\left(\frac{t_R{}'}{W_{1/2}}\right)^2 = 5.54\left(\frac{45}{3}\right)^2 = 1246.5（块）$$

三、速率理论与影响柱效率的因素

塔板理论是半经验理论，它以分配平衡为依据，以保留值与色谱峰的区域宽度，可计算出塔板数，评价柱效高低。但是色谱峰变宽（扩张）的原因不能解释。这是因为塔板理论建立在不全符合实际的几点假设之上，例如纵向扩散可以忽略，把连续的色谱过程分割成为许多塔板来处理，认为色谱仅是一个分配问题。因此塔板理论有很大的局限性，故不能解释峰的扩张，也不能解释载气流速不同，所得塔板数亦不同这一事实。

塔板理论计算塔板数 n，主要由峰宽和保留时间两个参数来确定，而保留值主要由固定液性质及柱温决定，即组分的保留值受热力学因素的影响和控制，而峰宽主要受载气流速、传质、扩散等动力学因素的影响和控制。1956 年范第姆特（Van Deemter）等人在动力学基础上提出了速率理论，仍用塔板高度的概念，把色谱分配过程与分子扩散和在气液两相中的传质过程联系起来，解释了影响板高 H 的各种因素和色谱峰扩张的原因。

（一）范第姆特方程

范第姆特等人认为色谱峰扩张的原因是受涡流扩散、分子扩散、气液两相传质阻力的影响，因而导出速率方程或称范氏方程。

$$H = 2\lambda d_p + \frac{2\gamma D_g}{u} + \left[\frac{0.01K'^2 d_p^2}{(1+K')^2 D_g} + \frac{2K' d_f^2}{3(1+K')^2 D_L}\right]u$$

式中　λ——固定填充不均匀因子；

　d_p——担体的平均颗粒直径，cm；

　γ——担体颗粒大小不同而引起的气体扩散路径弯曲因子，简称弯曲因子；

　D_g——组分在气相中的扩散系数，cm^2/s；

　K'——分配比；

　d_f——固定液在担体上的液膜厚度，cm；

　D_L——组分在液相中的扩散系数，cm/s；

　u——载气在柱中的平均速度，cm/s。

范氏方程可简化为下式：

$$H = A + \frac{B}{u} + Cu$$

式中　A——涡流扩散项；

　B/u——分子扩散项；

　Cu——传质阻力项。

从上式可以看出，要塔板高度 H 小、柱效高，则要求减小涡流、传质阻力和分子扩散。

（二）范氏方程的讨论

1. 涡流扩散项（A）

$$A = 2\lambda d_p$$

涡流扩散项也称多路效应项。它与填充物平均颗粒直径 d_p 有关，也与填充不均匀因子 λ 有关，颗粒愈小，则塔板高度 H 也愈小，柱效则高。

气相色谱中，由于载气携带样品前进时，会碰到填充物的颗粒，不断改变前进方向，由于颗粒大小不可能全同，则各分子走过的路程不同，使被测组分分子形成紊乱似涡流的流动，如图 5-38。

图 5-38　多路效应图

图中三个起点相同的组分，由于在柱中通过的路径长短不一，结果三质点不同时流出色谱柱，造成了色谱峰扩张。

2. 分子扩散项（B/u）

$$B = 2\gamma D_g$$

B 称分子扩散系数，它与组分在气相中的扩散系数 D_g、填充柱的弯曲因子 γ 有关。对于空心柱 $\gamma = 1$；对于填充柱，由于颗粒使扩散路径弯曲，所以 $\gamma < 1$；硅藻土担体 γ 为 $0.5 \sim 0.7$。

分子扩散也叫纵向扩散，这是因为载气携带样品进入色谱柱后，样品组分形成浓差梯度，因此产生浓差扩散，由于沿轴向扩散，故称纵向扩散。

分子扩散与组分停留在气相中的时间成正比，滞留时间愈长，分子扩散也愈大，所以加快载气流速 u 可以减少由于分子扩散而产生的色谱峰扩张。

气相扩散系数 D_g，随载气和组分的性质、温度、压力而变化，D_g 通常为 $0.01 \sim 1 cm^2 / s$，而组分在液相中的扩散系数 D_L 较 D_g 小 $10^4 \sim 10^5$ 倍，所以组分在液相中的扩散系数 D_g 近似地与载气相对分子质量的平方根成反比，所以使用相对分子质量大的载气可以减小分子扩散。

3. 传质阻力项（Cu）

$$C = C_g + C_L$$

（1）气相传质阻力系数（C_g）

$$C_g = \frac{0.01 K'^2 d_p^2}{(1 + K')^2 D_g}$$

气相传质阻力就是组分分子从气相到两相界面进行交换时的传质阻力，这个阻力会使柱子的横断面上的浓度分配不均匀。这个阻力越大，所需时间越长，浓度分配就不均匀，峰扩展就越严重。

气相传质阻力系数 C_g 与 d_p 成正比，故采用小颗粒的填充物，可使 C_g 减小，有利于提高柱效。C_g 与 D_g 成反比，组分在气相中的扩散系数越大，气相传质阻力越小，故采用 D_g 较大的 H_2 或 He 作载气，可减小传质阻力，提高柱效。但载气线速度 u 增大，可使传质阻力增大，降低柱效。

（2）液相传质阻力系数（C_L）

$$C_L = \frac{2 K' d_f^2}{3 (1 + K')^2 D_L}$$

液相传质阻力是指组分从气液界面到液相内部，并发生质量交换，达到分配平衡，然后又返回气液界面的传质过程。这个过程是需要时间的，在流动状态下，因为气液之间的平衡不能瞬时完成，使传质速度受到一定限制。同时组分进入液相后又要从液相洗脱出来，也需要时间，与此同时，组分又随着载气不断向柱出口方向运动，气液两相中的组分距离越远，色谱峰扩展就越严重，载气越快就越不利于传质，所以减小载气流速，可以降低传质阻力，提高柱效。

液相传质阻力系数 C_L 与液膜厚度 d_f^2 成正比与组分在液相中的扩散系数 D_L 成反比。所以固定液液膜薄有利于液相传质，不使色谱峰扩展。但固定液过薄，将会影响样品的容量，降低柱的使用寿命。组分在液相中的扩散系数 D_L 越大，越有利于传质，但柱温对 D_L 影响较大，柱温增加 D_L 增大而 K' 值变小，即提高柱温有利于传质，减少峰形扩张；降低柱温，则有利于分配，即有利于组分分离（K' 值增大）。所以必须选择适宜的温度来满足具体样品的要求。

综上所述，要使 H 小柱效高，在操作应用上应注意以下几点。

① 选择颗粒较小的均匀填料。

② 在不使固定液粘度增大太多的前提下，应在最低温度下操作。

③ 用低比例固定液（5%～15%）。

④ 按实际情况选择载气，如果主要防止分子扩散和峰形扩张，则可选用相对分子质量大者作载气（如 N_2、Ar）。

⑤ 选择最佳载气流速。

四、分离度

理论塔板数 n 或理论塔板高度 H 可衡量柱效率，n 越大或 H 越小则柱效越高，因此 n 或 H 可以评价柱效率的指标。但 n、H 只是根据一个组分的保留时间和峰宽计算出来，以说明其柱效，但并不说明相邻两组分已经分离开了。为了说明物质对的分离情况，可用分离度来量度，分离度 R 定义为两相邻组分保留时间之差与峰底宽度之和之半的比值。

$$R = \frac{t_{R(2)} - t_{R(1)}}{[W_{b(1)} + W_{b(2)}]/2} = \frac{2\Delta t_R}{W_{b(1)} + W_{b(2)}}$$

【例 5-8】 已知图 5-39 中 $t_{R(2)} = 249.3mm$，$t_{R(1)} = 240mm$，峰底宽 $W_{b(1)} = 6.0mm$，$W_{b(2)} = 6.4mm$，求分离 R。

解

$$R = \frac{t_{R(2)} - t_{R(1)}}{[W_{b(1)} + W_{b(2)}]/2} = \frac{249.3 - 240}{(6 + 6.4)/2} = 1.5$$

计算表明，$R < 0.8$，两组分不能完全分离；$R = 1.0$ 时，两组分重叠约 2%；$R = 1.5$ 可达完全分离。

R 值越大，分离越好。为了增加 R 值，除选择好固定液之外，在操作上可以降低柱温，增加柱长，但过多的降低柱温、增加柱长会使峰形扩展，得不到苗条对称的色谱峰，为此需要对操作条件进行最优化选择。

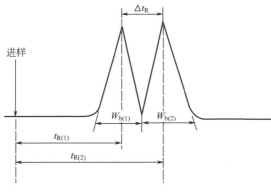

图 5-39 分离度 R 的计算

五、气相色谱操作条件的选择

气相色谱分析中，要快速有效地分离一个复杂样品，关键是选择一根最佳色谱柱进行分离，并对柱操作条件进行选择。

（一）载气的选择

气相色谱最常用的载气是 H_2、N_2、Ar、He，在较老的体积色谱中，使用 CO_2 作载气。

选择何种气体作载气，首先要考虑何种检测器。如果使用 TCD 检测器时，选用 H_2 或 He 作载气，则灵敏度高很多，H_2 载气还能延长热敏元件钨丝的使用寿命；氢火焰检测器则用 H_2 或 N_2 都可以，有人认为 N_2 载气灵敏度还高一点，前面已叙述过，N_2 载气可减少被测组分分子的扩散；电子捕获检测器常用 N_2 作载气（纯度要求大于 99.99%）；火焰光度检测器常采用 N_2 或 H_2 作载气。

被测组分在载气中的扩散系数 D_g 与载气性质有关，D_g 与载气的相对分子质量平方根成反比，选用相对分子质量较大的 N_2 或 Ar，可以使 D_g 减小，从而减小分子扩散系数 B，有利提高柱效。但选用相对分子质量小的 H_2 作载气，能使 D_g 增大，可以减小传质阻力系数 C_g，也能提高柱效。因此使用低流速载气时宜选用相对分子质量大的 N_2 或 Ar，使用高流速载气时，宜选用相对分子质量小的 H_2 或 He。

（二）载气流速的选择

载气流速对柱效率和分析速度都产生影响，根据范氏方程，载气流速慢有利于传质，即有利于组分的分离；但载气流速快，有利于加快分析速度，减少分子扩散，使色谱峰苗条。实际工作中要根据具体情况选择最佳流速。

最佳载气流速一般通过实验来选择，其实验方法是：

① 选择好色谱柱、柱温和最低载气流速（ml/min 或 cm/s）；

② 注入一定体积（如 $1\mu l$ 苯）的被测组分，获得一色谱峰，测出 t_R 和 W_b（或 $W_{1/2}$）可计算出塔板数 n_1，根据柱长 L 可计算出塔板高度 H_1；

③ 改变载气流速，如 u_2、u_3、$u_4 \sim u_{10}$，则分别注入同样体积的被测组分（如 $1\mu l$ 苯），分别可测出 H_2、H_3、$H_4 \sim H_{10}$（塔板高度）；

④ 以载气流速（u 或 v）作横坐标，以 H 作纵坐标，可获得图 5-40 的曲线。

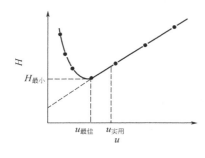

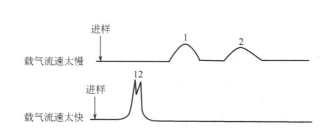

图 5-40　板高与载气流速的关系　　　　图 5-41　载气流速对分离的影响

图中曲线的最小 H 值所对应的载气流速 $u_{最佳}$，即为柱效率较高的最佳流速，但是使用最佳流速时需要较长的分析时间。在实际工作中，为了加快分析速度，往往采用比 $u_{最佳}$ 大的 $u_{实用}$，实用最佳流速可用切线法求得，切点所对应的横坐标，即为 $u_{实用}$。对于内径为 $3\sim 4mm$ 填充柱，常用流速为 $20\sim 80ml/min$。

载气流速慢有利于分离，但太慢会使峰形扩展，太快则物质对分离不开，如图 5-41。

（三）色谱柱的选择

色谱柱形、柱内径、柱长均可影响柱效率。一般直形管柱高于 U 形、螺形及盘形，但后几种体积小，为一般仪器常用。

填充柱内径过小易造成填充困难和柱压降增大，给操作者带来麻烦，故一般选择内径 3～4mm。柱子长，有利于分离，但柱子太长，使柱压降增大，保留时间长，甚至出现偏平峰，使分析速度慢且影响分析的准确性，故色谱填充柱常采用1～2m。并采用以下经验公式计算所需最佳柱长，既要求完全分离相邻组分，又使色谱峰完美所需最短柱长。

$$L_{所需} = \frac{R^2_{所需}}{R^2_{原来}} \cdot L_{原来}$$

式中　$L_{所需}$——色谱柱所需柱长；

$L_{原来}$——测试分离度$R_{原来}$所使用的柱长；

$R_{所需}$——1.5；

$R_{原来}$——在$L_{原来}$的色谱柱上测得的分离度。

【例5-9】　在4m色谱上分离某分离对，获得如图5-42色谱。要计算出：塔板数n，有效塔板数$n_{有效}$，相对保留值$r_{1,2}$，分离度R，所需最短柱长$L_{所需}$。

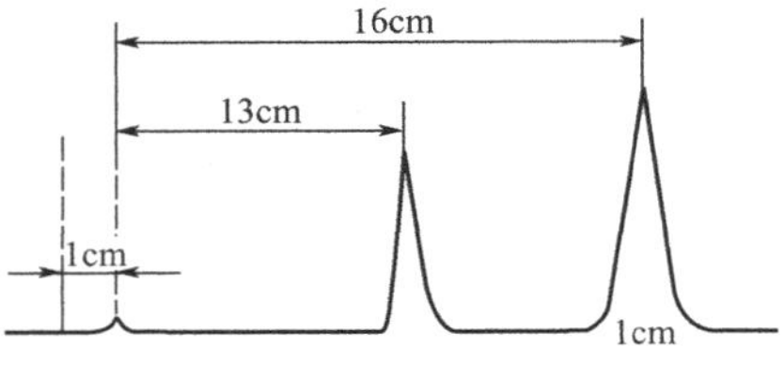

图 5-42　所需柱长的计算

① $n = 16\left(\frac{t_R}{W_b}\right)^2 = 16\left(\frac{16+1}{1}\right)^2 = 4624$（块）

② $n_{有效} = 16\left(\frac{t_R'}{W_{b(2)}}\right)^2 = 16\left(\frac{16}{1}\right)^2 = 4096$（块）

③ $r_{1,2} = \frac{t_{R(1)}'}{t_{R(2)}'} = \frac{13}{16} = 0.8125$

④ R（即$R_{原来}$）

$$n_{有效} = 16\left(\frac{t_{R(1)}}{W_{b(1)}}\right)^2 = 16\left(\frac{13}{W_{b(1)}}\right)^2 = 4096$$

$$W_{b(1)} = \sqrt{16 \times \frac{13^2}{4096}} = \sqrt{0.66} = 0.81(cm)$$

$$R = \frac{t_{R(2)} - t_{R(1)}}{(W_{b(1)} + W_{b(2)})/2} = \frac{(17-14)}{(0.81+1)/2} = 3.3$$

⑤ $L_{所需} = \frac{R^2_{所需}}{R^2_{原来}} \cdot L_{原来} = \frac{1.5^2}{3.3^2} \times 4 = 0.83(m)$

根据计算，4m柱太长，只需使用1m色谱柱即可达到完全分离。

（四）担体的选择

担体对柱效产生影响，在范氏方程中，涡流项A与气相传质阻力项C_g，都与d_p有关，担体颗粒直径d_p增大时，H增大，柱效率低。d_p减小，H也减小，柱效增加。但担体颗粒也不能太小，颗粒太小会使阻力增加，柱前压增大，造成操作困难。填充柱的担体颗粒大小约为柱内径的1/20～1/15为宜。

担体颗粒要求均匀，筛分范围窄。对3～4mm内径的色谱柱可选择60～80目、80～100目的担体。柱子越短或内径越小，要求担体粒度越小。

（五）固定液用量的选择

固定液的用量要视担体的性质及其他情况而定。根据范氏方程，液膜厚度d_f小，有利于液相传质，能提高柱效。目前盛行低固定液配比（液担比），硅藻土担体表面积大，一般采用如下配比，即固定液：担体=（5～30）：100，玻璃担体表面积小，液担比可小于1%。

理论和实践都证明，液担比低可提高柱效，加快传质速度，还可降低柱温。但是液担比也不能太低，如果担体表面不能全部覆盖，则担体会出现吸附现象，出现峰的拖尾。所以固定液用量不是越少越好，同时用量过少，也降低了柱的容量，进样量必须减少。

（六）柱温的选择

柱温是气相色谱重要操作条件，在范氏方程中对 D_L、D_g、K' 及 K 都会产生影响，柱温改变，对柱效率，分离度 R、选择性 $r_{1,2}$ 以及柱子的稳定性都发生改变。

柱温低有利于分配，有利于组分的分离，但温度过低，被测组分可能在柱中冷凝，或者传质阻力增加，使色谱峰扩张，甚至拖尾。温度高有利于传质，但柱温、分配系数变小，不利于分离，又不使峰形扩展、拖尾。柱温的选择一般为各组分沸点平均温度或更低。

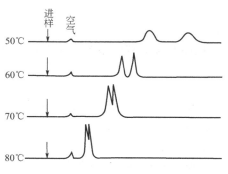

图 5-43 柱温对分离对的影响

【例 5-10】 固定液为 15% 时，改变柱温，物质对分离情况的变化如图 5-43。

上述实验中，当然选择 60℃ 为最佳。

（七）气化室温度的选择

合适的气化室温度既能保证样品的完全气化，又不引起样品的分解。一般气化室温度比柱温高 30～70℃ 或比样品组分中的最高沸点高 30～50℃。温度过低，气化速度慢，使样品峰扩展，产生拖尾峰；温度高则产生前延峰，甚至样品分解。温度是否合适，可通过实验检查：如果温度过高，出峰数目变化，重复进样时很难重现；温度太低则峰形不规则，出现平头峰或宽峰；若温度合适则峰形正常，峰数不变，并能多次重现。

（八）进样量与进样时间

进样量与固定液总量有关、与检测器灵敏度有关，对于内径 3～4mm，长 2m，固定液用量为 15%～20% 的色谱柱，液体进样量为 0.1～10μl，气体样为 0.1～10ml。使用热导池检测器时液样为 1～5μl；氢火焰检测器为 1μl。

进样量过大会导致：①分离度变小；②保留值变化，不易定性；③峰高、峰面积与进样量不成线性关系，不能定量。最大允许进样量可以通过实验确定：多次进样，逐渐加大进样量，如果色谱峰宽度增大或保留值改变时，这个量就是允许的最大进样量。

进样时应当固定进针深度及位置，针管切勿碰着气室内壁，进样速度应尽可能快，一般小于 0.1s，从针头触气化室密封橡胶垫片算起，包括注射拔针等动作都要快，且平行测定时，速度要一致。此项操作技术必须十分重视，要反复练习达到熟练、准确的程度。

（九）程序升温

当样品中所含组分沸程较宽时，如用恒定的柱温，则会出现两种情况：一种是用较低柱温时，高沸点组分保留过久，不但峰形过宽，且分析时间很长；另一种是柱温较高时，致使沸点组分流出过快而不能彼此分离。这种情况必须选择程序升温，使各组分都能获得很好的分离，且峰形好，如图 5-44。

所谓程序升温就是柱温在一个分析周期里连续地随时间呈线性变化，即单位时间的温度上升速率恒定，如每分钟上升 4℃ 或上升 10℃ 等。温度的上升速度可以任意选择，由控温微机控制。不过某些仪器的控温微机，使用无故障期太短，可能是某些集成电路元件质量还有

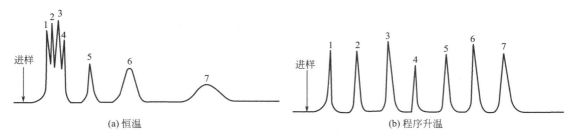

图 5-44　恒温和程序升温比较

待提高。

程序升温的载气系统应是双柱双气路，否则基线会倾斜。

思 考 题

1. 气相色谱仪由哪几个系统组成？各个系统的作用是什么？

2. 画一气相色谱流程图，并说明各部件的作用。

3. 固定相有哪几类？其分离原理有何不同？

4. 如何制备气液填充色谱柱？

5. 色谱柱老化的目的是什么？

6. 如何测定固定液的极性？如何选择固定液？

7. 双臂热导池和四臂热导池在结构上有何不同？热导池有哪几种气路形式？各有何特点？

8. 画出四臂热导池的测量电桥电路，并说明其工作原理。

9. 气相色谱仪为什么要设立衰减装置？衰减装置的原理是什么？

10. 简述氢火焰检测器的工作原理。

11. 简述电子捕获检测器的工作原理。

12. 简述火焰光度检测器的工作原理。

13. 有哪几种气相色谱定性方法？

14. 有哪几种气相色谱分析的定量方法？它们各有何特点？在实际工作中如何选择应用？

15. 气-固色谱和气-液色谱的分离原理有何不同？

16. 分配系 K 与分配比 K' 有何不同？

17. 塔板理论和速率理论各对实际工作有何指导意义？

18. 影响组分彼此分离的操作条件有哪些？

19. 设计一分析方案，用气相色谱法测定水中微量乙醇含量（体积分数）。

20. 采用氢火焰检测器要三个气源，即空气、N_2、H_2，目前有一种电解器可同时供应三气源，此电解器上有一个空气压缩机，两个电解池（KOH 电解液），其中一个电解池能产生 H_2，另一电解池产生 N_2（部分压缩空气进入电解池），你能说明其工作原理吗？

习 题

1. 已知记录仪灵敏度 $u_1 = 0.2\text{mV/cm}$，记录纸速为 2cm/min，载气柱后流速 F_0 为 40ml/min，噪声 $R_N = 0.01\text{mV}$，注入 $0.3\mu l$ 纯苯，测得其峰高为 22.5cm，半峰宽度 $W_{1/2} = 1.4\text{mm}$，仪器衰减 $n = 2$，求该检测器（TCD）的灵敏度和敏感度（最小检出量）。

2. 以甲基硅橡胶为固定液，在 $170℃$ 柱温时，测得正十六烷 $t'_R = 39.4\text{s}$，正十七烷的 $t'_R = 61.2\text{s}$，二苯胺 $t'_R = 45.4\text{s}$，计算二苯胺在此条件下的保留指数。

3. 已知 CO 气体的体积分数为 20%，取 1ml 标样注入色谱仪，测得峰高 $h = 30\text{mm}$，求绝对校正因子

f_{CO}。在相同条件下，注入试样 1ml，测得峰高 $h = 45$mm，求 CO 的体积分数 $\varphi(CO)$。

4. 用 3.3% 硅油 DC-156 固定液，柱温 180℃ 分离同系物饱和醛，各组分的峰高 h 和半峰高宽 $W_{1/2}$ 如下：

成 分	C_5	C_6	C_7	C_8	C_9	C_{10}
$W_{1/2}$/mm	3.0	4.5	4.5	5.7	8.5	13
h/mm	16.0	17.0	16.7	17.0	14.5	12.5
衰减	$\frac{1}{2}$	1	1	1	1	1

求各组分相对含量。

5. 内标法测定乙醇中微量水分，称取乙醇样品 2.2679g，加入内标甲醇 0.0115g，测得 $h_{水} = 150$mm，$h_{甲醇} = 174$mm，已知峰高相对质量校正因子 $f''_{H_2O/CH_3OH} = 0.55$，求水的质量分数。

6. 分析试样中某组分，得到一正态色谱图，测得峰底宽 $W_b = 40$mm，保留值 $t_R = 390$mm，计算色谱柱的理论塔板数 n；如果柱长 1m，则塔板高度 H 是多少？

7. 按图 5-45 所示数据计算苯和环己烷的分离度 R。

8. 上题系 3m 色谱柱所获得的色谱图，若只要求 $R = 1.5$，需柱长为多少？

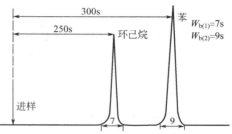

图 5-45 分离度 R 的计算

9. 在室温 30℃ 用皂膜流量计测得柱后流速 $F_皂 = 50$ml/min，从大气压力表上查得当时大气压 $p_0 = 161308$Pa，色谱柱柱温为 80℃，求柱后流速 F_0（水蒸气压 p_w 从表 5-11 中查找）。

表 5-11 不同温度下的水蒸气压

温度/℃	6	7	8	9	10	11	12	13	14	15
p_w/Pa	934.99	1001.65	1072.58	1147.77	1227.76	1312.42	1402.28	1497.34	1598.13	1704.92
温度/℃	16	17	18	19	20	21	22	23	24	25
p_w/Pa	1817.71	1937.17	2063.42	2196.75	2337.80	2486.46	2643.38	2808.83	2983.35	3187.20
温度/℃	26	27	28	29	30	31	32	33	34	35
p_w/Pa	3360.91	3564.90	3779.36	4005.39	4242.84	4492.28	4754.66	5030.11	5319.28	5622.86

填空练习题

1. 目前应用最广泛的色谱分析有四种类型：_____、_____、_____、_____。

2. 气相色谱仪由六个系统组成：_____、_____、_____、_____、_____、_____。

3. 目前气相色谱最常用的检测器有_____、_____。

4. 气相色谱柱中的固定相可分为三类：_____、_____、_____。

5. 气-液色谱中，目前固定液有千种之多。为了便于选择，对各种固定进行了科学分类，目前固定液按_____和_____分类。

6. 气相色谱填充柱的制备过程是：_____、_____、_____、_____。

7. 气相色谱定性方法有：_____、_____、_____。

8. 气相色谱定量方法有：_____、_____、_____。

选择练习题

1. 拟测合金中微量 Cu、Pb、Zn 应选择 （　　） 定量方法。

A. 滴定分析　　　　　B. 原子吸收光谱分析　　　　C. 气相色谱分析

2. 拟测定二甲苯的有机杂质成分，应该选择的定量方法是 （　　）。

A. 原子吸收光谱法　　B. 气相色谱法　　　　　C. 滴定分析法　　　　D. 紫外可见分光光度法

3. 气相色谱法测氮肥厂的半水煤气（H_2、O_2、N_2、CO、CO_2、CH_4）宜采用何种检测器 （　　）。

A. FID　　　　　　　B. TCD　　　　　　　C. ECD　　　　　　　D. FPD

教 学 建 议

一、本章重点

1. 气相色谱仪工作原理，色谱图及有关名词，气相色谱仪各部件功能。

2. 热导池检测器、氢火焰检测器工作原理。

3. 气相色谱色谱柱中的固定相种类，填充色谱柱的制备。

4. 定性分析简介。

5. 定量分析方法及计算（含仪器的操作）。

气相色谱分析法是石油、化工及各种有机化工厂的重要分析手段。必须学好，但学时有限，有一部分内容可作浏览、博学之用。对于中等专业技术人才，必须掌握仪器原理、操作及维护仪器的知识。目前检测器有四种，但应用最广泛的是热导池检测器、氢火焰检测器。

定量分析是学习气相谱分析重中之重。要学会色谱峰面积的测量。对于 $A = hW_{1/2}$，峰高 h 容易测量准确，但半峰高宽度 $W_{1/2}$，因为它只有 $0.1 \sim 0.5cm$ 左右，不易准确测出。国家标准局规定，记录笔画图时，左、右有两根实线，只将一根实线计入宽度，即左边实线右端至右边实线的右端。为 $W_{1/2}$ 的宽度。准确测量面积是基本功，运用色谱数据处理机，在进样后，即可自动套用归一法，打印出各组分的百分含量，如果是同系物，全部组分又都产生色谱峰，则它的分析结果是相当准确的，且可打印出各峰的峰面积。积分仪自动获得的峰面积数据，比手工测量准确。

定量方法：归一法、修正面积归一法、内标法、比较法（又称系数法、绝对校正因子法、常用来测无机气体等），工作曲线法现场应用较少。

二、选修内容

1. 温度控制系统。

2. 记录器工作原理。

3. 电子捕获检测器。

4. 火焰光度检测器。

5. 固定液的分类及极性的计算。

6. 担体的表面处理。

7. 保留指数定性（任课老师机动处理）。

8. 相对校正因子的其他表示方法。

9. 色谱数据处理机的应用。

10. 塔板理论、速率理论（任课老师机动处理）。

以上内容可作浏览或机动处理。塔板理论及速率理论是色谱分析的重要理论。气相色谱分析是一个重要的分离技术，要将混合物分离成单一组分，才能分别测出各组分的含量。液体固定相色谱柱的分离效能，受热力学、动力学影响，如载气流速、柱温、涂渍液膜厚度、载气分子量的大小、担体固粒大小等。根据经验公式可算出色谱柱柱长。应当充分说明对实践具有指导性的理论，但课时不够时，不能过多减去实验追求理论上的完美。对于中专教学，就专业课而论，政策应向技能倾斜，有些理论可以采用自学的形式。

三、实验

要求学会开机、关机、恒温、进样等技术，会处理气相色谱图，计算出分析结果。

穆荣华、陈志超编的《仪器分析》实验中编有八个实验，可任选 3～4 个实验。

建议开设如下实验：填充柱的制备，热导池检测器灵敏度的测定，苯、甲苯、乙基苯混合物的测定（归一法），乙醇中微量水的测定（内标法），半水煤气的测定（单一绝对校正因子法，即外标法）。还可开设标准加入法测有机物中的水含量，即在样品中加入定量的水 m_s，根据样品中 H_2O 的峰高及加入标准水分以后水峰的增加值，即可求出有机溶剂中的水含量，这是外标法的一种。

学时有限时，可将填充柱的制备与归一法测苯系列（或丁醇异构体）合为一次实验，两批交换操作。填充柱的制备必须掌握，但无法完成全过程，故只做固定液的涂渍，装柱则使用已经涂好的固定相练习。半水煤气分析，其样品可从氮肥厂采取，也可以做一个人工样品（$O_2 + N_2 + CO$），即在浓 H_2SO_4 中滴加甲酸把产生的 CO 导入有空气的球胆中，用空气作标准（O_2 含 21%、N_2 含 78%），根据空气标准色谱图和混合样的色谱峰的峰高，即可用单点绝对校正因子法求出混合样中 O_2、N_2 含量，CO 的含量为 $100 - O_2 - N_2$。

第六章

高效液相色谱法

◆ 概述
◆ 高效液相色谱仪
◆ 高效液相色谱的类型
◆ 基本理论

第一节　概　述

　　高效液相色谱法又称高速液相色谱法、高压液相色谱法。经典的液相层析技术始于1906年，它比气相色谱早40多年。但它的发展速度曾经一度停滞不前，主要是以往缺乏自动灵敏的检测器装置，近年由于气相色谱的发展，积累了很多经验，液相色谱又得到了迅速发展。它广泛应用于高聚物分子量的测试，高分子的分离和分析，是有机化工、医药、农药、生物、食品、染料等工业中的重要分离分析手段。高效液相色谱与气相色谱比较具有以下特点。

　　(1) 能测高沸点有机物　气相色谱分析需要将被测物气化才能进行分离和测定，而仪器只能在500℃以下工作，所以相对分子质量大于400的有机物分析有困难，但液相色谱可分析相对分子质量大于2000的有机物，亦能测无机金属离子。应用气相色谱和高效液相色谱两种手段，可解决大部分的有机物定量分析问题。

　　(2) 柱温的要求比气相色谱低　气相色谱要求柱温条件很高，复杂组分还要求程控升温，而液相色谱的柱温常在室温下工作，早期生产的高效液相色谱仪，没有恒温层析室，色谱柱就暴露在大气中。

　　(3) 柱效高于气相色谱　气相色谱柱的柱效为2000塔板/m，液相色谱柱的柱效可达5000塔板/m，这是由于液相色谱使用许多新型固定相之故。由于分离效能高，故色谱柱的长度，早期为20～50cm，目前多采用10～30cm。

　　(4) 分析速度与气相色谱相似　高效液相色谱的载液流速一般为1～10ml/min，分析样品只需几分钟或几十分钟。

　　(5) 柱压高于气相色谱　液相色谱和气相色谱的主要区别是流动相不同。气相色谱如果采用钢瓶气源，气源压力最高可达12MPa，进入色谱柱的压力为0.1～0.4MPa，但液相色谱柱的阻力较大，一般色谱柱进口压力为15～30MPa，因液体不易被压缩，并没有爆炸危险。

　　(6) 灵敏度与气相色谱相似　液相色谱已广泛采用高灵敏检测器，例如紫外光度检测器，检测下限可达 10^{-9} g。

第二节　高效液相色谱仪

高效液相色谱仪的最新产品的外形及组成如图 6-1 所示。它由贮液罐 1、梯度洗提装置 3、高压输液泵 4、色谱柱 11、检测器 12 及记录仪或数据处理装置 13 等主要部件组成。

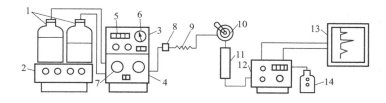

图 6-1　高效液相色谱仪的组成

1—贮液罐；2—搅拌、超声脱气器；3—梯度洗提装置；4—高压输液泵；5—流动
相流量显示；6—柱前压力表；7—输液泵泵头；8—过滤器；9—阻尼器；
10—六通进样阀；11—色谱柱；12—紫外吸收（或折射率）检测器；
13—记录仪（或数据处理装置）；14—回收废液罐

仪器的工作原理及分析流程可用图 6-2 表示。由输液泵将淋洗液高压送入色谱柱，将已注入的样品淋洗分离，然后经检测器，依次转变为电信号，由记录器记录色谱峰或由数据处理机记录其色谱峰，并积分各色谱峰面积，还可自动算出分析结果。

下面将高压输液泵、梯度洗提装置、色谱柱、检测器等分别进行讨论。

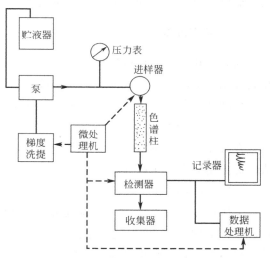

图 6-2　高效液相色谱仪原理图

一、高压输液泵

用于高效液相色谱仪的输液泵，从工作原理上可分两大类，即恒流泵和恒压泵。恒流泵就是能输出恒定载液的泵，例如注射式螺杆泵、机械往复泵。恒压泵则是能输出恒定液压的泵，例如气动放大泵。高压输液泵要求流量恒定、无脉动、有较大的调节范围；能抗溶剂的腐蚀；有较高的输出压力；泵的死体积小，便于更换溶剂和梯度洗提。

（一）注射式螺杆泵

这种泵类似一个大的医用注射器，它的结构如图 6-3。它以步进电机为动力，经螺杆传动机构推动柱塞，把液缸中的液体以高压排出，其流速通过调节步进电机的转速加以控制。这种泵的主要特点是压力高，流量稳定，且与外界阻力无关。

这种泵的工作压力可达 15～50MPa，无脉冲。不足的是液缸中的液体有限，一次排完后要停泵，重新吸满液体后，才能继续输出液体。

（二）气动放大泵

这种泵是利用气体的压力去驱动和调节载液的压力。通常采用压缩空气作动力驱动活塞，从而使液缸部分的液体以一定的压力排出，如图 6-4 是这种泵的示意图。

图 6-3　注射式螺杆泵　　　　　　图 6-4　气动放大泵

由于气缸活塞面积 A_2 大于 A_1，所以可以用较低气源压力得到较高的液缸输出压力。这种泵的特点是输出液流无脉动，结构简单，液体输出压力恒定。

（三）机械往复泵

机械往复泵，通常由电动机带动凸轮（或偏心轮）转动，再用凸轮驱动一活塞杆往复运动。活塞杆在液缸里往复运动，从而定期将贮存在液缸里的液体以高压输出。改变电动机的转速，就可调节输出液的流量；隔膜式往复泵的工作原理与柱塞式往复泵类似，只是与流动相接触的不是活塞，而是具有弹性的不锈钢或聚四氟乙烯隔膜。

往复式泵的特点是液缸的体积小（小于 1ml），换液和清洗方便，适用于外梯度洗提。但是输出液有明显脉动，需用多头泵或者外接压力脉动缓冲器使压力平稳。

二、梯度洗提装置

高效液相色谱的梯度洗提装置类似于气相色谱的程序升温，能分离复杂组分的样品，是高效液相色谱的重要组成部分，高档液相色谱仪设有此装置。

梯度洗提分低压梯度（外梯度）和高压梯度（内梯度）两种方式。

（一）低压梯度

在常压下将两种溶剂在混合器中混合，然后用高压输液泵将流动相输入到色谱柱中，此法的优点是只需一个高压输液泵。

（二）高压梯度

高压梯度洗提是先用两台高压输液泵将极性强度不同的两种溶剂打入混合室进行混合，再进入色谱柱。两种溶剂进入混合室的比例可由程序控制器或计算机来调节。二输液泵的流量可独立控制，可获得任意梯度的程序，容易实现自动化。

梯度洗提，流动相组成发生变化，不宜使用折光检测器。

三、进样装置

高效液相色谱仪中的进样装置有注射进样器和六通阀进样器两种。

（一）注射器进样

用注射器进样是目前最常用的进样方式，这种进样方式又分不停泵进样和停泵进样两种，后者可防止泄漏。注射进样是用高压注射器吸入少量样品（$10\mu l$ 以下），穿过弹性垫片（如聚氟塑料），送入色谱柱头，如图 6-5 所示。

这种方式具有快速、简便、可任意改变进样体积，能"塞式"进样，不易造成峰扩展，但进样体积不宜过大，不停泵进样时，高压泵的压力只能在 5～15MPa 的范围内，且进样重复性欠佳。

（二）六通阀进样

高压六通阀由阀芯、阀体、定量管组成，如图 6-6 所示。六通阀的材料一般为不锈钢，阀芯与阀体为密封磨口（虚线圆），阀芯可以转动。图 6-6 中（a）为取样位置，当液样取满一定量管以后，通过手柄旋转阀芯，则变成图中（b）的进样位置，载液将定量管中的样品液带入色谱柱中。六通阀进样每次的进样量固定，重现性好，能耐 20MPa 的高压。

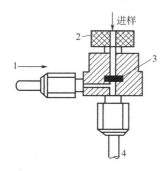

图 6-5　注射器进样装置
1—载液入口；2—螺旋压帽；
3—进样隔垫；4—色谱柱

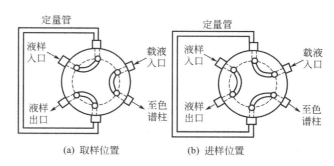

（a）取样位置　　　　（b）进样位置

图 6-6　六通阀

四、色谱柱

色谱的材料通常用不锈钢，内壁要抛光才能使用。当柱压不超过 7MPa 时，也可用厚壁玻璃或石英玻璃管柱。柱内径为 2～4.6mm 居多，柱长 10～50cm，如果填料粒度采用 3～5μm，则柱长可减至 5～10cm。柱子使用前要依次用氯仿、甲醇、水清洗，再用 50％硝酸对内壁作钝化处理 10min 以上，使内壁生成钝化的氧化物膜层。

色谱柱填充的方法，根据固定相微粒的大小可用干法和湿法两种。微粒大于 20μm 的可用干法填充，要边填充边敲打和震动，要填得均匀扎实。直径 10μm 以下的，不能用干法填充，必须采用湿法。

湿法装柱又称匀浆装填法。此法常用对二氧六环和四氯化碳，或四氯乙烯和四溴乙烷等溶剂，按待用固定相的密度不同，采用不同的溶剂比例，配成密度与固定相相似的混合液为匀浆剂。然后用匀浆剂把固定相调成均匀的、无明显结块的半透明匀浆，脱气后装入匀浆罐中。开动高压泵，打开放空阀，待顶替液从放空阀出口流出时，即关闭阀门。调节高压泵，使压力达到 30～40MPa。打开三通阀，顶替液便迅速将匀浆顶入色谱柱中，匀浆剂，顶替液通过柱下端的筛板，流入废液缸，如图 6-7。

当压力下降到 10～20MPa 时，说明匀浆液已被顶替液置换，柱子已经装填完毕，但不能马上关掉高压泵，需要逐渐降低压力，匀速降至常压下停泵，卸下柱子，装在进样器上即可。

所用匀浆剂及顶替液应根据固定相的性质选定，并进行脱水处理。一般情况，硅胶、正相键合固定相用己烷作顶替液，反相键合固定相、离子交换树脂用甲醇、丙酮作顶替液。

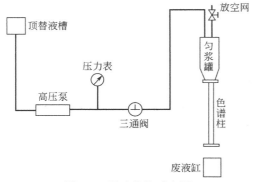

图 6-7　湿法装柱示意图

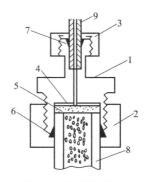

图 6-8　色谱柱接头

1—柱接头；2—连接柱螺帽；3—接连接管螺帽；
4—孔径 0.45μm 的纤维素滤膜；5—多孔不
锈钢烧结片；6—柱密封卡套；7—连接管
密封卡套；8—色谱柱管；9—连接管

干法装柱与气相色谱法相似，在柱子的一端接上一个小漏斗，另一端装上筛板，保持垂直，分多次倒入漏斗装入柱中，并轻敲管柱直至填满为止。除去漏斗，再轻敲柱子数分钟，至确认已装满，然后装好筛板，接上高压泵，在高于使用的柱压下，用载液冲洗半小时，以逐去空气。

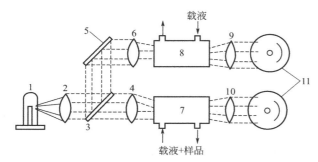

图 6-9　紫外吸收检测器光学系统

1—汞灯；2,4,6,9,10—聚光镜；3—分光器；5—反光镜；
7—样品吸收池；8—参比吸收池；11—光电管

色谱柱与进样器的连接，必须按图 6-8 所示紧密接好，不得漏液。

五、检测器

检测器是仪器最重要的三大部件之一（其他为高压输液泵、色谱柱），它的功能是监测色谱柱分离出来的被测组分及浓度变化，并转变为电讯号。

理想的检测器应该具有灵敏度高、重现性好、响应快、线性范围广、对流量和温度都不敏感。目前应用较广的是紫外，其次是折光、电导、荧光等检测器。

（一）紫外吸收检测器（UVD）

紫外吸收检测器不易受温度和载液流速波动的影响，所以得到了广泛的应用。它的结构原理如图 6-9。

从光源射出的紫外光线由聚光镜 2 聚集成平行光线，用半透镜把平行光线分为两束，再由聚光镜 4 和反光镜 5 各自聚焦到吸收池内，并准直为平行光线，再经聚光镜 9 和 10，照在光电管上。

典型的低压汞灯光源，能发出 253.7nm 的光，其他还有较弱的 312nm、365nm、406nm、437nm 和 548nm 谱线。

检测器的吸收池有多种形状，有单池、双池，孔长约 5～10mm，容积约 5～8μl，通光孔径约 1mm，典型的吸收池如图 6-10 所示。

紫外吸收检测器是非通用检测器，被测物质必须要能吸收紫外

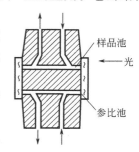

图 6-10　紫外检测器吸收池

线，或转化以后能吸收紫外线的物质。

（二）差示折光检测器（RID）

差示折光检测器是通用型检测器。它可连续监测参比池与测量池之间折射率之差，能检出 $\mu g/ml$ 级的被测组分。但是这种检测器不能适应梯度洗提，因为洗脱液组成的任何改变都将有明显的响应。差示折光检测器按其原理可分为偏转式和反射式检测器。偏转式折光检测器的基本原理如图 6-11 所示。

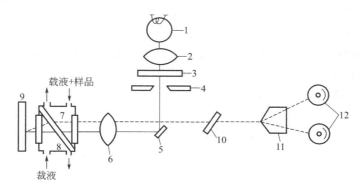

图 6-11　偏转式差示折光检测器原理

1—钨灯；2,6—透镜；3—滤光片；4—光栏；5—反射镜；7—测量池；

8—参比池；9—反射镜；10—细调平面透镜；

11—棱镜；12—光电管

当介质中成分发生变化时，其光的折射率随之发生变化，如入射角不变，则光的偏转角是介质中成分变化的函数。因此可以利用折射角偏转值的大小，便可测得试样的浓度。图 6-11 就是利用此原理测定色谱柱流出物的含量。光源通过透镜 2 聚焦，通过光栏 4，透射出一束细光束，经反射镜 5 和透镜 6 穿过测量池 7 和参比池 8，被反射镜 9 反射回来，成像于棱镜 11 的棱口上，光束均匀分成两束，到达左右对称的光电管 12 上。当测量池和参比池都是纯载液时，光束无偏转，左右两个光电管的信号相等，此时输出平衡信号。如果测量池中有被测物流过，在 45°分界玻璃与液体介质之间的折射造成了光束的偏转，成像偏离棱镜的棱口，左右两个光束接收的能量不等，则二光电管产生一个信号差，这个信号差值，与被测物浓度有线性关系。

滤光片 3，可以阻止那些容易引起流通池内受热的红外光通过，以保证系统的热稳定性。细调平面透镜 10 用来调节光路系统的不平衡。参比池 8 可以部分补偿由于温度和流动相对偏转角的影响。

（三）电导检测器（EDD）

电导检测器应用于离子交换色谱，能有效地检测阳离子和阴离子。由于电导率随温度而有所变化，故要求恒温。且不适用于梯度洗提。

电导检测器结构如图 6-12 是电导检测器结构示意图。其主体为玻璃碳（或铂片）制成的导电正极和负极。两电

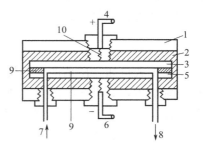

图 6-12　电导检测器结构示意图

1—不锈钢压板；2—聚四氟乙烯绝缘层；

3—玻璃碳正极；4—正极导线接头；

5—玻璃碳负极；6—负极导线接头；

7—流动相入口；8—流动相出口；

9—中间有条形孔槽，可通过流动

相的 0.05mm 厚聚四氟乙烯

薄膜；10—弹簧

极间用 0.05mm 厚的聚四氟乙烯薄膜隔开。薄膜中间开一条长形孔道作流通池，仅 $1\sim3\mu l$ 的体积。正、负极间相距约 0.05mm，当流动相中含有的离子通过流通池时，会引起电导率的改变。此二电极构成交流惠斯顿电桥的一臂，当流动相导电率发生变化时，电桥即产生一不平衡信号，经放大、整流后输入记录仪或数据处理机。

高效液相色谱仪由几个主要部件组成，仪器型号众多，外观各异，如 SP-8100 型组成就如图 6-1 所示，最大压力 41MPa。国内厂家生产的型号很多，如上海分析仪器厂生产的 150 型、北京分析仪器厂生产的 SY-01 型，四川分析仪器厂生产的 SY-202 型（离子交换），南京分析仪器厂生产的 CX-802 型，天津北海分析仪器厂生产的 SN-01 型凝胶渗透色谱仪等。各厂的型号在不断更新，产品质量在不断提高。日本和美国的分析仪器在中国有一定市场。如日本岛津生产的 LC-1A～LC-6A 的高效液相色谱仪；美国 PE 公司生产的 1250 型、Integral 100 型、Integral 4000 型。国外仪器价格较贵。

第三节　高效液相色谱的类型

高效液相色谱根据分离的原理不同，可分为四种类型：液-固吸附色谱、液-液分配色谱、离子交换色谱和凝胶色谱（空间排斥色谱）。

一、液-固吸附色谱

（一）基本原理

液-固吸附色谱是根据各组分吸附作用不同而达到彼此分离。它是基于溶剂分子（S）和被测组分的溶质分子（X）对固定相的吸附表面有竞争作用。当只有纯溶剂流经色谱柱时，则色谱柱的吸附剂表面全被溶剂分子所吸附（S固相）。当进样以后，样品溶解在溶剂中，在流动相中就有了被测的溶质分子（X液相），需从吸附剂表面取代 n 个被吸附的溶剂分子，使 n 个溶剂分子从固相表面跑入液相（S液相），可用下式表示。

$$X_{液相}+nS_{固相}\Longleftrightarrow X_{固相}+nS_{液相}$$

被测组分的溶质分子吸附能力的大小，取决于 X 在两相中的浓度比值，即取决于平衡常数（亦可称吸附系数或分配系数）K。

$$K=\frac{[X_{固相}][S_{液相}]^n}{[X_{液相}][S_{固相}]^n}$$

从上式可知，K 值的大小仅取决于 X 在两相中的浓度比值，但其比值大小与溶剂分子 S 的吸附能力，如果 S 吸附力大则 K 小，反之则大。被测组分彼此的分离就根据 K 值的大小依次流出色谱柱，即 K 大者后流出色谱柱后出峰，K 小者先流出色谱柱先出峰。

（二）固定相

目前使用在高效液相色谱的吸附剂有：薄膜型硅胶、全多孔型硅胶、薄膜型氧化铝、全多孔型氧化铝、全多孔型硅藻土、全多孔有机凝胶、聚合固定相等。国内供应的商品有：薄壳硅球 1～3；全多孔硅胶 DG-1～DG-4 及 YQG-1～YQG-4。故硅胶固定相被广泛使用。

（三）流动相

选择合适的洗脱液（载液）非常重要，这比气相色谱选固定液更为重要，因为它影响分离的成败。是否可达到分离，可通过实验来确定。

选择洗脱液应满足以下要求。

① 洗脱液不影响样品的检测。例如用紫外吸收检测器，洗脱液（载液）不得吸收检测波段的紫外光。

② 样品能够溶解在洗脱液中。

③ 优先选择黏度小的洗脱液。

④ 洗脱液不得与样品和吸附剂反应。

常用硅胶及氧化铝吸附剂的流动相（洗脱液）有戊烷及戊烷与氯代异丙烷混合物，可以配不同比例的，即具有不同极性的流动相。还可以选用甲醇、乙醚、苯、乙腈、乙酸乙酯、吡啶、异丙醇及其二者混合物作载液。其比例大小可参阅《分析化学手册》。

（四）应用实例

1. 多联苯混合物分析（色谱图如图 6-13）

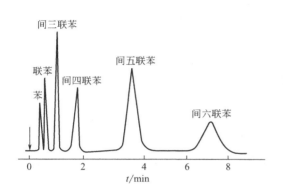

图 6-13　多联苯混合物分析色谱图

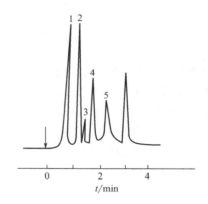

图 6-14　四环素分离色谱图

1—4-表四环素；2—四环素；3—氯四
环素；4—4-表脱水四环素；
5—脱水四环素

色谱柱：柱长 20cm，柱内径 3mm，装 $10\mu m$ 微粒硅胶（孔径 100Å）；

洗脱液：正庚烷（20％H_2O），5ml/min；

柱温：室温；

柱压：12.5MPa；

检测器：UVD。

2. 四环素分析（色谱图如图 6-14）

色谱柱：$6\mu m$ 硅胶，柱长 12.5cm，柱内径 5mm；

流动相：0.01mol/L 乙腈/水（14.5/85.6）；

柱温：室温；

柱压：7MPa；

检测器：UVD。

3. 苯磺酸与对羟基苯磺酸分析

色谱柱：全多孔氧化铝 44～52μm，内径 2mm，柱长 50cm；

柱温：室温；

检测器：UVD(250nm)；

载液：1：1：1 的水、乙腈、甲醇溶剂，流速 1ml/min，梯度洗脱，按同样流速将

1mol/L LiCl 溶液泵入 50ml 混合溶剂中，苯磺酸 $C_6H_6O_3S$ 先出峰（约 20min），对羟基苯磺酸后出峰（约 30min），色谱图略。

二、液-液分配色谱

（一）基本原理

液液分配色谱是基于样品组分在固定相和流动相之间的相对溶解度的差异，使溶质在两相间进行平衡分配，即取决于在两相间的浓度比

$$K = \frac{c_固}{c_流}$$

式中　K——分配系数；

　$c_固$，$c_流$——被测组分的溶质在固定相和流动相中的浓度。

K 值小的，在柱中保留时间短，先流出色谱柱，先出峰；K 值大的后出峰。

（二）固定相

液液分配色谱是把固定液涂渍在惰性载体上。因为流动相为液体，固定液容易流失，柱子寿命不会很长。故液液分配色谱，多采用化学键合固定相，以全多孔硅球 YQG 或全多孔无定形硅胶 YWG 作载体，与端基含有十八烷基（—$C_{18}H_{37}$）、醚基（—ROR）、苯基（—C_6H_5）、氨基（—NH_2）、氰基（—CN）的硅烷偶联剂进行化学键合，制成非极性的十八烷基键合固定相（ODS），弱极性的醚基、苯基键合固定相，极性的氨基、氰基键合固定相。

这类化学键合固定相，键合得十分牢固，能耐各种溶剂的淋洗，无流失现象，可用于梯度洗提，且传质速度快，已在高效液相色谱中得到广泛应用，其中 ODS 在液液分配色谱中发挥了更重要作用。

化学键合固定相具有不同的极性，进行分析时，流动相的极性大于化学键合固定相的极性，称反相液液分配色谱；反之，化学键合固定相的极性大于流动相的极性，称正相液液分配色谱。

（三）流动相

常用的载液（按极性大小排列）有水（极性最强）、乙腈、甲醇、乙醇、异丙醇、丙酮、四氢呋喃、乙酸乙酯、乙醚、二氯甲烷、二氯乙烷、苯、正己烷、正庚烷（极性最小）、无机酸。与液固色谱相同，常用 1～3 种溶液混成不同极性的载液使用。

若进行反相色谱分析，其固定相为十八烷基非极性固定相（ODS），或醚基、苯基弱极性键合固定相，则流动相应以强极性的水为主体，加入甲醇、乙腈、四氢呋喃作为改性剂，以调节溶剂强度来分离样品中各组分。

若进行正相色谱分析，固定相为强极性氨基、氰基键合固定相，可以用正己烷作流动相主体，加入氯仿、二氯甲烷、乙醚（或甲基叔丁基醚）作改性剂，以调节溶剂极性来提高分离效果。

（四）应用

液液分配高效液相色谱近年来在检测农药方面得到广泛应用，下面是十八烷基键合固定相检测农药的三个实例。

1. 20％丁硫克百威（好安威）的分析（色谱图如图 6-15）

色谱柱：15cm 柱长，柱内径 4.6mm 不锈钢，粒度 5μmODS；

柱温：35℃；

检测器：UVD280nm；

流动相：甲醇：水＝9∶1。

2. 高效液相色谱测杀虫单（仲裁法）

图 6-16 为杀虫单色谱图。

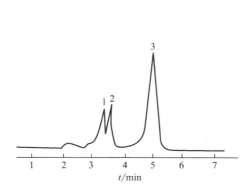

图 6-15　丁硫克百威色谱图

1—克百威；2—杂质；3—丁硫克百威

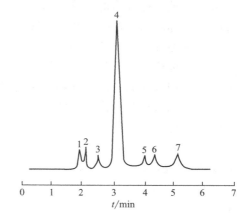

图 6-16　杀虫单色谱图

1—硫代硫酸钠；2—杀虫单异构体；

3，5，6，7—未知峰；4—杀虫单

色谱柱：与上例相同；

柱温：室温；

检测器：UVD242nm；

流动相：磷酸二氢钾溶液 0.035mol/L（4.8g KH_2PO_4 溶于 1L 二次蒸馏水中，经 G5 玻璃砂芯漏斗过滤，并经超声波脱气 20min，密封保存）。

3. 53% 苯噻草胺与苄嘧磺隆分析（色谱图如图 6-17）

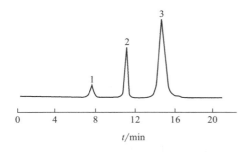

图 6-17　苯噻草胺与苄嘧磺隆色谱图

1—苄嘧磺隆；2—内标（2,4-二氯苯酚）；

3—苯噻草胺

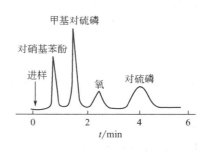

图 6-18　杀虫剂混合物色谱图

色谱柱：同上例；

柱温：40℃；

检测器：UVD230nm；

流动相：甲醇＋水＝65＋35（体积分数）用 HAc 调至 pH 值 3.5，流速 1ml/min；

定量方法：内标法。

计算：

$$w = \frac{m_标/A_标}{m_s/A_s} \cdot \frac{A_{内标}}{A_x} \cdot \frac{P}{m_样}$$

式中 w ——代表被测物苯噻草胺（或苄嘧磺隆）质量分数；

$m_标$ ——被测标准物的质量，g；

$A_标$ ——标准物（苯噻草胺或苄嘧磺隆）产生的峰面积，cm^2；

m_s ——标准中加入的内标物质量，g；

A_s ——标样中内标物产生的峰面积，cm^2；

$A_{内标}$ ——加入样品中的内标物产生的峰面积，cm^2；

P ——加入样品中内标物的质量，g；

A_x ——样品中被测物（苯噻草胺或苄嘧磺隆）产生的峰面积，cm^2；

$m_样$ ——称取的样品质量，g。

4. 杀虫剂混合物的色谱分离（色谱图如图 6-18）

色谱柱：10％2,4-三甲基戊烷，硅烷化的硫硅藻土（28～40μm），柱长 20cm，柱内径 3mm。

流动相：60.1％水，38.8％乙醇，0.8％乙酸，0.21％ NaCl 和 0.09％ KCl（质量分数）。

柱温：20℃。

检测器：极谱（除氧外，亦可用 UVD）。

三、离子交换色谱

（一）基本原理

离子交换色谱是基于离子交换树脂上可电离的离子，与流动相中具有相同电荷的溶质离子进行可逆交换，依据这些离子在交换剂上有不同的亲和力而被分离。凡是能电离的物质都可以用离子交换色谱法进行分离。

以强酸性阳离子交换树脂（$R-SO_3^- H^+$）为例

$$R-SO_3^- H^+ + M^+ \rightleftharpoons R-SO_3^- M^+ + H^+$$

$$K = \frac{[R-SO_3^- M^+][H^+]}{[R-SO_3^- H^+][M^+]}$$

式中 K 称交换系数（或称分配系数），K 值小，保留时间短，先出峰；K 值大，后出峰。

（二）固定相

常用的有两种离子交换树脂，多孔性树脂和薄壳形树脂。薄壳形树脂是玻璃微球上涂以薄层的离子交换树脂，这种树脂柱效高，在柱内压降小，当流动相溶液成分发生变化时，不会膨胀，也不会压缩，但柱子容量小，进样量不宜过多。

多孔性树脂是极小的（<25μm）球形纯离子交换树脂，能分离复杂多组分样品，能注入较大进样量。

离子交换树脂有阴、阳之分。测定阳离子则采用阳离子交换树脂，它含有磺酸基（—SO_3H）或羧基（—COOH），前者为强酸性，后者为弱酸性；检测或分离阴离子，则采用强碱性阴离子交换树脂，它含有季铵基（—$NR_3^+ Cl^-$），或采用弱碱型伯、仲氨基（—NH_2，—RNH）。国外产品甚多，可查阅《分析化学手册》。

（三）流动相

离子交换色谱通常在水介质中进行，主要使用弱酸及其盐或弱碱及其盐组成的，具有不同 pH 值的低浓度缓冲溶液。操作中通过流动相的 pH 值及离子强度来提高分离能力，也可以通过加入有机溶剂来改善分离效果，有时也可全部使用有机溶剂。

（四）应用实例

1. Ca^{2+}、Sr^{2+}、Ba^{2+}、Mg^{2+} 的分离（色谱图如图 6-19）

固定相：日立公司 2613 离子交换树脂，柱长 6cm，内径 9mm；

柱温：40℃；

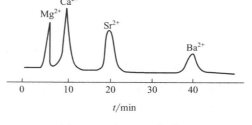

图 6-19　碱土金属色谱图

检测器：库仑计（检测电位：0.22V，相应于 Ag-AgI），或电导检测器；

流动相：2mol/L 乙酸铵（pH＝9.2）。

2. 锅炉水中阴离子的测定（色谱图如图 6-20）

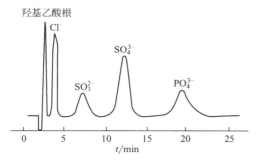

图 6-20　锅炉给水中的阴离子色谱图

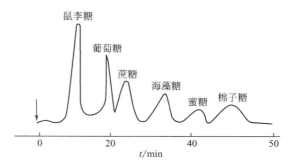

图 6-21　糖的分类色谱图

固定相：Chromex 阴离子交换树脂，柱长 1m，柱内径 2.8mm；

柱压：1.4MPa；

检测器：电化学（电导检测器等）；

流动相：0.005mol/L 碳酸钠和 0.004mol/L 氢氧化钠去离子水溶液，流速 105ml/h。

3. 离子交换色谱法对糖的分离（色谱图如图 6-21）

固定相：Aminex A-7 Li^+ 型离子交换树脂，柱长 50cm，柱内径 3mm；

柱温：70℃；

压力：27MPa；

流动相：80％乙醇，流速 0.45ml/min；

检测器：UVD。

四、空间排斥色谱（凝胶色谱）

（一）基本原理

空间排斥色谱又叫凝胶渗透色谱。它与其他色谱分离机理有所不同，固定相表面与样品分子间不应有吸附或溶解作用。其分离机理是根据溶质分子大小不同而达到分离目的。所用多孔固定相称凝胶，选用凝胶孔径大小，需要与分离组分的分子相当。

样品组分进入色谱柱后,随流动相在凝胶外部间隙及凝胶孔穴旁流过,体积大的分子不能渗透到凝胶孔穴中去而受到排斥,因此先流出色谱柱。中等体积的分子产生部分渗透作用,较晚流出色谱柱。小分子可全部渗透到凝胶孔穴,最后流出色谱柱。洗脱次序按分子大小先后流出色谱柱。其分离原理也可以用分配系数或称渗透系数 $K_{渗透}$ 表示

$$K_{渗透} = \frac{[X_s]}{[X_m]}$$

式中　$[X_s]$——进入凝胶中的被测组分的浓度;

　　　$[X_m]$——被测组分分子在流动相中的浓度。

被测各组分的出峰顺序,按 $K_{渗透}$ 大小,先后流出色谱柱。

(二) 固定相

固定相按耐压程度不同可分为软质凝胶、半硬质凝胶和硬质凝胶三种。

(1) 软质凝胶　如葡萄糖凝胶与聚丙酰胺凝胶,宜采用水作流动相,可容纳大量试样。但只能在常压下使用,表压超过 $0.1MPa(1kgf/cm^2)$ 就会压坏。

(2) 半硬质凝胶　如聚苯乙烯、聚甲基丙烯酸甲脂、二乙烯基聚合物等。

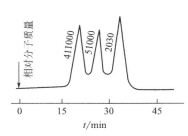

图 6-22　聚苯乙烯相对分子
质量分级分析

(3) 硬质凝胶　如多孔硅胶、多孔玻璃球,这种无机胶,在溶剂中不变形,孔径尺寸易固定。但装柱时易碎,不易装紧,因此柱效不高,由于有吸附作用,有时还会有拖尾现象。天津试剂二厂生产有 NDG-1～NDG-6 硬质凝胶;上海试剂一厂生产有凝胶 01～凝胶 06。硬质凝胶可用水或有机溶剂作流动相。

(三) 应用实例

聚苯乙烯其聚合后的相对分子质量大小,可用凝胶色谱得到很好的分离检测,如图 6-22。

固定相:多孔硅胶微球,孔径约 $350Å(1Å=10^{-10}m)$,粒度 $5～6\mu m$,柱长 25cm,柱内径 2.1mm;

柱温:60℃;

压力:11.38MPa;

检测器:UVD(或 RID);

流动相:四氢呋喃,流速 1ml/min。

第四节　　基 本 理 论

一、色谱柱性能参数

高效液相色谱柱具有小内径(2～6mm),短柱长(10～25cm)、高入口压力(5～10MPa)。固定相使用全多孔,粒径 $5～10\mu m$ 填料。柱效能达 5000 塔板/m 以上等特点。

色谱柱的填充情况常用总孔率 ε_T、柱压力降 Δp、柱渗透率 K_F 表征。

(一) 总孔率 ε_T

$$\varepsilon_T = \frac{孔隙体积}{色谱柱空体积} = \frac{Ft_M}{V}$$

式中　F——载液流速，cm^3/s；

t_M——柱的死时间，s；

V——色谱柱的空体积，cm^3。

ε_T 表达了色谱柱的多孔性能，使用全多孔硅胶固定相，ε_T 约为 0.85。使用非多孔玻璃微球，ε_T 约为 0.4。

（二）柱压力降 Δp

柱压力降 Δp，表征柱阻力的大小，它主要与柱长、载液流速、填充物颗粒直径有关。即柱长 L 大，载液流速 u 大，颗粒直径 d_p 小，则 Δp 大，反之，则 Δp 小。当 d_p 固定以后，柱压力降 Δp 宜小。

（三）渗透率 K_F

柱渗透率 K_F 与柱长、载液流速、载液黏度、柱压力降有关。

$$K_F = \frac{\eta L u}{\Delta p}$$

式中　η——载液黏度；

L——柱长；

u——载液流速；

Δp——柱压力降。

K_F 值大，表明柱阻力小，柱渗透性好，流动相容易通过色谱柱。

二、速率理论

在气相色谱分析中已讨论过速率理论（范第姆特方程），影响塔板高度 H 的因素为涡流扩散、分子扩散、传质阻力。但液体流动相的密度和黏度都大大的高于气体流动相，其扩散系数（10^{-5}）大大的小于气体流动相的扩散系数（10^{-1}），因此液相色谱中由分子扩散引起的峰扩展可以忽略。但是液相色谱使用了全多孔固定相，在传质阻力项中，除了固定相传质阻力，流动相传质阻力，还存在滞留在固定相孔穴中的滞留流动相传质阻力，因此范第姆特方程可表示为

$$H = \underset{\text{涡流扩散}}{H_E} + \underset{\text{分子扩散}}{H_L} + \underset{\text{固定相}}{H_s} + \underset{\text{移动流动相}}{H_{MM}} + \underset{\text{滞留流动相}}{H_{SM}}$$
$$\underbrace{\phantom{H_s + H_{MM} + H_{SM}}}_{\text{传质阻力}}$$

（一）涡流扩散项 H_E

它与气相色谱中的涡流扩散项相似：

$$H_E = A = 2\lambda d_p$$

式中　λ——填充不均匀因子；

d_p——填充固定相平均颗粒直径。

（二）分子扩散项 H_L

它与气相色谱中的分子扩散项相似：

$$H_L = \frac{B}{u} = \frac{2\gamma D_M}{u}$$

式中　γ——柱中填料间的弯曲因子（$\gamma \approx 0.6$）；

D_M——溶质在液体流动相中的扩散系数（$D_M \approx 10^{-5}\,cm^2/s$）；

u ——流动相在柱中的线速度，cm/s。

由于 D_M 很小，故 $H_L \approx 0$，可忽略不计。

（三）固定相的传质阻力项 H_s

对液液色谱 H_s 可表示为：

$$H_s = q \frac{k'}{(1+k')^2} \cdot \frac{d_f^2}{D_L} \cdot u$$

式中　q ——常数（对均匀液膜 $q = \frac{2}{3}$；对大孔固定相 $q = \frac{1}{2}$；对球形非多孔固定相 $q = \frac{1}{30}$）；

　　　k' ——容量因子；

　　　d_f ——固定液液膜厚度；

　　　D_L ——溶质在固定液中的扩散系数，cm²/s；

　　　u ——载液的平均线速度，cm/s。

（四）移动流动相的传质阻力项 H_{MM}

被测的溶质分子在流动相中向前移动时，有些溶质分子在颗粒空隙中通过，有些紧挨颗粒边缘移动，前者移动快，后者慢，造成峰形扩展，其传质阻力对板高的影响可用下式表示：

$$H_{MM} = \Omega \frac{d_p^2}{D_M} u$$

式中　Ω ——色谱柱的填充因子、对短的、内径粗的柱子 Ω 数值较小；

　　　d_p ——固定相平均粒径；

　　　D_M ——溶质在液体流动相的扩散系数；

　　　u ——载液线速度。

（五）滞留流动相传质阻力项 H_{SM}

装填在柱中的多孔固定相的颗粒内部孔洞，充满滞留流动相，溶质分子在滞留流动相中的扩散会产生传质阻力。有些溶质分子滞留在孔洞深处，再返回主流中，需更多的时间，造成峰形扩展。影响板高 H_{SM} 的因素可用下式表示。

$$H_{SM} = \frac{(1-\varphi+k')^2}{30(1-\varphi)(1+k')^2} \cdot \frac{d_p^2}{\gamma_0 D_M} \cdot u$$

式中　φ ——孔洞中滞留流动相在总流动相中的体积分数，%；

　　　γ_0 ——颗粒内部孔洞的弯曲因子。

综上所述，高效液液色谱的范氏方程可完整表示如下。

$$H = 2\lambda d_p + \frac{2\gamma D_M}{u} + q \frac{k'}{(1+k')^2} \cdot \frac{D_f^2}{D_L} \cdot u + \Omega \frac{d_p^2}{D_M} \cdot u + \frac{(1-\varphi+k')^2}{30(1-\varphi)(1+k')^2} \cdot \frac{d_p^2}{\gamma_0 D_M} \cdot u$$

从上式可知，要提高柱效（H 要小），填充物颗粒 d_p 要小，固定液液膜要薄，溶质分子在流动相的扩散速度 D_M 要大，在固定液（或键合固定膜）的扩散系数 D_L 也要大，柱子要填充均匀紧密，而载液流速需通过实验选择最佳流速 $u_{最佳}$。上式也可以简化为：

$$H = A + \frac{B}{u} + Cu$$

三、高效液相色谱操作条件的优化

高效液相色谱分析时，其分析方法的优劣，是由色谱柱容量、被分析组分的分离度、完成分析所需要的时间来评价。

色谱柱性能的优劣由柱长（L）、填充固定相粒径（d_p）、柱的压力降（Δp）三个柱性能参数来评价。

高效液相色谱（HPLC）操作条件的优化就是要保证高柱效（$n \geqslant 5000$），在最短的时间内（$t_R = 5min$），实现多组分的完全分离（$R = 1.5$）时，确定最佳的柱性能参数。即柱长 L 为 $10 \sim 20cm$；d_p 为 $5 \sim 10\mu m$；Δp 为 $5 \sim 10MPa$ 时，可获得最佳的分析结果。此结论有大量实验得到证实。

四、分离方法的选择

高效液相色谱根据原理不同有四种类型，但每一种类型都不是万能的，它们各自适应一定的分析对象。要根据样品的相对分子质量范围、溶解度、分子结构等进行分析方法的初步选择。

对于相对分子质量小且易挥发的样品，适宜用气相色谱分析。相对分子质量范围在 $200 \sim 2000$ 适合于液固色谱、液液色谱、排斥色谱。相对分子质量大于 2000 的宜用空间排斥色谱。对于溶于水可以离解的物质可采用离子交换色谱。

凡能溶解于烃类（如苯或异辛烷）则用液固吸附色谱。一般芳香族化合物在苯中溶解度高，脂肪族化合物在异辛烷中有较大的溶解度。如果样品溶于二氯甲烷则多用常规的分配色谱和吸附色谱分离，样品如果不溶于水但溶于异丙醇，常用水和异丙醇混合液作液-液分配色谱流动相，用憎水性化合物作固定相。空间排斥色谱对溶解于任何溶剂的物质都适用。

化合物含有能离解的官能团（如有机酸、碱）可用离子交换来分离。脂肪族或芳香族可以用分配色谱、吸附色谱来分离。一般用液固色谱来分离异构体。用液液色谱来分离同系物。

关于选择分离液相色谱的类型列下表供参考。

关于高效液相色谱定性、定量方法与气相色谱定性、定量方法基本相同，本章不再赘述。

思　考　题

1. 高效液相色谱与气相色谱比较有何异同？在应用上有何区别？

2. 液相色谱仪与气相色谱仪比较有何异同？

3. 液相色谱有哪几种常用检测器？原理是什么？应用范围如何？

4. HPLC 中，常用哪些固定相？

5. 何谓化学键合固定相？ODS 是什么键合固定相？

6. 何谓反相液液色谱？何谓正相液液色谱？

7. 当进行反相色谱分析时，若溶质 a 在溶剂中的容量因子 k' 值小于 1，为增大 k' 值，加入改性剂应使原溶剂的极性增大？还是使极性减小？

8. 参阅气相色谱，如何用实验的方法绘制范第姆特（H-u）曲线，求出载液的最佳流速（$u_{最佳}$）？

9. 最佳的柱性能参数是什么？

10. 如何根据被测组分的相对分子质量、溶解度、离解度等性能来选择液相色谱法的类型？

教 学 建 议

高效液相色谱法是测定大分子有机化合物的重要分析手段，近 10 多年来发展很快，发表的论文多于气相色谱，高效液相色谱在医药、生化、染料得到了有效应用，如动物遗传基因（DNA）的检测，高效液相色谱是目前唯一的检测工具。高效液相色谱的离子交换色谱，过去只能检测无机阴、阳离子，现在发展到可以检测有机阴、阳离子如测定食品中农药残留物等。因而建议将高效液相色谱法改为必修内容。但是目前高效液相色谱仪还没有完全普及，国产的高效液相色谱仪（HPLC）虽陆续投放市场，如北京东西电子研究所的 LC5500 型、大连依利特公司的 P200 型，国外产品主要有日本岛津公司，美国 PE 公司等的产品。基于仪器较贵，普及还有难度，故须按照需要，循序渐进。没有硬件的单位，高效液相色谱可只作简介。

第七章

电 位 分 析

◆ 概述
◆ 直接电位法
◆ 电位滴定法

一、电化学分析方法

电化学分析是利用物质的电化学性质来测定物质含量的分析方法。根据分析方法的不同，可分为三种类型。

① 通过试液组成化学电池所产生的物理量，如电位、电流、电阻（电导）、电容、电量与被测组分浓度之间的关系进行定量分析。

② 电容量分析。根据样品溶液所组成的化学电池，滴定终点时，电流或电位发生突变来指示终点的到达。

③ 电解称量分析。将试液电解，使被测组分在电极上析出固体物质，称量析出物的质量来计算被测物的含量。

例如铜的电解分析。将固体样品用王水溶解后，用 H_2SO_4 加热驱赶 HNO_3，用水稀释，然后将已称量过的网状铂阴极及条状铂阳极插入溶液中，电解约 1h，取出阴极，用水、酒精洗净网阴极，烘干称量网状阴极增加的质量，即可计算铜含量。

本章仅讨论电位分析，它是以测量电池两电极间的电位差或电位差的变化为基础的一种分析方法。电位分析包括直接电位法和电位滴定法。

（1）直接电位法　根据测得的电位数值来确定被测离子浓度。例如用离子选择性电极测定溶液正、负离子的浓度。

（2）电位滴定法　观察电位的突变来确定终点的滴定分析。它与一般滴定分析相似，只是确定终点的方法不同，以电位的突变来取代化学指示剂的颜色变化。

二、电极电位与溶液浓度的关系

电极电位与溶液中离子浓度的定量关系，可由能斯特方程表达

$$\varphi = \varphi^{\ominus} + \frac{RT}{nF} \ln \frac{a_{氧化态}}{a_{还原态}}$$

式中 φ——指可逆电极反应的电动势；

     $\varphi^{\ominus}$——相对于标准氢电极的标准电势；

     R——气体常数，8.314J/(K·mol)；

     T——绝对温度，K；

     n——反应中电子转移数；

     F——法拉第常数，96500C/(mol·n)；

$a_{氧化态}$，$a_{还原态}$——反应中氧化态和还原态的活度。

将这些常数代入上式中，并将自然对数换算成常用对数，25℃时

$$\varphi = \varphi^{\ominus} + \frac{0.059}{n} \lg \frac{a_{氧化态}}{a_{还原态}}$$

对金属离子来说，还原态是固体金属，它的活度是一常数，均定为1，所以上式可变为下式

$$\varphi = \varphi^{\ominus} + \frac{0.059}{n} \lg a_{M^{n+}}$$

这是电位分析的理论依据。

在实际工作中，测定的是溶液的浓度，能斯特方程中用的是活度，是因为电解质在溶液中电离为正、负离子，产生库仑力作用，使很稀的溶液也明显偏离理想溶液。例如0.01mol/L ZnSO$_4$溶液，它的有效浓度只有实际浓度的39%。活度和浓度的关系为

$$a = c\gamma$$

式中 a——活度；

  c——浓度；

  γ——活度系数。

γ通常小于1，当溶液无限稀释时，离子间的相互作用趋于零，活度也就接近于浓度。

在实际应用中，目前技术上还无法配制标准活度溶液，只能设法使欲测组分的标准溶液与被测溶液的离子强度相等，活度系数也就不变了，这时就可以用浓度来代替活度了。

三、指示电极与参比电极

电位分析是根据工作电池两电极间的电位差或以电位差的变化为基础的分析方法，在测量电位差时需要一个指示电极和参比电极。指示电极的电位随待测离子浓度的变化而变化，能指示待测离子的浓度。参比电极则不受待测离子浓度变化的影响，具有较恒定的数值。当参比电极与指示电极共同浸入试液中，构成一个自发电池，通过测量电池的电动势，可求得待测离子的浓度。

（一）指示电极

应用在电位分析中的指示电极有金属电极，金属-金属难溶盐电极，惰性金属电极，膜电极（即离子选择性电极）。

1. 金属电极

当金属浸在含有该金属离子的溶液中，其电极电位决定于金属离子的活度，符合能斯特方程

$$M^{n+} + ne^- \rightleftharpoons M$$

$$\varphi = \varphi^{\ominus} + \frac{0.059}{n} \lg a_{M^{n+}}$$

式中，M^{n+} 代表金属离子；M 代表金属；n 代表反应得失电子数。

这些金属有 Ag、Zn、Hg、Cu、Cd、Pb 等，其电极电位值随离子浓度的增加而增加。

2. 金属-金属难溶盐电极

该电极由金属表面覆盖一层难溶盐所构成，它能间接反映与该金属离子生成难溶盐的阴离子活度，所以又称阴离子电极。例如 Ag-AgCl 电极可以指示溶液中氯离子的活度，这是因为

$$AgCl + e^- \Longrightarrow Ag + Cl^-$$

$$\varphi = \varphi_{AgCl/Ag}^{\ominus} - 0.059\lg\alpha_{Cl^-}$$

这类电极还有 $Hg\text{-}Hg_2Cl_2$ 电极。

3. 惰性金属电极

这类电极有铂电极和赤金电极。此类电极，惰性金属本身不参加电化学反应，而仅仅起储存和传导电子的作用，但是能反映出氧化还原反应中，氧化态和还原态浓度比值的变化，例如

$$Fe^{3+} + e^- \Longrightarrow Fe^{2+}$$

$$\varphi = \varphi^{\ominus} + 0.059\lg\frac{a_{Fe^{3+}}}{a_{Fe^{2+}}}$$

铂电极能反映溶液中 $a_{Fe^{3+}}/a_{Fe^{2+}}$（或浓度）比值的变化。所以它常应用于氧化还原电位滴定中。

上述金属电极可以做成片状、棒状，金属表面应清洁光亮，否则不响应。银电极等金属可用细砂纸打磨，铂电极可用 $10\%HNO_3$ 浸煮数分钟，再用蒸馏水冲洗干净。

4. 膜电极

这类电极是以固态或液态膜为传感器，它能指示溶液中某种离子的活度，膜电位与离子活度的关系符合能斯特方程。但膜电位产生的机理不同于上述各类电极，电极上没有电子的转移，电位的产生是由于离子的交换和扩散的结果。这类电极对离子有选择性响应，所以称离子选择电极，下一节将详述。

（二）参比电极

参比电极是测量电池电动势的基准，要求它的电位值恒定，即使测量时有微量电流通过电极，电位值仍能保持不变。而且它对温度或浓度的改变无滞后现象，电极电位重现性好。还要求装置简便，容易制备，使用寿命长。在电化学分析中经常采用的参比电极是甘汞电极，其次是 Ag-AgCl 电极。测定标准电极电位是以氢电极作参比电极，但此电极需使用氢气，应用不方便，故在电化学分析中很少应用。

1. 甘汞电极

甘汞电极是由金属汞、甘汞（Hg_2Cl_2）和氯化钾溶液组成的电极。市售的甘汞电极其构造如图 7-1(a) 和（b）。

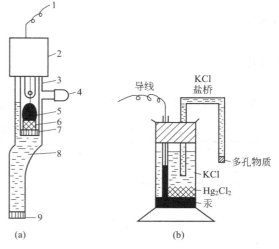

图 7-1　甘汞电极的结构

(a) 市售甘汞电极；(b) 自制甘汞电极

1—导线；2—绝缘体；3—铂丝；4—胶帽；5—水银；

6—Hg_2Cl_2；7,9—多孔物质；8—KCl 溶液

甘汞电极半电池的组成是

$$Hg\,|\,Hg_2Cl_2(固)\,|\,KCl$$

电极反应为

$$2Hg + 2Cl^- \rightleftharpoons Hg_2Cl_2 + 2e^-$$

它的电极电位决定于电极表面 Hg^{2+} 的活度，所以电极电位为

$$\varphi = \varphi^{\ominus}_{Hg_2^{2+}/Hg} + \frac{0.059}{2}lga_{Hg_2^{2+}}$$

因为电极表面溶液为 Hg_2Cl_2 所饱和，从 Hg_2Cl_2 的溶度积可得

$$a_{Hg_2^{2+}} = \frac{K_{s,p}}{(a_{Cl^-})^2}$$

所以

$$\varphi = \varphi^{\ominus}_{Hg_2^{2+}/Hg} + \frac{0.059}{2}lgK_{s,p} - 0.059lga_{Cl^-} = 常数 - 0.059lga_{Cl^-}$$

由上式可知，当温度一定时，甘汞电极的电位主要决定于 Cl^- 的活度。当 Cl^- 的活度（或浓度）一定时，其电极电位也是一定的，它与试液的离子浓度无关。在 25℃ 时，三种不同浓度的甘汞电极的电极电位（以标准氢电极作标准）如表 7-1。

表 7-1　不同浓度的甘汞电极的电极电位

KCl 溶液浓度	0.1mol/L	1mol/L	饱　和
电极电位/V	+0.3365	+0.2828	+0.2438

甘汞电极的电位随温度的变化而有所改变，饱和甘汞电极的电位温度系数为 6.5×10^{-4} V/K。

2. 银-氯化银电极

由银丝镀上一层氯化银，浸入一定浓度的 KCl 溶液中，即构成此种电极。电极的形状很多，也可做成如图 7-1(a) 甘汞电极相似的形状，只是 Hg、Hg_2Cl_2 不用，代之以 Ag-AgCl 作电内极。电极的半电池为

$$Ag\,|\,AgCl(固)，KCl$$

电极反应是

$$Ag + Cl^- \rightleftharpoons AgCl + e^-$$

电极电位

$$\varphi = 常数 - 0.059lga_{Cl^-}$$

25℃ 时，三种不同浓度 KCl 的 Ag-AgCl 电极电位如表 7-2。

表 7-2　不同 KCl 溶液浓度的 Ag-AgCl 的电极电位

KCl 溶液浓度	0.1mol/L	1mol/L	饱　和
电极电位/V	0.2880	0.2355	0.2000

第二节　　**直接电位法**

应用离子选择性电极作为电化学传感器，它和适当参比电极组合，构成化学电池，通过简单的电位测量，就可直接测定溶液中离子的含量。此法一般可测离子浓度范围为 $10^{-5} \sim 10^{-1}$ mol/L，个别可测 10^{-8} mol/L。而对 H^+ 浓度范围可为 $10^{-10} \sim 10^{-1}$ mol/L。直接电位

法具有快速、灵敏、测量设备简单，并能适用于连续自动分析。

据不完全统计，元素周期表近 50 个元素能用离子选择电极直接或间接进行测定。例如农林部利用离子选择电极测定土壤中的钾、氨态氮、硝态氮、某些微量元素、有毒元素及盐碱度等。在水质分析中，可应用离子选择电极测定水中的钾、钠、钙、镉、氟、氯、硫、氰等离子。

我国已将 p^{Na}、p^{Cl} 离子选择电极作为火力发电厂锅炉冷凝水中 Cl^-、Na^+ 含量的部标方法。在生物医学和临床化验中，可以进行包括唾液、血清、尿、汗和普通牙科、骨科的例行分析，分析时样品用量很少。例如离子选择电极的血液钾、钠测定仪，每次用血量只需 0.05ml。

在化工、轻工、冶金及地质部门，离子选择电极可用于原料、成品中有效成分及杂质的分析，磷精矿和磷肥中氟含量，硼砂中杂质氯含量，大气中氟的分析，已采用离子选择电极作为部标或国标。

一、电位法测溶液 pH 值

以 pH 玻璃电极作为指示电极，饱和甘汞电极作参比电极，使用酸度计测量电池的电动势，可以直接读出溶液的 pH 值。方法简便准确，精度可达 0.01pH。

（一）pH 值定义

pH 值概念是 1909 年提出来的，用以表示溶液中氢离子浓度，当时定义为

$$pH = -lg[H^+]$$

随着电化学理论的发展，发现影响化学反应的因素是离子的活度，而不是浓度，用电位法测得的是溶液中氢离子活度，因此更合理的定义应为

$$pH = -lg a_{H^+}$$

在精度要求不高的情况下，把 pH 理解为 $-lg[H^+]$，也是可以的。根据能斯特方程，pH 与电极电位有如下关系

$$\varphi = \varphi^{\ominus} + 0.059 lg a_{H^+} = \varphi^{\ominus} - 0.059 pH$$

由上式可知，氢电极电位与溶液 pH 值之间在一定温度下成直线关系。25℃时，溶液 pH 每改变一个单位，电极电位改变 0.059V（59mV），即 1pH ⇌ 59mV。氢电极电位与 pH 值之间具有直线关系，是电位法测溶液 pH 值的理论依据。

（二）pH 玻璃电极的响应机理

氢离子指示电极除玻璃电极外，还有氢电极、氢醌电极、锑电极，除特殊情况外，这些很少采用。在实际应用中都采用 pH 玻璃电极测定溶液的 pH 值。

pH 玻璃电极是用特殊软玻璃吸制成球状的膜电极，其膜的厚度约为 0.2mm，电极的构造如图 7-2。

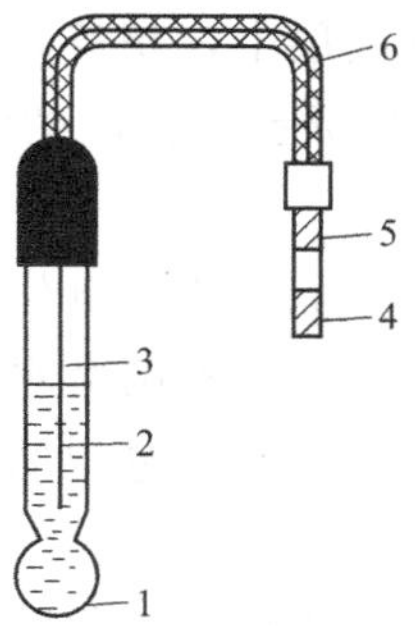

玻璃球内盛有 0.1mol/L 盐酸溶液作内参比溶液，以 Ag-AgCl 为内参比电极，由于玻璃电极有很高的电阻，所以玻璃电极要求有良好的绝缘，以免发生漏电现象而影响测定。同时用金属屏蔽线与测量仪器连接，以消除周围交流电场及静电感应的影响。

pH 玻璃电极是一个对氢离子具有高度选择性响应的膜电极。当

图 7-2　pH 玻璃电极

1—玻璃膜；2—内参比液；3—内参比电极；4—电极内芯接头；5—屏蔽接头；6—屏蔽导线

玻璃电极与溶液接触时，在玻璃表面与溶液接界处会产生电位差，此电位差只与溶液中氢离子有关。这是因为玻璃膜只容许 H^+ 进出膜的表面之故，所以是 H^+ 选择性电极。玻璃电极膜的组成是 Na_2O 22%，CaO 6%，SiO_2 72%（摩尔分数）。这种玻璃电极的结构是由固定的带负电荷的硅酸晶格组成骨架，在晶格中存在较小的，但活动能力很强的正离子 Na^+，并起导电作用。溶液中的 H^+ 能进入硅酸盐晶格，并取代钠离子的点位，但负离子却被带负电荷的硅酸晶格所排斥。二价和高价的正离子不能进出硅酸晶格。

当玻璃膜浸泡在水中时，由于硅酸结构与氢离子结合的键，其强度远大于与钠离子结合的强度（约 10^{14} 倍），因此发生如下交换反应

$$H^+ + Na^+GI^- \rightleftharpoons Na^+ + H^+GI^-$$
（溶液）（玻璃）　　（溶液）（玻璃）

上述反应的平衡常数很大，有利于正向进行，使得玻璃表面的点位，在酸性或中性溶液中基本上全为氢离子所占有，而形成一个硅酸（HGI）的水化胶层。只有在氢氧化钠溶液中，由于逆反应的进行，使得钠离子仍占有某些点位。当玻璃较长时间浸泡在水中，水将在固体中继续渗透，达到平衡时，能形成厚度为 $10^{-5} \sim 10^{-4}$ mm 的水化胶层，在水化胶层的最表面，钠离子的点位基本上被氢离子所占有，图 7-3 是玻璃膜两表面的放大示意图。

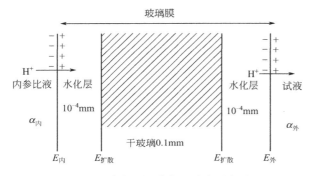

图 7-3　玻璃电极膜截面放大示意图

玻璃电极的膜电位包括玻璃膜和溶液之间的相界电位（$\varphi_外$ 及 $\varphi_内$）和玻璃膜内部的扩散电位 $\varphi_{扩散}$（如图 7-3 所示）。玻璃膜具有内外两个界面，各具有相界电位 $\varphi_内$ 与 $\varphi_外$，相界电位是基于水化胶层与溶液的 H^+ 浓度不同而产生的，H^+ 浓度大的要向 H^+ 浓度小的方向扩散，由于其他正、负离子不能出入玻璃膜，所以只存在 H^+ 的扩散。如果溶液中 H^+ 浓度较大，就有 H^+ 扩散到水化胶层中，相反，如果溶液中 H^+ 浓度较小，水化胶层中的 H^+ 就扩散到溶液中，如图 7-3 所示。扩散的结果，破坏了原来正、负电荷的分布，形成了双电层，产生了电位 $\varphi_外$ 与 $\varphi_内$。

除了相界电位之外，在内、外水化胶层与干玻璃层之间还存在着两个扩散电位（$\varphi_{扩散}$）。由于内、外两个水化胶层基本相同，所以产生扩散电位的数值相等，但符号相反，互相抵消了，因此膜电位的大小仅为二相界电位的代数和。

$$\varphi_膜 = \varphi_外 - \varphi_内$$

当内外水化胶层与内、外溶液之间，扩散达到稳定的动态平衡以后，$\varphi_内$、$\varphi_外$ 可用下式表示

$$\varphi_外 = K_1 + 0.059 \lg \frac{a_外}{a_外}$$

$$\varphi_内 = K_2 + 0.059 \lg \frac{a_内}{a_内}$$

式中　$a_内$，$a_外$——膜内和膜外溶液中 H^+ 活度；

$a'_{内}$，$a'_{外}$——膜内和膜外水化胶层中 H^+ 活度。

一般玻璃膜内、外表面结构形态可以看成是相同的，因此 $K_1 = K_2$。同时水化胶层中所有 Na^+ 已几乎全被 H^+ 所取代，$a'_{内} = a'_{外}$，所以玻璃电极的膜电位 $\varphi_{膜}$ 可写成下式

$$\varphi_{膜} = \varphi_{外} - \varphi_{内} = 0.059 \lg \frac{a_{外}}{a_{内}}$$

由于玻璃电极的内参比液是固定的（0.1mol/L HCl），所以 $a_{内}$ 为一常数，故上式可写成

$$\varphi_{膜} = 常数 + 0.059 \lg a_{外}$$

可见玻璃电极的膜电位只与膜外溶液（试液）中 H^+ 活度有关，所以 pH 玻璃电极对 H^+ 有选择性响应。

（三）溶液 pH 值的测定

电位法测溶液 pH 值，是以 pH 玻璃电极作指示电极，饱和甘汞电极为参比电极，浸入试液组成工作电池，如图 7-4 所示。

此工作电池可用下式表示

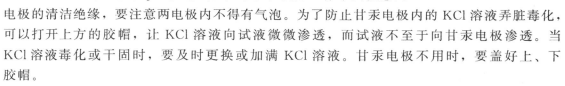

当试液与饱和 KCl 溶液之间的液接电位（$\varphi_{液接}$）忽略不计，工作电池电动势等于各相界电位的代数和。

$$E_{电池} = \varphi_{甘汞} - \varphi_{膜} = \varphi_{甘汞} - (常数 + 0.059 \lg a_{外}) = K - 0.059 \lg a_{外}$$
$$E_{电池} = K + 0.059 pH_{试}$$

图 7-4 工作电池

所以电池电动势与溶液 pH 值有线性关系。在实际工作中要注意两电极的清洁绝缘，要注意两电极内不得有气泡。为了防止甘汞电极内的 KCl 溶液弄脏毒化，可以打开上方的胶帽，让 KCl 溶液向试液微微渗透，而试液不至于向甘汞电极渗透。当 KCl 溶液毒化或干固时，要及时更换或加满 KCl 溶液。甘汞电极不用时，要盖好上、下胶帽。

（四）玻璃电极的特性

1. 不对称电位

当玻璃电极膜内外溶液的 pH 值相等时，即 $a_{外} = a_{内}$ 时，其膜电位应等于零。

$$\varphi_{膜} = 0.059 \lg \frac{a_{外}}{a_{内}} = 0$$

但实际上其膜电位并不等于零，仍存在一定的电位差，这说明玻璃膜内外表面特性是有差异的，也是不对称的，所以产生的电位差称不对称电位（$\varphi_{不对称}$）。良好的玻璃电极，不对称电位约数毫伏，而有的也达数十毫伏。玻璃电极不对称电位的大小与玻璃的组成、膜的厚度及吹制过程的工艺条件有关。

玻璃电极在使用时，必须预先浸泡 24h 左右，使其上形成水化胶层，减小不对称电位，浸泡时间愈长，内外表面状态愈趋一致，不对称电位愈小。一般浸泡 24h，不对称电位可达一稳定值。使用完毕仍需浸泡在蒸馏水中，以备下次使用。

2. 碱性偏差

用普通 pH 玻璃电极测定 pH 值大于 10 的溶液时，发现电极电位与 pH 之间将无线性关系，测得的 pH 值比实际偏低。如图 7-5。这种现象称为"碱差"，它来源于 Na^+ 的扩散作

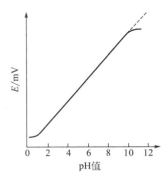

图 7-5　玻璃电极的碱性
偏差与酸性偏差

用，故又称为"钠差"。因为在强碱性溶液中，氢离子浓度很低，大量 Na^+ 的存在，使 Na^+ 重新进入硅酸盐晶格之故。因此玻璃电极的膜电位，除决定于水化胶层及溶液中的氢离子活度外，还增加了由于 Na^+ 在两相中扩散而产生的相界电位。钠差随溶液 pH 值和温度的提高而增大。

所以一般 pH 玻璃电极只宜测 pH 为 1～10 的溶液。目前已生产一种锂玻璃吹制的 pH 玻璃电极，钠差很小，可测 pH 高至 13.5。

3. 酸性偏差

当用普通玻璃电极测定 pH 值小于 1 的强酸性溶液时，也存在电极电位与 pH 不成线性关系的现象，所测得的 pH 值与实际的偏高，称之为酸性偏差，如图 7-5 所示。产生的原因尚待研究。

4. 使用 pH 玻璃电极的几点注意

① 玻璃电极不受溶液氧化剂或还原剂的影响，可应用于浑浊或胶态溶液。

② 在缓冲溶液中响应时间约 30ms。在高 pH 值或非水溶液中响应时间慢，往往需几分钟才能达到平衡。

③ pH 玻璃电极的球体非常薄，容易碎裂，使用时切勿触及硬物。球体沾湿时，可用滤纸吸干，不得擦拭。

④ pH 电极的玻璃球体不能用浓硫酸、浓酒精洗涤，也不能用于含氟较高的溶液中，否则电极将失去功能。

⑤ pH 玻璃电极长期使用会逐渐降低氢电极功能，称为"老化"，当电极系数低于 25mV/pH 时，就不宜使用。

⑥ pH 玻璃电极的电阻很高，必须配用高阻抗的测量仪器。

（五）pH 值的操作定义

前面已推导得：$E_{电池}=K+0.059pH_试$，从理论上说，只要测得电池电动势，就可以计算出试液的 pH 值。但是如何求得常数 K？它是 $\varphi_{甘汞}$、$\varphi_{不对称}$、$\varphi_{液接}$ 等电位的代数和，它是一个不固定的常数，需要标准 pH 值溶液来标定。国际上普遍采用已知 pH 溶液比较测量试液的 pH 值。即测定一标准溶液（pH_s）的电池电动势 E_s，然后测定试液（pH_x）的电池电动势 E_x，25℃时，E_s 和 E_x 分别为

$$E_x=K+0.059pH_x$$
$$E_s=K+0.059pH_s$$

二式相减得 pH 值的操作定义

$$pH_x=pH_s+\frac{E_x-E_s}{0.059}$$

通过测定标准溶液和试液所组成工作电池的电动势就可求出试液的 pH 值。

【例 7-1】　用 pH 玻璃电极测定溶液的 pH 值，测得 $pH_s=4.0$ 的缓冲溶液的电池电动势为 $-0.14V$，测得试液的电池电动势为 $0.02V$，计算试液的 pH 值。

解
$$pH_x=4.0+\frac{0.02-(-0.14)}{0.059}$$
$$pH_x=6.7$$

从操作定义可知，测定溶液的 pH 值，需要分析工作者自己配制标准溶液。表 7-3 列出了 pH 为 1.5～12.5 标准溶液的配制方法。

配制时，邻苯二甲酸盐需于 110℃，磷酸盐需于 110～130℃，碳酸钠需 270℃ 烘干 2h，其他不需烘烤，也不能置于过高的温度中。

标准溶液需要用高纯度的试剂和新蒸馏的蒸馏水或去离子水。pH 值大于 6 以上的溶液宜保存在塑料瓶中。标准溶液一般可保存 2～3 个月，但如果发现有浑浊、发霉、沉淀等现象时，不能继续使用。

表 7-3 pH 标准溶液的配制

pH 标准溶液	标准物质质量/(g/L 水中)	pH 值(25℃)	使用温度范围/℃
0.05mol/L 四草酸氢钾	12.61	1.679	0～95
饱和酒石酸氢钾(25℃)	>7	3.557	25～95
0.05mol/L 柠檬酸氢钾	11.41	3.776	0～50
0.05mol/L 邻苯二甲酸氢钾	10.12	4.004	0～95
0.025mol/L 磷酸二氢钾 0.025mol/L 磷酸氢二钠	3.387 3.533	6.863	0～50
0.008695mol/L 磷酸二氢钾 0.03043mol/L 磷酸氢二钠	1.179 4.303	7.415	0～50
0.01667mol/L 三(羟基甲基)氨基甲烷 0.05mol/L 三(羟基甲基)氨基甲烷盐酸盐	2.005 7.822	7.699	0～50
0.01mol/L 硼砂	3.80	9.183	0.5
0.025mol/L 碳酸氢钠 0.025mol/L 碳酸钠	2.092 2.640	10.014	0～50
饱和氢氧化钙(25℃)	72	12.454	0～60

（六）酸度计

由于 pH 玻璃电极的内阻很大，一般为 10～500MΩ，需高阻抗电子管毫伏计或晶体管毫伏计才能测量。目前商品酸度计有多种，测量程序大同小异，下面简介两种酸度计。

1. pHS-2D 型酸度计

pHS-2D 型酸度计面板如图 7-6 所示。其工作原理是将玻璃电极与甘汞电极在溶液中产生的电位差，输入到阻抗变换级，将高内阻的信号转变为低内阻的信号后，经温度补偿、斜

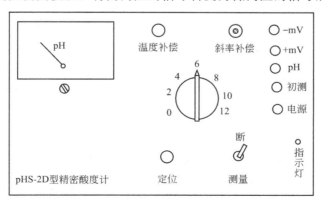

图 7-6 pHS-2D 型酸度计面板

率补偿等电路，指示出溶液的 pH 值或 mV 值。

本仪器自命为精密酸度计，它在测量 pH 值时，都有电极斜率校正操作。其溶液 pH 的测量过程如下。

（1）电极斜率校正　新买的玻璃电极或搁置过久的玻璃电极在测试之前，都应进行电极斜率校正，以确保测试精度。

① 把玻璃电极从插孔中拔出，按下"＋mV"或"－mV"按键，量程旋钮置于"4"或其他位置，调节"调零"，使电表指针在"1"处。

② 按下"pH"键，将"量程"旋钮置于"4"，将"温度补偿"旋钮置于溶液温度值，"斜率补偿"调节器反时针旋到底，玻璃电极插入电极孔内。

③ 移下电极夹，将二电极插入 pH＝4 的标准缓冲溶液（邻苯二甲酸氢钾）中。

④ 将测量开关扳至"测量"，若电表指针在表面刻度之内，待表针稳定后，调节"定位"，使电表指示 pH＝4（溶液温度不同，其值略有变化）。

⑤ 将测量开关扳至"断"，将电极退出溶液。将蒸馏水清洗后的电极插入 pH＝9 的硼砂标准缓冲溶液中，将量程旋钮扳至"8"。

⑥ 将量程开关扳至"测量"，待标准稳定后，观察指示值是否为 9.18(25℃)。若指示有差异，调节"斜率补偿"电位器，使 pH＝9.18。

（2）溶液 pH 值的测量

① 按下"＋mV"或"－mV"键，将"量程"旋钮置于任意挡，调节"调零"，使电表指针在"1"处。

② 按下"pH"键，将"温度补偿"旋钮置于被测溶液温度值，将电极插入标准缓冲溶液中。

③ 将测量开关拨至"测量"，调节"定位"，使仪器电表指针指示值，符合标准缓冲溶液的 pH 值。

④ 将测量开关扳至"断"，将电极移出溶液。将"量程"旋钮旋至试液的相对应的 pH 值（估计数值），将洗净后的电极插入试液中。

⑤ 将测量开关扳至"测量"，待表针稳定后读出数值，即试液的 pH 值。

2. pHS-2 型酸度计

本仪器表头满度为 2pH，精度 0.02pH，它除测定溶液 pH 值外，还可以与各种离子选择性电极配合使用，可测定各离子溶液组成的电池电动势，计算出各离子浓度。

pHS-2 型酸度计采用变容二极管参量放大器作为输入级，输入阻抗高达 $10^{12}\Omega$ 以上，工作稳定，它的简单工作原理如图 7-7。

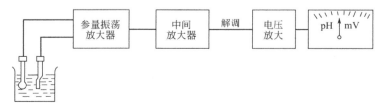

图 7-7　pHS-2 型酸度计原理

工作电池产生的信号送入参量振荡放大器，此放大器由两个变容二极管及两个线圈组成谐振电路，将直流信号转变为交流信号并进行放大，免除了直流放大器零点漂移的缺点。参量振荡放大器的交流信号再送至中间放大器进行交流电压放大。然后整流解调为直流信号，再经直流电压放大，由表头指示可直接读出 pH 值或 mV 值。pHS-3 型为数字显示，精度 0.01pH。

二、离子选择性电极的类型

离子选择性电极品种甚多。根据 1975 年国际纯化学与应用化学协会，依据膜的特征，推荐将离子选择性电极分类如下：

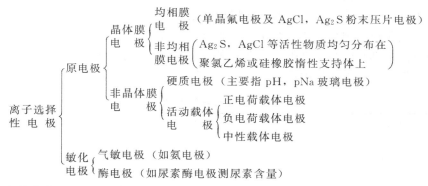

（一）玻璃电极

前面已讨论了 pH 玻璃电极，玻璃膜对离子的响应与玻璃的成分有关。除了 pH 玻璃电极之外，还有 pNa 电极，pK 电极。钠电极和钾电极都有商品玻璃电极出售。钠电极的内参比液为已知浓度的 NaCl 和 KCl 溶液，膜的组成为 11% Na_2O，18% Al_2O_3，71% SiO_2，此电极可测 $10^{-7} \sim 10^{-3}$ mol/L 的 Na^+，其准确度可与火焰光度法媲美。在测定中 Ca^{2+}、Mg^{2+} 不干扰，但当 $[H^+] : [Na^+] > 1 : 100$ 时，H^+ 有明显干扰，所以一般控制溶液 pH 值在 10 左右，例如加入 0.2mol/L 二异丙胺少量，可以消除 H^+ 的干扰。

（二）晶体膜电极

这类电极的敏感膜材料一般都是金属难溶盐，经过加压拉制成晶，可制成单晶、多晶或混晶活性膜，对相应的金属离子和阴离子有选择性响应。

1. 单晶膜电极

传感膜由微溶性盐的单晶切片，经抛光制成。截至今日还只有氟电极一种。氟电极 1966 年问世，是继玻璃电极之后，目前功能最好的离子选择性电极，它的出现为离子选择电极的发展起了开创性作用。氟电极的结构如图 7-8。

氟电极由 Ag-AgCl 内参比电极、0.1mol/L NaF-0.1mol/L NaCl 内参比液、氟化镧单晶片组成。国产 LaF_3 单晶片中还掺杂 0.1% ~ 0.5% 的 EuF_3 和 CaF_2，以增加导电性，制出了良好的商品电极。

氟电极 $10^{-7} \sim 10^{-1}$ mol/L 有很好的响应特性，实践证明，电极使用日久，灵敏度有所下降。氟电极的选择性很好，阴离子除 OH^- 外，均无干扰。pH 适应范围 5 ~ 7。初次使用氟电极需要在 10^{-3} mol/L 的 NaF 溶液中（或蒸馏水）活化 2h 后，再用空白溶液洗至电位最大值稳定不变，然后测定试液。

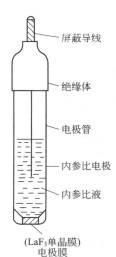

图 7-8 氟离子
选择性电极

2. 多晶膜电极

这类电极的薄膜由难溶盐的沉淀粉末在高压下压成 1～2mm 厚的致密薄片，经表面抛光，即可作这类电极的传感器。

这类电极最典型的是由 Ag_2S 粉末压制 S^{2-} 电极和 Ag^+ 电极。它是以 0.001～0.1mol/L $AgNO_3$ 为内参比液，以银丝为内参比电极。它能测 10^{-7}～1mol/L 的银离子或硫离子，其检测下限远高于 Ag_2S 的容度积（$2×10^{-49}$）。在酸性 H_2S 溶液中，对于游离硫离子的响应可低至 10^{-19}mol/L，当有银配合物或沉淀存在时，则可检出 10^{-20}mol/L 的游离 Ag^+。汞离子能与硫离子生成硫化汞沉淀，且溶度积与硫化银溶度积相近，故有干扰。

氯化银、溴化银、碘化银的沉淀粉末，能分别压制成氯电极，溴电极和碘电极。由于这些难溶盐在室温下具有较高的电阻，且有较强的光敏性。为了增加卤化银的导电性和机械强度，减少光敏性，常在卤化银中渗入 Ag_2S。常见晶体膜电极如表 7-4。

表 7-4 常见晶体膜电极

电极名称	测定浓度范围/(mol/L)	pH 适应范围	内阻/MΩ	膜材料	主要干扰离子
F^-	1～10^{-6}	0～11	<1	$LaCl_3+Eu$	OH^-
Cl^-	1～$5×10^{-5}$	0～13	<30	$AgCl+Ag_2S$	S^{2-},I^-,CN^-,Br^-,NH_3
Br^-	1～$5×10^{-6}$	0～14	<10	$AgBr+Ag_2S$	S^{2-},I^-,CN^-,NH_3
I^-	1～$5×10^{-8}$	0～14	1～5	$AgI+Ag_2S$	S^{2-},CN^-,NH_3
CN^-	10^{-2}～10^{-6}	>10	1～5	$AgI+Ag_2S$	S^{2-},I^-,NH_3
CNS^-	1～10^{-5}	0～14		$AgCNS+Ag_2S$	S^{2-},I^-,NH_3
S^{2-}	1～10^{-7}	0～14	<1	Ag_2S	无
Ag	1～10^{-7}	0～14	<1	Ag_2S	Hg^{2+}
Cu^{2+}	1～10^{-7}	0～14	<1	$CuS+Ag_2S$	Ag^+,Hg^{2+},Fe^{3+}
Cd^{2+}	1～10^{-7}	1～14	<1	$CdS+Ag_2S$	Ag^+,Hg^{2+},Cu^{2+},Fe^{3+}
Pb^{2+}	1～10^{-7}	2～14	<1	$PbS+Ag_2S$	Ag^+,Hg^{2+},Cu^{2+},Cd^{2+},Fe^{3+}

以上属均相晶体膜电极，还有一种非均相晶体膜电极，这类电极是将活性难溶盐粉末黏结在憎水的某惰性基体上（如硅橡胶、聚氯乙烯、聚乙烯、聚丙烯等）。应用最广的是硅橡胶，难溶盐与基体的质量比，一般为 1:1。其电极性能均与上述均相晶体电极相同。

（三）活动载体电极（液膜电极）

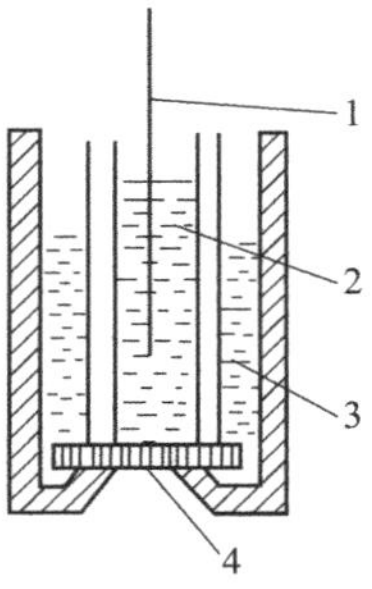

图 7-9 活动
载体电极
1—Ag-AgCl 内参比
电极；2—内参
比液；3—离子
交换剂；4—多
孔薄膜

活动载体电极是利用液态膜作敏感膜，所以又称液膜电极。它是用活性物质溶于适当的有机溶剂，置于惰性微孔膜（如陶瓷、PVC）支持体中。此种液态膜与前述固态膜不同，交换离子可自由流动，能穿过薄膜进行离子交换。有机相的电活性物质如果是中性配合物，则称中性载体电极，中性载体分子与待测离子形成带电荷的配离子，能在膜相中迁移。例如大环聚醚化合物（缬氨霉素等）可制成钾电极。

有机相的电活性物质如果是带正电或负电荷的离子交换剂，则称荷电载体电极。Ca^{2+} 选择电极是这类电极的代表，它的构造如图 7-9。

电极内装有两种溶液，一种是内参比液（0.1mol/L $CaCl_2$ 水溶液），其中插入 Ag-AgCl 内参比电极，另一种溶液是（0.1mol/L 二癸基磷酸钙溶于苯基磷酸二辛酯中）。底部为多孔性材料渗透膜与试液隔开，这种膜是憎水性的，仅支持离子交换剂形成一层薄膜，载体是有机阴离子 $(RO)_2PO_2^-$，在薄膜两界面发生如下的离子交换反应

$$[(RO)_2PO_2]_2^- \cdot Ca^{2+} \Longrightarrow 2(RO)_2PO_2^- + Ca^{2+}$$

有机相   有机相   ·水相

由于离子的交换，产生了电荷分布不均匀，形成双电层，产生了膜电位。目前应用的几种液膜电极列于表7-5。

表 7-5　液膜电极

电极名称	测定范围/(mol/L)	pH适应范围	内阻/MΩ	离子交换剂	干扰离子
Ca^{2+}	$1 \sim 10^{-5}$	$5.5 \sim 11$	<25	$(RO)_2POO^-$	$Zn^{2+}, Fe^{2+}, Pb^{2+}, Cu^{2+}, H^+$
Cu^{2+}	$10^{-1} \sim 10^{-5}$	$4 \sim 7$	<30	$R-S-CH_2COO^-$	Fe^{2+}, Zn^{2+}, H^+
Pb^{2+}	$10^{-2} \sim 10^{-5}$	$3.5 \sim 7.5$	<10	$R-S-CH_2COO^-$	Fe^{2+}, Cu^{2+}, H^+
ClO_4^-	$1 \sim 10^{-5}$	$4 \sim 11$	<30	$Fe(O-Phen)_3(ClO_4)_2$	OH^-
NO_3^-	$10^{-1} \sim 10^{-5}$	$2 \sim 12$	<30	$Ni(O-Phen)_3(NO_3)_2$	$ClO_4^-, ClO_3^-, NO_2^-, Br^-, I^-, S^{2-}$
BF_4^-	$10^{-1} \sim 10^{-5}$	$2 \sim 12$	<30	$Ni(O-Phen)_3(BF_4)_2$	$Ac^-, HCO_3^-, NO_3^-, F^-, Br^-, SO_4^{2-}$
Cl^-	$10^{-1} \sim 10^{-5}$	$2 \sim 11$	<30	R_4N^+	$ClO_4^-, NO_3^-, Br^-, I^-, OH^-$

（四）气敏电极

气敏电极是一种气体传感器，用来测定溶液中能转换气态的离子。其中以氨电极应用较广，其结构原理如图7-10。

氨敏电极是一支玻璃pH电极，再加上一个外管，下端套上气透膜，内装0.1mol/L NH_4Cl 中间液，插进Ag-AgCl参比电极即成。外套管一般为塑料，气透膜为聚四氟乙烯微孔气透膜。它是复电极，测定时不需另加甘汞电极。测定试样中氨时，向试液中加强碱，使铵盐转化为溶解态氨，由于扩散作用通过气透膜进入 NH_4Cl 中间液中，使中间液pH值发生变化，里面的pH指示电极可反映这种变化，间接测定试液中氨含量。

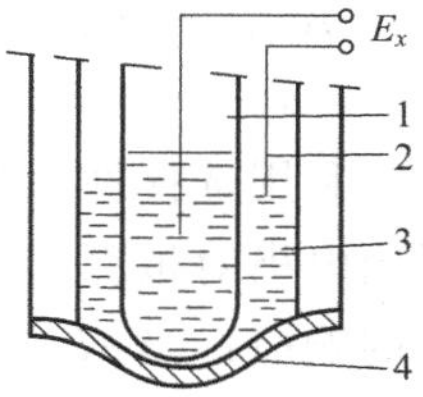

图 7-10　氨敏电极
1—pH玻璃电极；
2—参比电极
（Ag-AgCl）；
3—中间液
（0.1mol/L NH_4Cl）；
4—气透膜

常见气敏电极列于表7-6中。

（五）酶电极

酶电极也是一种敏化离子选择性电极。将生物酶涂布在离子选择性电极的传感器上，在酶的作用下，使待测物质产生能在该离子电极上具有响应的离子，间接测定该物质。

表 7-6　气敏电极

电极名称	指示电极	气透膜	中间液	平衡反应式	检测下限/(mol/L)
NH_3	pH玻璃电极	微孔聚四氟乙烯0.1mm	0.01mol/L NH_4Cl	$NH_3 + H_2O \Longrightarrow NH_4^+ + OH^-$	10^{-5}
CO_2	pH玻璃电极	微孔聚四氟硅橡胶	0.01mol/L $NaHCO_3$ 0.01mol/L $NaCl$	$CO_2 + H_2O \Longrightarrow H^+ + HCO_3^-$	10^{-5}
SO_2	pH玻璃电极	硅橡胶0.025mm	0.01mol/L $NaHSO_4$	$SO_2 + H_2O \Longrightarrow HSO_3^- + H^+$	10^{-6}
NO_2	pH玻璃电极	微孔聚丙烯0.025mm	0.02mol/L $NaNO_2$	$2NO_2 + H_2O \Longrightarrow 2H^+ + NO_3^- + NO_2^-$	10^{-7}
H_2S	Ag_2S晶体膜电极	微孔聚四氟乙烯	柠檬酸缓冲液(pH=5)	$S^{2-} + H_2O \Longrightarrow HS^- + OH^-$	10^{-3}
HCN	Ag_2S晶体膜电极	微孔聚四氟乙烯	0.01mol/L $KAg(CN)_2$	$HCN \Longrightarrow H^+ + CN^-$ $Ag^+ + 2CN^- \Longrightarrow Ag(CN)_2^-$	10^{-7}

例如将尿素酶溶于丙烯胺胶液中，涂覆在氨敏电极的表面上，再包上微孔性尼龙网和赛璐珞薄膜使之固定，尿素酶能使试液中的尿素分解为氨

$$NH_2CONH_2 + H_2O \xrightleftharpoons{\text{尿酶}} 2NH_3 + CO_2$$

再通过氨敏电极检测生成的氨，间接测出尿素含量。

氨基酸酶可制成氨基酸酶电极，硫氰酸酶可制成氰化酶电极等。

三、离子选择性电极的选择性

离子选择性电极对离子有选择性响应，理想的离子选择性电极只对欲测离子有选择性响应，但事实上电极不完全只对一种离子有响应，还不同程度受到干扰离子的影响。电极的选择性主要由电极膜活性材料的性质决定。电极的响应电位主要是膜的相界面上交换反应，产生相界电位，如果干扰离子参与这一过程，则显示出干扰作用。例如用玻璃电极测定溶液中 H^+ 浓度，当溶液 pH 较高时，则 Na^+ 也参与响应，产生钠差。假设被测试液中，欲测离子 i 与干扰离子 j 都是一价，则可用能斯特公式表示如下

$$\varphi = \varphi^\ominus + 0.059\lg(a_i + a_j K_{i,j})$$

式中　a_i ——被测离子活度；

　　　$K_{i,j}$ —— i 离子对 j 离子的选性系数；

　　　a_j —— j 离子的活度系数。

利用选择性系数 $K_{i,j}$，可以判断干扰离子 j 存在下，测定方法是否可行。如果 $K_{i,j} \ll 1$，说明电极对被测离子 i 有选择性响应；当 $K_{i,j} = 1$，说明电极对被测离子 i 与干扰离子 j 有同等的响应；当 $K_{i,j} > 1$，说明电极对干扰离子 j 有选择性响应。

例如一个 pH 玻璃电极对 Na^+ 的选择系数 $K_{H^+,Na^+} = 10^{-11}$，则说明此玻璃电极对 H^+ 的响应比对 Na^+ 的响应灵敏 10^{11} 倍，即 $a_{H^+} = 10^{-11}$ mol/L 所产生的膜电位与 $a_{Na^+} = 1$ mol/L 所产生的膜电位相等。

又如 pNO_3^- 电极的选择系数 $K_{NO_3^-,ClO_4^-} = 10^3$，证明此电极对 ClO_4^- 的响应比对 NO_3^- 的响应灵敏 1000 倍，ClO_4^- 严重干扰 NO_3^- 的测定。

$K_{i,j}$ 定义为产生相同电位时欲测离子活度 a_i 和干扰离子活度 a_j 的比值

$$K_{i,j} = a_i/a_j$$

四、定量方法

由于离子选择电极反映的是离子活度，但日常工作中需要测定浓度，为此，要求标准溶液的离子强度与试液的离子强度相同，这样就可以用浓度代替活度进行计算。具体办法有两个。

(1) 固定离子溶液的本底　将标准溶液与试液的本底相同。例如测定海水中的 K^+，在配制钾标准溶液时，先用人工合成与海水相似的溶液，然后加入标准钾盐物质。

(2) 加入离子强度调节剂　为了使试液和标准溶液总离子强度一致，可在标准和试液中同时加入离子强度调节剂 (ISAB)，或总离子强度缓冲溶液 (TISAB)。例如氟离子选择电极测定氟，使用总离子强度缓冲溶液，其溶液的组成为：1.0mol/L NaCl，0.25mol/L HAc，0.75mol/L NaAc 及 0.001mol/L 柠檬酸钠，使总离子强度等于 1.75，pH＝5.0。柠檬酸钠还可消除 Fe^{3+}、Al^{3+} 的干扰。

（一）标准曲线法

根据 pH 的测定，已知 $E_{电池}=K-0.059\lg a_{H^+}$，可以相同的方法，推导出各种离子选择性电极的一般公式。

$$E_{电池}=K+\frac{0.059}{n}\lg a_{阳}$$

$$E_{电池}=K-\frac{0.059}{n}\lg a_{阴}$$

式中的符号与前面所述相同，但此处"＋"、"－"符号与测定氢离子活度时的 $E_{电池}=K-0.059\lg a_{H^+}$ 的正、负符号相反。这是因为 pH 玻璃电极与甘汞电极配对使用时，甘汞电极为正极，玻璃电极为负极。但其他离子选择性电极的内阻大多小于甘汞电极的内阻，所以其他选择性电极与甘汞电极配对使用时，甘汞电极为负极，选择电极为正极。根据上面二式可知其他离子选择性电极的工作电池电动势与欲测离子的活度（浓度）的对数有直线关系。

标准曲线法是将离子选择性电极与甘汞电极分别插入一系列已知浓度的标准溶液中，依次测出电池电动势。然后以测得的电动势 E 与相应的浓度负对数值绘制工作曲线，如图 7-11。

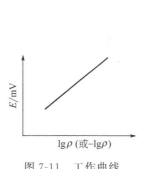

图 7-11　工作曲线

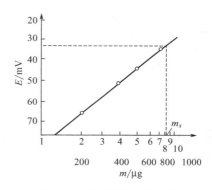

图 7-12　半对数纸工作曲线

在同样的条件下，测出试液电动势 E_x 值，即可从工作曲线（标准曲线）上找出 $\lg\rho_x$ 值，计算出试液的浓度。

如果使用半对数纸，则可直接作 E-ρ 工作曲线，测出试液的 E_x 后，可直接在工作曲线上找出试液的浓度 ρ_x 值。

浓度表示的方法可以多种多样（如 mol/L，mg/L，$\mu g/ml$）。如果以 mol/L 表示，其数值很小，宜用 $-\lg\rho$ 作横坐标，如果以 $\mu g/L$，则数值较大，宜用 $\lg\rho$ 作横坐标比较方便。标准曲线不一定是通过零点的直线，电位值也不一定都是正值，也可以得负值。对于阴离子，浓度愈大，电位值愈小或为负值。

【例 7-2】　水中氟含量的测定：取标准氟溶液（100$\mu g/ml$）2ml、4ml、6ml、8ml、10ml 及试液 10ml 入 50ml 容量瓶中，加 TISAB 溶液 10ml，用水稀至刻度，倒入 6 只洗净烘干了的小烧杯中，在电磁搅拌下，分别测得电位 E 为 67mV、51mV、41mV、33mV、27mV。E_x 为 32mV，求水中氟含量（mg/L）。

① 在半对数纸上绘制工作曲线（如图 7-12）。

② 根据 E_x 找出 m_x 为 810μg。

③ 计算氟含量

$$\frac{m_x \times 10^{-3}}{V_{样}} \times 1000 = \frac{810 \times 10^{-3}}{10} \times 1000 = 81(\text{mg/L})$$

【例 7-3】 低氟含量水样的测定及计算。

取标准氟溶液（10μg/ml）2.0ml、4.0ml、6.0ml、8.0ml、10.0ml 及待测水溶液 10.0ml，分别加入 50ml 容量瓶中，加入 TISAB 溶液 10ml，用蒸馏水准确稀释至刻度，倒入 6 只已洗净、烘干了的小烧杯中，在电磁机搅拌下，测得其电位值 E 分别为：293mV、276mV、267mV、259mV、254mV 及 E_x 272mV，求 F^- 的质量浓度。

① 使用半对数纸作 $E\text{-}m$ 工作曲线（图 7-13）

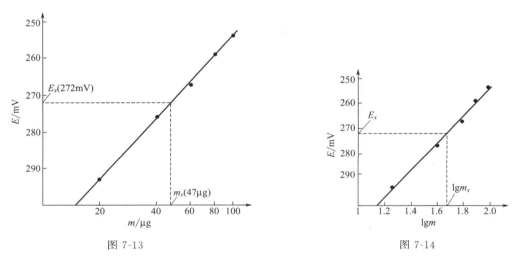

图 7-13　　　　　　　　　　　　　　　　图 7-14

从工作曲线中找出被测水样中的 $m_x = 47\mu g$，代入计算公式可算出被测水样氟的质量浓度 ρ_F：

$$\rho_F = \frac{m_x}{V_{样}} = \frac{47\mu g}{10.0ml} = 4.7\mu g/ml = 4.7 mg/L$$

② 使用普通坐标纸作 $E\text{-}\lg m$ 工作曲线（图 7-14）

根据所取标准溶液的体积 2ml、4ml、6ml、8ml、10ml 及氟标准溶液的浓度 10.0μg/ml，可得 m 值为 20.0μg、40.0μg、60.0μg、80.0μg、100μg，取其对数值，$\lg m$ 为 1.30、1.60、1.78、1.90、2.00。

作 $E\text{-}\lg m$ 曲线

从工作曲线上可查得

$$\lg m_x = 1.68$$

按工程计算器或查反对数表可知 $m_x = 4.78\mu g$

$$\rho_F = \frac{4.78\mu g}{10.0ml} = 0.478\mu g/ml = 0.478 mg/L$$

（二）一次标准加入法

当被测溶液的基体比较复杂，或者离子强度变化比较大，组成很难固定的情况下，则采用标准加入法比较合适。

设某溶液中待测离子的浓度为 c_x，容积为 V_x，测得工作电池的电动势为 E_x，然后加入浓度为 c_s 的标准溶液 V_s，则其浓度增加 Δc，$\Delta c = \dfrac{c_s V_s}{V_x + V_s}$，测得电动势为 E，根据能斯特

方程，25℃时

$$E_x = K + \frac{0.059}{n} \lg \gamma_1 c_x$$

$$E = K + \frac{0.059}{n} \lg \gamma_2 (c_x + \Delta c)$$

式中，γ_1、γ_2 是活度系数，$\gamma_1 \approx \gamma_2$，上二式相减得

$$\Delta E = \frac{0.059}{n} \lg \frac{c_x + \Delta c}{c_x}$$

令 $S = \frac{0.059}{n}$ 得

$$\frac{\Delta E}{S} = \lg \frac{c_x + \Delta c}{c_x}$$

$$c_x = \frac{\Delta c}{10^{\Delta E/S} - 1}$$

【**例 7-4**】 于干烧杯中准确加入 100ml 被测试液，用钙离子选择性电极与甘汞电极测得 $E_x = -0.0619$V。再加入 10ml 0.00731mol/L Ca(NO$_3$)$_2$ 溶液，与被测试液混合均匀，测得电动势 $E = -0.0483$V，求原水样钙离子的物质的量浓度。

解

$$\Delta c = \frac{10 \times 0.00731}{100 + 10} = 0.000665 (\text{mol/L})$$

$$\Delta E = |-0.0483 - (-0.0619)| = 0.0136 (\text{V})$$

$$S = \frac{0.059}{2} = 0.0295$$

$$c_x = \frac{\Delta c}{10^{\Delta E/S} - 1} = \frac{0.000665}{10^{0.0136/0.0295} - 1} = 0.000352 (\text{mol/L})$$

（三）多次标准加入法

1952 年格氏提出采用图解法来确定电位滴定的终点，并于 1969 年用于离子选择电极分析中，现已成为离子电极分析中有较高精度的简便方法，其原理如下。

当试液中加入标准溶液，混合均匀后，其离子浓度为

$$c = \frac{c_x V_x + c_s V_s}{V_x + V_s}$$

根据能斯特方程

$$E = E^{\ominus} + S \lg \frac{c_x V_x + c_s V_s}{V_x + V_s}$$

重排可得

$$\frac{E - E^{\ominus}}{S} = \lg \frac{c_x V_x + c_s V_s}{V_x + V_s}$$

$$10^{E - E^{\ominus}/S} = \frac{c_x V_x + c_s V_s}{V_x + V_s}$$

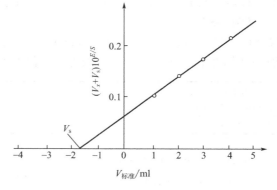

图 7-15 格氏作图法

$$(V_x + V_s) 10^{E/S} = (c_x V_x + c_s V_s) 10^{E^{\ominus}/S}$$

以 $(V_x + V_s) 10^{E/S}$ 对 V_s 作图可得一直线，外推此直线相交于 V_s，如图 7-15。V_s 为负值，此时纵坐标为零，所以

$$c_x V_x + c_s V_s = 0$$

$$c_x = -\frac{c_s V_s}{V_x}$$

式中 c_s——每次加入标准溶液的浓度；

V_s——由图 7-12 求得的体积数；

V_x——试液的体积；

c_x——待测试液的浓度。

格氏作图法实为多点加入法，比单点加入法有更高的精度，可以发现个别偶然误差。

上述作图法每加一次标准溶液，测一次电位 E 值，还要进行复杂的运算，比较麻烦。在实际应用中已设计了一种半反对数坐标纸，计算就非常简便了。此种坐标纸的纵坐标为反对数，可直接标以 E，横坐标代表加入的标准溶液体积，每大格代表向 100ml 试液中加入 1ml 标准溶液。向上斜的纵坐标完成体积稀释影响的校正，对于一价离子电极，纵坐标一大格代表 5mV，二价离子电极每大格代表 2.5mV。测量过程中，被测离子浓度最大值所测得的电位值标在纵坐标最上方，即对阳离子电极，纵坐标从上向下为正到负的方向；阴离子电极纵坐标从上向下为负到正（或小到大）的方向。如图 7-16。

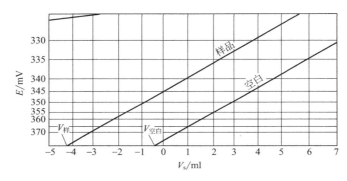

图 7-16 格氏作图

图纸的斜率是固定的，对一价离子电极为 58mV/pX，二价为 29mV/pX，如果实际使用的电极斜率与此不符，则产生误差。为了消除斜率变化的影响，一般要作空白校正。

【例 7-5】 溶液中 Cl^- 的测定：取 5ml 试液（如烧碱稀溶液），加 10ml pH＝4 的 $NaNO_3$-HNO_3 离子强度调节剂（ISAB），加去离子水稀至 100ml 刻度，倒入干烧杯中，每加 1ml 标准溶液（$500\mu g/ml$）测得电位值如下表。

加入氯标准溶液的体积/ml	1	2	3	4
测得样品溶液的电位值/mV	342	338	334.5	332
测得空白溶液的电位值/mV	372	360	351.5	346

求氯离子质量浓度（mg/L）。

① 按上表数据在格氏反对数纸上作 E-V_s 曲线，如图 7-16。

空白曲线外推相交于横轴 V_s 于 -0.58；样品曲线外推相交于横轴 -4.38 处。

② 计算

$$\rho_x = \frac{-(V_样 - V_空白)\rho_s}{V_x} = \frac{-(-4.38+0.58)\times 0.5}{5}$$

$$= 0.38(mg/ml) = 380(mg/L)$$

（四）测量仪器

离子选择性电极的测量仪器包括指示电极、参比电极、电磁搅拌器、离子计等。离子计的精度要求高于1mV，才能满足分析结果的准确度。PXD-2型通用离子计和PXD-12型数字显示离子计测量精度为1mV；PXD-3型数字显示离子计测量精度可达0.1mV。这些离子计可以测量电动势，也可直接读取pH值、pX值和浓度。pHS-2型和pHS-3型除测pH值外，也可以作其他离子电极的电动势测量，读数精度0.2mV。

五、影响测定的因素

以离子选择性电极测定试液的离子浓度，需要考虑影响电极电位的各种因素，并进行条件实验，以确定测量操作条件。影响测定因素主要有以下几个方面。

（一）溶液离子强度的影响

离子选择性电极是对离子活度进行响应，而非浓度。活度与离子浓度之间的差别与离子强度有关，所以溶液中离子强度影响溶液的活度，也即影响电池的电极电位。在实际工作中，由于目前配制标准活度溶液有困难，还不能采用活度来计算被测物含量，也很少通过活度系数来计算被测离子的浓度。一般都采用控制试液与标准溶液的离子强度接近一致，以浓度代替活度。

（二）pH值的影响

溶液酸度对离子选择性电极的响应有一定影响，因为pH值影响待测离子在溶液中存在的形态，亦即影响被测离子活度。例如氟离子在水中存在下列平衡

$$F^- + H^+ \rightleftharpoons HF$$
$$F^- + HF^- \rightleftharpoons HF_2^-$$

当pH值下降，平衡向右移动，影响了F^-的活度，使电极电位正值增加，这是由于产生了难电离、不为氟电极响应的HF，降低F^-浓度。

当溶液pH值过大时，则OH^-与单晶膜发生反应

$$LaF_3（固）+ 3OH^- \rightleftharpoons La(OH)_3（固）+ 3F^-$$

反应释放出F^-，增加了溶液中F^-，同时损害单晶膜。实验证明，pH值4～8，电极显示理想行为。

（三）干扰离子

溶液中除H^+与OH^-有影响外，其他共存离子也影响电动势的大小。

① 共存离子直接影响电极电位。例如用Ag_2S晶体膜电极测定CN^-时，硫离子干扰，可加入$PbCO_3$置换沉淀而除去。

② 共存离子影响被测离子在溶液中的状态。例如氟电极测氟，Fe^{3+}、Al^{3+}干扰并不是在电极上响应，而是与F^-生成配离子，降低了F^-的浓度，使分析结果偏低，必须加柠檬酸掩蔽铁、铝而消除干扰。

（四）温度的影响

工作电池电动势在一定条件下与离子活度的对数成直线关系

$$E_{电池} = K + \frac{2.303RT}{nF} \lg a_i$$

温度影响能斯特方程中的直线斜率，还影响溶液的性能及电极膜活性材料的溶解度等。

所以测定时要控制标准溶液与试液温度一致，且使用离子计上的温度补偿装置。

（五）搅拌的影响

在烧杯中测定时，一般都用电磁搅拌器搅拌，以加速离子的扩散，保持电极表面与溶液本体一致，所以搅拌是必要的，但搅拌速度也不宜过快，因为过快会引起噪声和电位不稳。选择搅拌速度以不引起平衡电位的波动为原则。

（六）电位平衡时间的影响

所谓电位平衡时间是指电极浸入试液获得稳定的电位所需时间。各种电极都需要有一定的平衡时间，一般响应时间 $1\sim3min$，氟电极、玻璃电极平衡时间小于 $1min$，气敏电极响应的时间较长。

第三节　电位滴定法

电位滴定分析与普通容量分析相似，只是确定终点的方法不同。容量分析根据指示剂的变色来确定终点，而电位滴定根据电位的突跃来确定终点，电位滴定分析与普通容量分析比较，电位滴定需要一定的仪器设备，不如普通容量分析简便，但电位分析有以下特点。

① 可用于有色溶液和浑浊溶液的滴定。
② 可用于缺乏合适指示剂的非水滴定。
③ 可进行连续滴定和自动滴定。
④ 能进行微量分析和超微量分析。

一、电位滴定的仪器装置

电位滴定的基本仪器装置如图 7-17。图中 1 为滴定管，根据所测物质含量的高低，可用

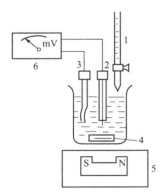

常量滴定管或微量滴定管、半微量滴定管。2 为指示电极，根据滴定反应的性质，可以是铂电极、玻璃电极或其他离子选择性电极。3 为饱和甘汞电极。4 为搅拌磁子，系一铁丝用玻璃或塑料管密封。5 为电磁搅拌器，系一小电动机带动一永久磁铁转动，磁铁带动搅拌磁子转动。6 为高阻抗毫伏计，可用 25 型酸度计或其他酸度计代用。

滴定时，开动电磁搅拌器，然后用标准溶液滴定，直至毫伏计指针发生急剧变化，指示终点到达。如果要提高分析准确度，按下述方法确定终点。

图 7-17　电位滴定装置

二、确定终点的方法

在电位滴定中，确定终点的方法有作图法和计算法两类，下面利用表 7-7 的具体数据，讨论几种确定终点的方法。

（一）E-V 曲线法

现以 $0.1mol/L$ $AgNO_3$ 滴定氯离子为例，具体数据如表 7-7。根据表 7-7 的实验数据，以电位为纵坐标，以消耗标准 $AgNO_3$ 为横坐标，在坐标纸上描点绘制 E-V 曲线，如图 7-18。

表 7-7　0.1000mol/L AgNO₃ 滴定 Cl⁻

加入 AgNO₃ 体积/ml	电位 E/mV	$\overline{V}$/ml	$(\Delta E/\Delta V)/(\text{mV/ml})$	$\Delta^2 E/\Delta V^2$
15.00	85			
		17.50	4.4	
20.00	107			
		21.00	8.0	
22.00	123			
		22.50	15	
23.00	138			
		23.25	16	
23.50	146			
		23.65	50	
23.80	161			
		23.90	65	
24.00	174			
		24.05	90	
24.10	183			
		24.15	110	2800
24.20	194			
		24.25	390	+4400
24.30	233			
		24.35	830	−5900
24.40	316			
		24.45	240	−1300
24.50	340			
		24.55	110	
24.60	351			
		24.65	70	
24.70	358			
		24.85	50	
25.00	373			
		25.25	24	
25.50	385			

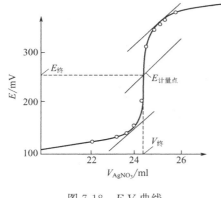

图 7-18　E-V 曲线

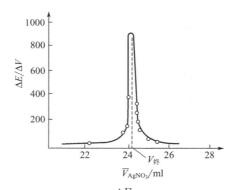

图 7-19　$\dfrac{\Delta E}{\Delta V}$-$\overline{V}$ 曲线

在曲线的拐点作两条与滴定曲线相切的 45°倾角的直线，此两直线与滴定曲线的突跃延长线相交于两点，等分两点之间突跃线交点（$E_{等当}$）所对应的 $V_{终}$，即等当点所消耗 AgNO₃ 的体积数，根据 $V_{终}$ 与 AgNO₃ 的浓度可计算出溶液氯离子浓度。

（二）$\Delta E/\Delta V$-$\overline{V}$ 曲线法

图 7-19 为 $\Delta E/\Delta V$-$\overline{V}$ 曲线，$\Delta E/\Delta V$ 为单位体积滴定剂引起电位的变化值，例如从 24.30ml 滴定至 24.40ml 所引起的电位变化为

$$\frac{\Delta E}{\Delta V}=\frac{316-233}{24.40-24.30}=830$$

曲线最高点所对应的 $V_{终}$，即为滴定终点。

（三）二级微商法

这是一种通过计算求得终点体积的方法。此法的依据是一级微商曲线的极大点是终点，

那么二级微商等于零就是终点。计算方法是：当加入 24.30ml 时

$$\frac{\Delta^2 E}{\Delta V^2} = \frac{\left(\frac{\Delta E}{\Delta V}\right)_{24.35ml} - \left(\frac{\Delta E}{\Delta V}\right)_{24.25ml}}{V_{24.35ml} - V_{24.25ml}} = \frac{830 - 390}{24.35 - 24.25} = +4400$$

当加入 24.40ml 时

$$\frac{\Delta^2 E}{\Delta V^2} = \frac{240 - 830}{24.45 - 24.35} = -5900$$

所以等当点附近微小体积 ΔV 的变化能引起很大的 $\Delta E/\Delta V$ 的变化值，并由正极大值至负极大值，中间必有一点为零，即 $\Delta^2 E/\Delta V^2 = 0$ 处，即为等当点。可用内插法计算

滴定剂体积24.30 $V_{终}$ 24.40

$\Delta^2 E/\Delta V^2$ 4400   0 -5900

$$\frac{24.40 - 24.30}{-5900 - 4400} = \frac{V_{终} - 24.30}{0 - 4400}$$

$$V_{终} = 24.30 + \frac{0 - 4400}{-5900 - 4400} \times 0.1 = 24.34 (ml)$$

（四）格氏作图法

当溶液中被测物质含量很低时，用上述方法确定终点较困难，必须用格氏作图法来确定终点。例如用 0.001mol/L $AgNO_3$ 滴定 100ml 2.5μg/ml 的 NaCl 溶液，可得图 7-20 所示滴定曲线。

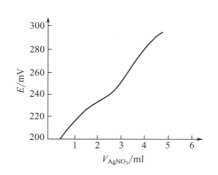

图 7-20   低含量氯化物的滴定曲线

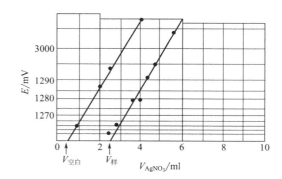

图 7-21   电位滴定的格氏作图法

从曲线可以看出，氯化物含量低时，没有终点电位突跃，一般氯化物含量低于 10^{-4} mol/L，不能用一般作图法确定终点，但用格氏作图法可测 10^{-6} 物质的量浓度的氯化物。

【例 7-6】 用银离子选择电极作指示电极，用硝酸钾饱和溶液或硫酸溶液作盐桥的双液接甘汞电极作参比电极，测定水中或 H_2SO_4 中 Cl^-，方法如下。

（1）空白的测定   在 200ml 烧杯中，放入 100ml 蒸馏水，开动电磁搅拌器，每加入 1ml 0.001mol/L $AgNO_3$ 溶液，记录一次电位值，连续 5 次，所得 E、V 值在格氏作图纸上描点，连接各点的最佳直线与横轴交于 $V_{空白}$，此值即为空白校正值。

（2）试样的测定   在 200ml 烧杯中加入试液 100ml，开动电磁搅拌器，每加 1ml $AgNO_3$ 溶液读一次电位值，连续 5 次，将所得 E、V 数据在格氏坐标纸上描点，如图 7-21，画出最佳直线相交横轴 $V_{样}$，即得未经校正的终点体积。

（3）试样浓度可按下式计算

$$c_x = \frac{c_s(V_样 - V_空白)}{V_x}$$

式中　c_x——试液浓度；

　　　c_s——标准溶液浓度（如 0.001mol/L AgNO$_3$）；

　　　V_x——试液的体积（如 100ml）；

　　　$V_样$——滴定试液的终点所消耗滴定剂（如 AgNO$_3$）的体积；

　　　$V_空白$——滴定空白溶液所消耗滴定剂（如 AgNO$_3$）的体积。

电位滴定的格氏作图法，还有标准比较电位滴定法，即取三份同体积的实验溶液：试剂空白、样品和标准分别进行滴定，各在格氏作图纸上作 E-V 直线与横轴相交，交点分别为 $V_空白$、$V_样$、$V_标$，则被测离子浓度可按下式比较算出：

$$\frac{c_x}{c_s} = \frac{(V_样 - V_空白)}{(V_标 - V_空白)}$$

式中　c_s——标准溶液的浓度（如被测的已知 Cl$^-$ 浓度）；

　　　c_x——所求试液的浓度。

【例 7-7】　以银离子选择电极为指示电极，用硝酸银滴定水样中微量 Cl$^-$ 含量：取去离子水 100ml；水样 100ml；标准 Cl$^-$ 溶液 100ml(2μg/ml)。用 AgNO$_3$ 溶液（约 0.001mol/L）滴定，每次加入 1ml，搅拌静止后读数，得如下数据。

加入 AgNO$_3$ 的体积/ml	1	2	3	4	5	6	7	8
空白溶液测得的电位值/mV	244	260.5	270	277	282.5	287		
标准溶液测得的电位值/mV				260	270	276.5	282.5	286.5
水样测得的电位值/mV				252	265	273	279	284

在格氏坐标纸上作图得三条直线，相交于横轴，得 $V_空白 = 0.03$ml；$V_标 = 2.03$ml；$V_样 = 2.53$ml，则水样中 Cl$^-$ 浓度 ρ_x 可按上式算出。

$$\rho_x = \frac{\rho_s(V_样 - V_空白)}{(V_标 - V_空白)} = \frac{2 \times (2.53 - 0.03)}{2.03 - 0.03} = 2.50(\mu g/ml)$$

三、电位滴定的类型

电位滴定不仅适用于沉淀滴定，也适用于中和滴定、氧化还原滴定、配位滴定，也同样可以用作图法、计算法确定终点。

（一）中和滴定

中和滴定一般选择 pH 玻璃电极作指示电极，饱和甘汞电极作参比电极。用 pH 计滴定溶液的 pH，以 pH 作纵坐标，滴定剂体积作横坐标绘出曲线，按前述方法确定等当点。按滴定时消耗的体积和已知浓度，计算出被测物浓度。

利用中和电位滴定可以测定弱酸弱碱的电离常数。pK_a 值即半中和点溶液的 pH 值。如图 7-22 所示。

因为

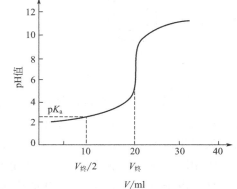

图 7-22　电位滴定法测弱酸的 pK_a

$$HA \Longrightarrow H^+ + A^-$$

$$K_a = \frac{[H^+][A^-]}{[HA]}$$

半中和点时，剩余的弱酸与弱酸根离子浓度相等，即

$$[A^-] == [HA]$$

所以

$$K_a == [H^+]$$

$$pK_a == pH$$

在图 7-22 中，找出半中和点 $V_终/2$，相对应的 pH 值即为 pK_a 值。

（二）氧化还原滴定

氧化还原滴定常采用惰性金属铂或金作指示电极，饱和甘汞电极作参比电极。铂电极可用 Pt 片或 Pt 丝作电极，使用前用 10% 热 HNO_3 浸洗以除去表面油污等。

【例 7-8】 $K_2Cr_2O_7$ 法滴定某有色的亚铁溶液。在 H_3PO_4 和 H_2SO_4 存在下，$K_2Cr_2O_7$ 与 $FeSO_4$ 发生如下反应

$$6Fe^{2+} + Cr_2O_7^{2-} + 14H^+ == 6Fe^{3+} + 2Cr^{3+} + 7H_2O$$

等量点附近产生电位突跃，可根据消耗的 $K_2Cr_2O_7$ 溶液的体积和相应的电位作 $E\text{-}V$ 曲线、$\Delta E/\Delta V\text{-}\bar{V}$ 曲线和二阶微商法确定终点。

（三）沉淀滴定法

以沉淀反应进行的电位滴定，必须根据不同的沉淀反应选择不同的指示电极。参比电极一般都使用饱和甘汞电极。

① $AgNO_3$ 滴定 Cl^-、Br^-、I^-，可选用银电极或相应的卤离子选择性电极作指示电极。银电极在使用前要用细砂纸抛光表面，以除表面氧化物。

② 以 $HgCl_2$ 或 $Hg(NO_3)_2$ 滴定 S^{2-}、I^-、AsO_4^{3-} 时，可用 J 形汞电极作指示电极。如图 7-23 所示。

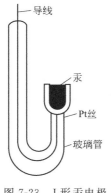

图 7-23 J 形汞电极

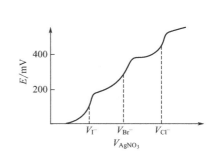

图 7-24 Cl^-、Br^-、I^- 混合物滴定曲线

③ 用 $K_4Fe(CN)_6$ 标准溶液滴定 Zn^{2+}、Cd^{2+}、Pb^{2+}、Ba^{2+}、稀土等离子时，在试液中加少量 $K_3Fe(CN)_6$，则形成 $Fe(CN)_6^{3-}/Fe(CN)_6^{4-}$ 氧化还原体系，可用 Pt 作指示电极。加入的铁氰化钾不会与被测离子产生沉淀，不干扰测定。

④ 用 $AgNO_3$ 标准溶液可连续滴定 Cl^-、Br^-、I^- 混合溶液，可用碘化银晶体电极作指示电极。由于 AgI、AgBr、AgCl 的溶解度不同而产生分步沉淀，溶解度小的 AgI 先沉淀，其次是 AgBr，再后是 AgCl 沉淀。滴定曲线有三个突跃，可以分别确定滴定终点。如图

7-24 所示。

（四）配位滴定

利用配位反应进行电位滴定时，也需根据不同配位反应选择不同指示电极。

① 用 $AgNO_3$ 标准溶液滴定氰化物时，生成 $Ag(CN)_2^-$ 配离子，可用银电极或碘化银晶膜电极作指示电极。

② EDTA 配位滴定：凡表观稳定常数 $K'_稳$ 小于汞离子配合物的表观稳定常数 $K'_{HgY^{2-}}$ 的所有金属离子，都可选用 J 形汞电极。

EDTA 滴定钙，可用液膜钙指示电极；EDTA 滴定 Fe^{3+} 可用 Pt 指示电极，但溶液应加一点 Fe^{2+} 溶液。

有关电位滴定的应用列于表 7-8。

表 7-8　电位滴定的应用

被测离子	滴定剂	反应类型	指示电极
Fe^{2+}	$Ce(SO_4)_2$、$KMnO_4$、$K_2Cr_2O_7$	氧化还原	Pt
I^-	$Ce(SO_4)_2$、$KMnO_4$、$K_2Cr_2O_7$	氧化还原	Pt
Sn^{2+}	$KMnO_4$、$K_2Cr_2O_7$	氧化还原	Pt
X^-	$AgNO_3$	沉淀反应	Ag 或 AgI 膜电极
S^{2-}	$AgNO_3$ 或 $Pb(NO_3)_2$	沉淀反应	Ag 或 Ag_2S 膜电极
CNS^-	$AgNO_3$	沉淀反应	Ag 或 AgBr 膜电极
Ag^+	$MgCl_2$	沉淀反应	Ag 或 Ag 玻璃电极
F^-	$La(NO_3)_3$ 或 $Th(NO_3)_4$	沉淀反应	氟离子电极
SO_4^{2-}	$BaCl_2$	沉淀反应	$PbSO_4$ 膜电极
Zn^{2+}、Cd^{2+}、La^{3+}、Sc^{3+}	$K_4[Fe(CN)_6]$	沉淀反应	Pt
ClO_4^-	$(C_6H_5)_4AsCl$	沉淀反应	ClO_4^- 液膜电极
K^+	$Ca[B(C_6H_5)_4]_2$	沉淀反应	K^+ 玻璃电极
CN^-	$AgNO_3$	配位反应	Ag 或 AgI 电极
Mn^{2+}	EDTA	配位反应	Hg 电极
Fe^{3+}	EDTA	配位反应	Pt
Zr^{4+}、Th^{4+}、Fe^{3+}	EDTA	配位反应	CuS 膜电极
Ca^{2+}	EDTA	配位反应	Ca^{2+} 液膜电极
Al^{3+}	NaF	配位反应	氟电极

四、自动电位滴定简介

电位滴定确定终点比较麻烦费时，随着电子技术的发展，出现了以仪器代替手工的自动电位滴定计，如 ZD-2 型自动滴定计，其原理如图 7-25。

自动电位滴定需要预先知道终点的电位值，即 E-V 滴定曲线 $E_{等当}$（如图 7-16）所对应纵坐标的电位值。此电位值必须在相同条件下，事先用手工滴定，确定其终点电位值（$E_终$）。

自动电位滴定时，将电位计的电压预调至 $E_{终点}$ 电位值。开动仪器，当滴定剂滴入烧杯

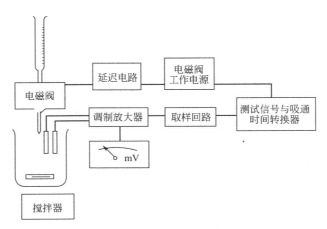

图 7-25　ZD-2 型自动滴定计方框图

中，被测离子浓度发生变化，电池电动势 E 也发生变化。这个渐变的电位经调制放大器放大以后送入取样回路，将直流信号 E 与 $E_终$ 比较，再送入测试信号与吸通时间转换器，此转换器为一开关电路，它将该差值成比例地转换成短路脉冲，使电磁阀吸通。当距终点较远时，由于 E 和 $E_终$ 的差值大，电磁阀吸通时间长，当接近终点时，差值逐渐减小，电磁阀吸通时间短，滴液流速逐渐减慢。当 E 等于 $E_终$ 电位，取样回路无电位差值输入，电磁阀无电，阀门（两弹簧铁片）将滴定管下端胶管卡死，滴定终止。延迟电路以防止终点出现过漏现象，当滴定终点到达后 10s 左右，工作电池电动势不再变化，则延迟电路会使电磁阀永远关掉。

五、死停终点法

死停终点法又称永停终点法，是把两个相同的惰性金属（如 Pt）电极插入溶液中，在两个电极间外加一个很小电压（10～100mV）。

（一）原理

利用滴定过程中，溶液可逆电对的形成，两电极回路中电流突变来指示终点的方法。例如 I_2/I^-、Ce^{4+}/Ce^{3+}、Fe^{3+}/Fe^{2+} 等。若在含有 I_2/I^- 电对溶液中插入 Pt 电极，Pt 电极将反映出 I_2/I^- 电对的电极电位；若在溶液中插入两个 Pt 电极，则此两电极的电极电位相同，即两电极之间的电位为零。若在两 Pt 电极间外加一个小直流电压，由于溶液是可逆氧化还原体系，则发生如下电极反应

正极 $\qquad\qquad\qquad\qquad 2I^- \rightleftharpoons I_2 + 2e^-$

负极 $\qquad\qquad\qquad\qquad I_2 + 2e^- \rightleftharpoons 2I^-$

但是当两 Pt 电极插入不可逆氧化还原体系（如 $S_4O_6^{2-}/S_2O_3^{2-}$）的溶液中，同样在两电极间加一个小直流电压，则不会产生电解反应，电流计上不会有电流流过。

目前采用死停终点法指示终点的实例中，滴定剂为可逆电对，被测物为不可逆电对居多，例如卡尔·费休法测定水分和 I_2 液滴定 $Na_2S_2O_3$ 即属这种情况。

将一对 Pt 电极插入 $Na_2S_2O_3$ 溶液中，外加 10～30mV 的电压，用灵敏检流计测量通过两电极的电流。当用 I_2 液滴定时，等量点前溶液只有 $S_4O_6^{2-}/S_2O_3^{2-}$ 不可逆电对，铂电极上不会产生电解反应，检流计无电流通过。但是等量点后，过量一滴 I_2 液，则溶液中存在 $I_2/$

I⁻可逆电对，两 Pt 电极上产生电解反应，有电流通过两电极，检流计突然发生偏转，指示终点到达。其滴定曲线如图 7-26。

横坐标代表加入滴定剂体积，纵坐标代表检流计上的电流值。

（二）仪器装置

死停终点的仪器装置如图 7-27 所示。

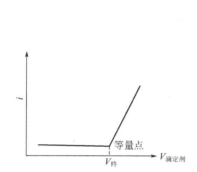

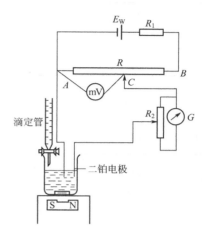

图 7-26　可逆电对滴定非可逆电对　　　图 7-27　死停终点法仪器装置

图中 E_w 为 1.5V 干电池，R 为 500Ω 左右的绕线电位器，R_1 为 5kΩ 左右电阻，G 为灵敏检流计（$10^{-9} \sim 10^{-7}$A/分度）如吊镜式检流计，R_2 为检流计分流器。铂电极钝化时，需用 10% HNO_3 煮沸数分钟洗净后插入溶液。滴定时，先按图 7-27 安装好仪器，调节滑点 C，使 mV 表指示为 10～30mV 左右，然后滴定至检流计指针突然偏转，即为终点。

思　考　题

1. 什么叫直接电位法？电位滴定法？
2. pH 玻璃电极产生膜电位的机理？
3. 不对称电位、碱性偏差产生的原因？
4. 离子选择性电极有哪些类型及构造原理？
5. 直接电位法有哪几种定量方法？各种方法有何特点？
6. 选择性系数的含意是什么？有何用途？
7. 开展离子选择性电极方面的工作需要具备哪些基本仪器？
8. 电位滴定确定终点的方法有哪几种？
9. 什么叫死停终点法？自己组装需要哪些基本元件？
10. 死停终点法，为什么只应用于可逆氧化还原体系？
11. 各类反应的电位滴定中，应选择何种指示电极？

习　题

1. 将氯离子选择电极与甘汞电极插入 10^{-4}mol/L 的 Cl⁻ 溶液中，测得 $E_s=130$mV，测未知 Cl⁻ 溶液，得 $E_x=238$mV，求试液中 Cl⁻ 的浓度（25℃）。

［提示：可用 $PCl_x = PCl_s - \dfrac{E_x - E_s}{59}$ 计算出［Cl⁻］的负对数 PCl 值，然后求出试液 Cl⁻ 的浓度。也可以解能斯特一元联立方程。］

2. 25℃时，用毫伏计测得 pH＝4.0 的缓冲溶液中，测得 E_s＝209mV。测三个未知 pH 值试液，测得 E_1＝312mV；E_2＝88mV；E_3＝17mV，求各试液的 pH 值。

3. 电位滴定 Na_2PtCl_6 样品中的 Cl^- 含量，称取 0.2479g 无水 Na_2PtCl_6，加入硫酸肼使样品分解，Pt(Ⅳ)还原为金属并释放出 Cl^-，用 0.2314mol/L $AgNO_3$ 滴定，以 Ag 作指示电极，饱和甘汞电极作参比电极，得如下数据：

$AgNO_3$ 体积/ml	E/mV	$AgNO_3$ 体积/ml	E/mV	$AgNO_3$ 体积/ml	E/mV	$AgNO_3$ 体积/ml	E/mV
0.00	72	13.40	152	14.00	196	14.40	326
13.00	140	13.60	160	14.20	290	14.60	340
13.20	145	13.80	172				

求样品 Cl^- 的质量分数。

［提示：$AgNO_3$ 体积和相对应的电位值要按表 7-7 格式排列，再进行计算。］

4. 用 0.1250mol/L NaOH 溶液滴定 50ml 某一元弱酸溶液，得如下数据：

NaOH 溶液体积/ml	pH 值	NaOH 溶液体积/ml	pH 值	NaOH 溶液体积/ml	pH 值	NaOH 溶液体积/ml	pH 值
0.00	2.40	20.00	3.81	39.92	6.5	40.80	11.00
4.00	2.86	36.00	4.76	40.00	8.25	41.60	11.24
8.00	3.21	39.20	5.50	40.08	10.00		

① 绘制 pH-V 曲线；

② 绘制 $\dfrac{\Delta pH}{\Delta V}$-$V$ 曲线；

③ 计算弱酸盐的摩尔浓度；

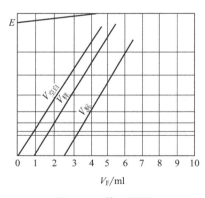

图 7-28　第 6 题图

④ 等物质的量点的 pH 值；

⑤ 弱酸的电离常数 K_a。

5. 标准加入法，用铜离子选择性电极测定铜，25℃时测得 100ml 铜试液的电动势为 155mV，加入 1ml 0.1000mol/L $Cu(NO_3)_2$ 溶液后，测得其电动势为 159mV，求原试液中铜的物质的量浓度。

6. 用格氏作图法，以氟离子选择电极为指示电极，用 0.01mol/L 的 NaF 标准溶液电位滴定样品中铝含量。

① 100ml 去离子水，以 0.01mol/L NaF 滴定，得一系列 E、V 数据，在格氏作图纸上作 E-V 直线，与横轴交于 $V_{空白}$＝0.1ml。

② 10^{-4}mol/L Al^{3+} 溶液 100ml，同样滴定，作 E-V 直线交横轴于 $V_{标}$＝2.7ml。

③ 取水样 100ml 同样滴定，作 E-V 直线交横轴于 $V_{样}$＝0.9ml。如图 7-28 所示。

求 Al^{3+} 的物质的量浓度。

填空练习题

1. 电位滴定分析中常用的参比电极有_____、_____两种。

2. 离子选择性电极的类型有_____、_____、_____、_____、_____五种。

3. 直接电位法的定量方法有_____、_____、_____。

4. 直接电位法影响测定的因素有_____、_____、_____、_____、_____。

5. 电位滴定法确定终点的方法有_____、_____、_____。

教 学 建 议

一、本章重点

1. 掌握参比电极（主要是甘汞电极）结构及应用注意事项。

2. 掌握离子选择性电极的结构原理及应用，重点掌握 pH 玻璃电极、氟离子选择性电极、氯离子选择性电极。

3. 直接电位法的定量方法。

4. 电位滴定法：重点掌握终点体积（$V_终$ 或 V_{ep}）的准确计算，即二阶微商计算法。

二、选修内容

1. 表 7-4～表 7-6 及表 7-8 系一些应用实例，可作为技术人员参考，供同学浏览。

2. 离子选择电极的选择性。$K_{i,j}$ 用来判断干扰离子的干扰程度，但这些常数在工作手册上还很少。如果学时有限，可以作为选修内容，任课老师机动处理。

3. 多次标准加入法。此法又称格氏作图法，是一种好的分析方法，但需要格氏作图纸（江苏电分析仪器厂有售），如果不开实验，也可自由浏览。

4. 自动电位滴。理论上说是一种非常好的方法，但终点电位（$E_终$）要先用手工测定，然后设置入自动滴定，目前应用不广，故建议作自由浏览或由任课老师机动处理。

5. 死停终点法：此法是基于滴定终点时，过量一滴滴定剂，微安表突然偏转，指示终点到达。目前应用较广的是试剂中，特别是有机物中，水分的滴定，例如卡尔·费休法滴定尿素中水含量。因为学时有限，任课老师机动处理。

6. 习题：习题 2、3 必做，其他可为选做题。

三、实验

建议开设 4 个实验。

1. 水样 pH 值的测定；

2. 离子选择性电极测水中氟含量；

3. 重铬酸钾电位法测定铁；

4. 格氏作图法测烧碱液中 Cl^- 含量。

如学时减少，格氏作图法改为选做。直接电位法及电位滴定法要求熟练掌握。电位法测溶液 pH 广泛应用，目前还有钢笔型小 pH 计，必须熟练掌握操作过程。氟离子选择性电极测 F^-，已定为国家标准法（国标），测 F^- 普遍采用工作曲线法定量。标准加入法如果自己测定斜率 S，准确度接近工作曲线法。

$$斜率\ S = \frac{2.303RT}{nF}$$

S 的理论值和实际值有出入，电极影响斜率，故宜自行测定。测定办法有：

① 求测工作曲线的斜率。

② 稀释一倍法　准确吸取试样（设 10.0ml）入 50ml 容量瓶中，再加 T1SAB 溶液 10ml，用蒸馏水稀至刻度，倒入 100ml 小烧杯中，测定其电位 E_1，加入

1.00ml 氟标准液（100μg/ml）测出电位值 E_2，再加入空白溶液 50ml，（可用标准系列的"O"号溶液），测定电位值 E_3。斜率 S 可按下式求出。

$$S = \frac{E_3 - E_2}{\lg 2} = \frac{E_3 - E_2}{0.301}$$

［注］上公式可用氟的浓度 c、$\frac{c}{2}$ 代入能斯特方程导出。

关于电位滴定法的应用，主要解决普通滴定法不能解决的问题，例如严重混浊溶液、有色溶液，或者找不到合适指示剂等情况。电位滴定要学会组装电位计，特别不要选错指示电极，表 7-8 是电位滴定分析的应用实例。

库仑分析法

◆ 概述
◆ 基本原理
◆ 库仑滴定

第一节　概　　述

以测量通过电解池的电量（库仑数）为基础的分析方法称为库仑分析法。它包括控制电位库仑分析法和恒电流库仑分析法。

（一）控制电位库仑分析法

控制电位库仑分析法是控制电极的电位进行电解，在电解过程中，电位恒定，电流逐渐减小，当电流趋近于零时即为终点。在电解电路中间串接一个测量电量的电子积分库仑计或气体库仑计，根据电量可算出被电解物的含量。此法的优点是：由于控制电极电位而提高了选择性，防止副反应发生。缺点是：为了防止 H^+ 的干扰，利用 H^+ 在汞阴极上有很高超电压，所以需要一个特制的汞极（如汞阴极）电解池；并且由于电流不恒定，不能通过电流与时间的乘积，这样简单计算来测出通过电解池的电量，必须在电解电路中串接一库仑计。因此恒电位库仑分析法，在目前的应用还不如恒电流库仑分析法应用普遍。

（二）恒电流库仑分析法

恒电流库仑法是控制恒定的电流通过电解池，在电极上产生一种滴定剂，与溶液中被测物质反应，可用指示剂指示终点，根据通过电解池的恒电流和时间（电量 $Q=it$），计算出被测物的含量。此法又称库仑滴定法，它与容量分析有很多相似之处，只是加入滴定剂的方式不同，容量分析是用滴定管加入滴定剂，而恒电流库仑滴定是在电极上产生滴定剂。目前恒电流库仑分析由于电流和时间都易准确测量，应用较广，因此本章将重点讨论库仑滴定法。

库仑滴定与容量分析比较，有容量分析所不能达到的优点，库仑滴定不但能作常量分析，而且能测微量物质。如果以 10mA 的恒电流电解时，相当于 0.005mol/L 的试剂以 0.009ml/s 的速度滴定，可测 $10^{-9}\sim10^{-6}$ g 的一价离子的物质。库仑滴定有自动库仑仪，也可以自己组装简单库仑计，滴定时间一般只需 1～3min，故具有灵敏、快速、准确等优点。

第二节　　基本原理

一、法拉第电解定律

库仑分析的理论基础是法拉第电解定律，其内容包括下述两方面。

① 电流通过电解质溶液时，发生电极反应物质的量与通过的电量成正比，即与电流强度和通过电流的时间乘积成正比

$$m \propto Q$$
$$m \propto it$$

式中　m——电极上析出物质的量，g；

　　　Q——电量，C；

　　　i——电流强度，A；

　　　t——时间，s。

② 在电解过程中，通过电解池 1 法拉第电量（96500C）则在电极上析出 M/n 摩尔质量的物质。

$$F : (M/n) = Q : m$$
$$m = \frac{QM}{nF} = \frac{it}{96500} \cdot \frac{M}{n}$$

式中　M——原子或分子的摩尔质量；

　　　n——电极反应中电子得失数；

　　　t——电解的时间，s；

　　　i——电解电流，当 i 以毫安表示，则电极析出物质的量以毫克为单位；当 i 以安培表示，则电极析出物质的量 m 以克为单位。

从上式可知，只要设法精确测量电解待测组分时电极反应所消耗的电量，便可算出被测组分物质的量。

二、影响库仑分析的因素

库仑分析要获得准确的分析结果，关键是要保证电极反应的电流效率是 100%，准确测量通过电解池的电量，能准确指示电解终点。

（一）影响电流效率的主要因素

保证电极反应的电流效率是 100%，就必须设法使通过电解池的电流 100% 地为欲测离子所利用，不让别的干扰离子在电极上反应而消耗电量。为此，必须防止可能发生的以下副反应。

1. 溶剂

电解大多数在水溶液中进行，要选择适当的电压或 pH 范围，使得水不致分解为 H_2 和 O_2，使电量不致消耗在水的电解上。从这点出发，汞电极优于铂电极。若用有机溶剂或混合液作电解液，必须避免它们的分解或发生其他电极反应。为此，一般都应事先取空白液制出 i-E 曲线，以确定其可用的电压范围及其电解条件。

2. 共存元素

有些元素与欲测离子同时在电极上起反应，对这样的元素必须事先进行分离，例如溶液

中溶解的氧，可以在电极上还原

$$O_2 + 2H^+ + 2e^- \Longrightarrow H_2O_2$$
$$O_2 + 4H^+ + 4e^- \Longrightarrow 2H_2O$$

它会消耗一部分电量而使电极反应电流效率小于100％，所以库仑分析电解前一般都应该除氧。

3. 电极反应产物

电解过程中两电极上都有不同的反应产物，这些产物之间有时相互起反应，影响库仑滴定或控制电位库仑分析，即影响电解中100％的电流效率，解决的主要办法是：将辅助电极装入玻璃套管中，管的下端装微孔陶瓷片并放一层琼脂；或者将两电极分插在两个容器中，两容器之间用盐桥连接（如图8-2），这样就可以免除电极反应产物的干扰了。

（二）电量的测量

① 恒电流库仑分析又称库仑滴定、间接库仑法。它的电解电流 i 是恒定的，只要准确记录电解的时间，就可按 $Q = it$，即可算出电量 Q 值。对于自动库仑滴定仪，都装有电子计数器，可以直接读出电量或被测物的含量。

② 恒电位库仑分析又称直接库仑分析，它的电流逐渐变小，其电量的测量必须采用电子积分计或气体库仑计等来完成电量的测量。

（三）电解终点指示

恒电位库仑分析其终点的指示是借助电解电流降至最小值，即降至空白溶液的残余电流来结束电解。恒电流库仑分析终点的指示，必须借助化学指示剂或电化学方法来完成。

第三节 库 仑 滴 定

库仑滴定不需要标准溶液，且装置简单，操作简便，容易推广应用。

一、库仑滴定装置

库仑滴定装置由滴定池、恒电流电路、记时装置等部件组成，如图8-1所示。

（一）滴定池

图中1、2为工作电极。电极2为阳极，一般采用金属铂作电极，在此电极上产生滴定剂。电极1为阴极，是一个玻璃管内插一惰性金属丝（如Pt），管下端为砂芯玻璃封口，内充电解质溶液。电解池中盛电解液和试液。当滴定剂从阴极产生，则将两电极的极性颠倒，即阴极改阳极，阳极改阴极，装置可以不变化。

（二）恒电流电路

恒电流电路包括恒电流电源 E_1，调节电流大小的电位器（或电阻箱）R_1 及测量电流的毫安表等。

① E_1 是库仑滴定的工作电源，可用45V乙电池（广播电池），也可以采用直流稳压电源。E_2 为电钟或电子钟的电源。

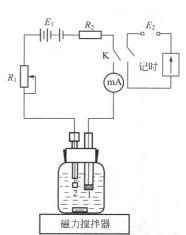

图 8-1　库仑滴定装置 I
1,2—工作电极

② R_1 为调节工作电流大小的 50kΩ 左右的线绕电位器或采用六旋电阻箱。R_3 为保护电阻。

③ 毫安表用来测量通过电解池的电流大小，毫安表量程可视被测物含量而定，如果测微量物质、量程可采用 0～30mA（精度 1mA）。如果无毫安表，可用 100Ω 精密电阻（如电阻箱）和酸度计取代，如图 8-2 所示，因为电流可根据电位和电阻计算求出

$$I_{mA} = \frac{E_{mV}}{R}$$

若已知电阻 $R_2 = 100Ω$，酸度计上指示 $E_{mV} = 500mV$，则通过电解池电流为

$$I_{mA} = \frac{500}{100} = 5(mA)$$

（三）记时装置

用于记录库仑滴定的计时装置，可用秒表（停表）或电钟。目前市售的电子钟开、关时有滞后现象，使用时要注意。

二、滴定方法

（一）氧化还原滴定法

氧化还原滴定在库仑分析中应用最广，它是在电极上产生氧化剂（如 Br_2、I_2）去滴定还原性被测物质。

【例 8-1】 测定某水样中 H_2S 的含量：取 50ml 水样，加入 KI 2g，加少量淀粉溶液作指示剂，将两 Pt 电极插入溶液（如图 8-2）、以 20mA 恒电流进行滴定

$$阳极 \quad 2I^- \Longrightarrow I_2 + 2e^-$$
$$阴极 \quad 2H^+ + 2e^- \Longrightarrow H_2$$

阳极产生的 I_2 与试液中的 H_2S 产生如下化学反应

$$H_2S + I_2 \Longrightarrow S + 2H^+ + 2I^-$$

130s 之后溶液出现蓝色，则 H_2S 含量为

$$\rho(H_2S) = \frac{it}{F} \cdot \frac{M_{H_2S}}{n} \cdot \frac{1000}{V_样} = \frac{20 \times 30}{96500} \times \frac{34.07}{2} \times \frac{1000}{50} = 9.18(mg/L)$$

【例 8-2】 试液中 $Na_2S_2O_3$ 含量的测定：在图 8-2 中左边插有 Pt 电极的烧杯中加入 10ml 2mol/L KI，80ml 去离子水，淀粉溶液 2ml，以 5mA 恒电流，合上开关 K 电解至蓝色，停止。加入试液 2ml，合上 K 电解 2'40″溶液又出现蓝色，指示终点到达，求 Na_2SO_3 含量。

$$\rho(Na_2S_2O_3) = \frac{itM_{Na_2S_2O_3}}{96500nV_样} \times 1000$$
$$= \frac{5 \times 160 \times 158.10}{96500 \times 1 \times 2} \times 1000$$
$$= 655.3(mg/L)$$

当实验室无砂芯封口的玻璃套管时，库仑滴定可按图 8-2 所示组装库仑滴定计。

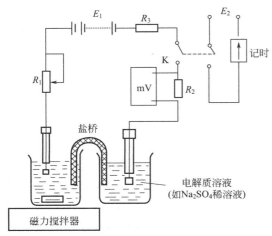

图 8-2 库仑滴定装置Ⅱ

【例 8-3】 溶液中三价砷的滴定：取

0.2mol/L KBr 电解液于电解池中，再加入 2 滴甲基橙指示剂（或用死停终点法指示终点），加 1ml 浓 H_2SO_4，将两 Pt 电极短路，调节好所需电解电流，加入 5.00ml 试液，合上开关 K，同时记时，甲基橙褪色或死停终点法检流计的光点突然摆动，即为终点。根据电流及电解时间可算出砷的含量。其电极反应如下

$$阳极 \quad 2Br^- \Longleftrightarrow Br_2 + 2e^-$$
$$阴极 \quad 2H^+ + 2e^- \Longleftrightarrow H_2$$

阳极产生的 Br_2 滴定剂与试液中三价砷发生反应

$$Br_2 + As(Ⅲ) \Longleftrightarrow 2Br^- + As(Ⅴ)$$

当三价砷全部被氧化之后，过量一点 Br_2 可使甲基橙褪色或检流计光点突然偏转，指示终点到达。为了获得准确结果，一般要作空白实验，计算样品组分含量要扣除空白值。

【例 8-4】　数字式氨水浓度计：也是用库仑滴定原理设计的库仑滴定仪，其原理是在 pH 为 8.2～9.0 的 0.1mol/L 硼砂和 2mol/L KBr 电解液中产生如下电极反应

$$阴极 \qquad\qquad 6H^+ + 6e^- \Longleftrightarrow 3H_2 \uparrow$$
$$阳极 \qquad\qquad 6Br^- \Longleftrightarrow 3Br_2 + 6e^-$$

阳极产生的 Br_2 与溶液发生如下分析反应

$$3Br_2 + 6OH^- \Longleftrightarrow 3BrO^- + 3Br^- + 3H_2O$$
$$3BrO^- + 2NH_3 \Longleftrightarrow N_2 \uparrow + 3Br^- + 3H_2O$$
$$总反应 \quad 2NH_3 \xrightarrow{电解} 3H_2 \uparrow + N_2 \uparrow$$

它利用永停终点法的电流信号自动停止滴定。

（二）中和滴定

铂阴极上能产生如下反应

$$2H_2O + 2e^- \Longleftrightarrow H_2 + 2OH^-$$

产生的 OH^- 能滴定各种酸性物质。同理，在铂阳极上产生如下反应

$$H_2O \Longleftrightarrow \frac{1}{2}O_2 + 2H^+ + 2e^-$$

生成的 H^+ 可以滴定各种碱性物质。

例如库仑滴定法测定钢中微量碳：国产 KUC-1 型定碳仪就是以库仑滴定原理设计制造的，其原理是在电解池中加 $Ba(ClO_4)_2$ 溶液，此时 pH 为一定值，当钢样通氧气，在 1200℃ 左右燃烧产生 CO_2 气体导入电解池，CO_2 被吸收产生如下反应

$$Ba(ClO_4)_2 + H_2O + CO_2 \Longleftrightarrow BaCO_3 + 2HClO_4$$

生成的 $HClO_4$ 使溶液酸度增加，pH 值变小。此时在 Pt 工作电极上通过一定量的脉冲电流进行电解，产生一定量的 OH^-。

$$阴极 \quad 2H_2O + 2e^- \Longleftrightarrow 2OH^- + H_2$$

产生的 OH^- 中和上述反应生成的 $HClO_4$，直至恢复到原来 pH 为止，电解产生 OH^- 所消耗的电量相当于产生 $HClO_4$ 的量，而每 2 个 $HClO_4$ 相当一个碳，故可求出钢中含碳量。KUC-1 型自动定碳仪可直接显示样品中含碳量。

（三）沉淀滴定和配位滴定

许多库仑沉淀滴定都是以阳极产生沉淀剂（如 Ag^+、Hg_2^{2+}、Zn^{2+}），例如利用 Ag 阳极产生 Ag^+，沉淀滴定 Cl^-（或 Br^-、I^-）。

$$Ag^+ + Cl^- \rightleftharpoons AgCl\downarrow$$

终点可以用指示剂或另一银指示电极指示过量的 Ag^+ 而引起电极电位的突变。

汞阳极产生 Hg_2^{2+}，也可与 Cl^-、Br^-、I^- 等产生沉淀。

锌阳极产生 Zn^{2+}，能与 $Fe(CN)_6^{4-}$ 生成 $K_2Zn_3\left[(CN)_6\right]_2$ 沉淀。

库仑法也已被用于在汞阴极上产生乙二胺四乙酸根离子 HY^{3-} 的方法，滴定各种阳离子。这种配位滴定是先将过量的 HgY^{2-} 配合物引入样品的氨性溶液中，然后通过汞（Ⅱ）的电化学反应，还原汞离子而释放出 EDTA

$$HgNH_3Y^{2-} + NH_4^+ + 2e^- \rightleftharpoons Hg + 2NH_3 + HY^{3-}$$

释放出的 HY^{3-} 再与被测定的阳离子反应。例如对 Pb^{2+} 的滴定

$$P_b^{2+} + NH_3 + HY^{3-} \rightleftharpoons PbY^{2-} + NH_4^+$$

因为汞的配合物比 Ca^{2+}、Mg^{2+}、Pb^{2+}、Zn^{2+}、Cu^{2+} 等的配合物更稳定，所以电解过程在放出配位剂以前不会发生这些离子的配位作用。

控制电位库仑分析与恒电流库仑滴定能适应于有机物、无机物，应用实例甚多。《分析化学手册》有较详细的资料。

三、库仑滴定终点的指示方法

（一）化学指示剂法

库仑滴定与容量分析一样，可以选用化学指示剂指示终点，KBr 系统可用甲基橙指示终点；KI 系统可用淀粉溶液指示终点；中和法可用酸碱指示剂指示终点。例如测定肼，利用 Br^- 在阳极上氧化产生 Br_2 与肼作用，过量的 Br_2 能使甲基橙褪色。

（二）电位法指示终点

本法是将适当的电极插入溶液中，利用反应到达等当点时，电位发生突变以指示终点。例如库仑法的酸碱滴定，可以用 pH 玻璃电极、甘汞电极和酸度计配套来指示终点的到达。

（三）死停终点法

在双铂指示电极间加一小电压（10～100mV），当库仑滴定到达终点时，发生极产生微过量滴定剂（可逆电对），双铂指示电极间就有电流通过指示电路（见图 7-25）中的电流计 G，指针突然偏转，即到达指示终点。这种指示终点的方法应用较广，能适应于有机溶液、浑浊和有色溶液的库仑滴定。

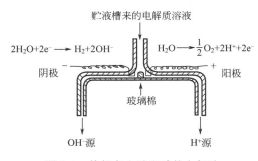

图 8-3　外部产生酸和碱的电解池

四、滴定剂的外部产生法

有时由于发生极和溶液中某些其他组分间有副反应产生，将使库仑分析无法进行。例如库仑滴定酸性物质，即在阴极产生 OH^- 的过程

阴极　$2H_2O + 2e^- \rightleftharpoons H_2 + 2OH^-$

若试液中还有容易在电极上还原的物质存在时，则会偏离 100% 的电流效率而干扰测定。如果采用图 8-3 所示从外部产生滴定剂的方法，去滴定试液中酸性物质。

这种滴定方法与普通的容量分析更相似。此种双臂式电解池也适用于氧化还原滴定等。

思 考 题

1. 库仑分析的理论基础是什么？叙述其内容。

2. 库仑分析的关键问题是什么？

3. 何谓库仑滴定？它与普通容量分析有何异同？

4. 画出库仑滴定仪器装置图，说明库仑滴定计的工作原理。

5. 今有一试液，每毫升约含 Sb^{3+} 2mg 左右，试设计一恒电流库仑滴定方案。

6. 根据下列反应

试设计一恒流库仑滴定法测定试液中每毫升约含 8-羟基喹啉 1mg 的分析方案。

7. 恒电位库仑分析与库仑滴定有何异同？

习 题

1. 加入过量 HgH_3Y^{2-} 溶液于 50ml 试液中，测定某水样中钙含量，然后在汞阴极上产生 EDTA 阴离子，使用 18mA 恒电流，212s 到达终点，计算 $CaCO_3$ 的质量浓度（mg/L）。

2. 测定电镀氰化物浓度，可取 10ml 试液以电解产生 H^+ 滴定到甲基橙变色，通 39mA 恒电流，177s 到达终点，试计算 NaCN 的质量浓度 ρ(g/L)。

3. 用库仑滴定法测焦化厂排出水中的含酚量，使 100ml 样品变成微酸性，并加入过量的 KBr，在 Pt 阳极上产生 Br_2 与酚发生下列反应

$$C_6H_5OH + 3Br_2 \Longrightarrow Br_3C_6H_2OH + 3HBr$$

以 20.8mA 的电流，经过 580s 到达终点，求酚的含量。

第九章

极谱分析与溶出伏安法

◆ 概述
◆ 半波电位与极谱定性
◆ 极谱定量分析
◆ 示波极谱法
◆ 溶出伏安法

第一节　　概　　述

极谱分析是 20 世纪 50 年代才迅速发展的一种非常重要的分析手段，对能在电极上产生氧化还原的无机金属离子、有机物都能进行测定，最早的经典极谱最适宜测定 $10^{-5} \sim 10^{-1}$ mol/L 的浓度范围，重现性非常好，准确度相当高。它的缺点是使用滴汞电极，同时近年，新兴的原子吸收、ICP 光谱、色谱分析，有较强竞争性，使极谱分析地位下移，但目前还有不少单位有示波极谱仪等，极谱还作为一个电化学研究工具。

溶出伏安法是在极谱分析的基础上开发出来的新方法，它是先电解富集，然后再溶出，获得电流电压曲线，根据其峰高，确定被测物含量，可测定 10^{-9} mol/L 的低含量物质，故得到较快发展，如在环境监测方面得到较广应用。

一、极谱分析的基本装置及分析过程

极谱分析的基本装置如图 9-1 所示。F 为电解池，B 为滴汞电极（详见图 9-2）。它的上端为一储汞瓶，瓶内的汞通过塑料管进入玻璃毛细管（内径 0.05mm），然后滴入电解池溶液中，汞滴控制流速为每滴 3～5s，不断下滴。滴汞速度可由储汞瓶的高度调节，滴汞电极通常作阴极。K 为具有较大面积的汞层，称汞池电极，通常作阳极，此电极也可用甘汞电极代替。AD 为一滑线电阻，加在电解池两极上的电压，可移动滑点 C 来调节，AC 间的电压由伏特表 V 指示。G 为检流计，用于测量电解过程的微电流。E 为电源。

分析步骤：将试液加入电解池中，例如浓度约为 10^{-3} mol/L 的 Cd^{2+} 的 3mol/L NH_4OH 和 1mol/L NH_4Cl 溶液中，试液还加入了少量 Na_2SO_3 和几滴 0.5% 动物胶。移动触点 C 使加于两极上的电压从 $-0.6V$ 开始逐渐增加，当加到 $-8.0V$ 时，电流开始增大，当电压为 $-0.85V$ 时，为波高的一半，电压增大到 $-0.9V$（汞滴为阴极故取负值）时，电流不再增大，这时的电流称极限电流（i_l），如果 C 点用电机驱动，电流计用记录器代替，即可在记录纸上画出如图 9-3 的极谱电流-电压曲线，又称极谱图。

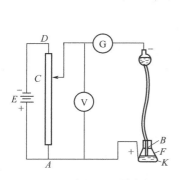

图 9-1 极谱分析的简单装置

图 9-2 滴汞电极

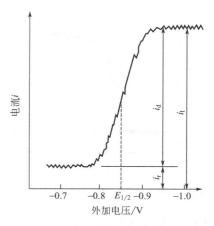

图 9-3 镉离子的极谱曲线

此曲线为锯齿状阶梯曲线，锯齿是汞滴滴下与长大的信号，曲线开始电流很小，是因为 Cd^{2+} 还没有在电极上还原，只有微量杂质在电极上反应，此电流命名为残余电流（i_r）。当电压过 $-0.8V$，则 Cd^{2+} 开始电解还原（分解电位 $-0.8 \sim 0.9V$）并形成汞齐。

$$Cd^{2+} + 2e^- + Hg \Longrightarrow Pb(Hg)$$

阳极上，汞氧化为 Hg_2^{2+}，并与溶液中的 Cl^- 形成 Hg_2Cl_2（甘汞）。

$$Hg - 2e^- + 2Cl^- \Longrightarrow Hg_2Cl_2 \downarrow$$

当电压继续增大至 $-1.0V$ 以上，电流不再增大，形成一平台，此时的电流值，称极限电流（i_l），极限电流减去残余电流，称扩散电流（i_d），为什么？第三节将讨论。

二、极谱分析特点

① 电解液保持静止，不许搅动，是一种特殊的电解分析。

② 灵敏度较高。经典极谱适宜测定 $10^{-5} \sim 0.1 mol/L$ 的浓度范围；示波极谱可测 10^{-7} mol/L 或更低含量的物质。

③ 相对误差较小，一般为 2%～5%，与分光光度法相似。

④ 试液用量少，且可重复使用。由于电解电流很小，同一溶液反复多次作极谱图，重复性很好，说明溶液成分基本上没有改变。

⑤ 用途广泛。凡能在滴汞电极上起氧化还原反应的物质都能测定。它在有色冶金、地质、农药检测方面，曾有过赫赫战功，但目前已被原子吸收光谱、ICP 光谱、色谱担任"主角"，有色冶炼厂已将极谱分析下放至车间分析室。

第二节　半波电位与极谱定性

一、定性依据

在电流-电压曲线上，如图 9-4，当电流等于扩散电流一半时，滴汞电极的电位称半波电位，即波高的一半所对应于横坐标的电位值，以 $E_{1/2}$ 表示。在一定温度、一定浓度的支持电质（如测 Cd^{2+} 时的 NH_4OH-NH_4Cl）溶液中，金属离子的半波电位是一定的，与被测离子的浓度无关。因此，半波电位 $E_{1/2}$ 是极谱定性的依据。而离子的分解电压（析出电位）随离

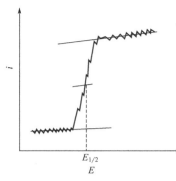

图 9-4 半波电位的测量

子浓度的不同而稍有变化。

二、半波电位的测量和定性方法

（一）半波电位的测量

最简单的测量方法是延长波前、波后的延长线，在两延长线之间作一等分线与曲线相交，其交点所对应的横坐标 $E_{1/2}$，即为所求半波电位。

（二）定性方法

半波电位在一定的底液中，$E_{1/2}$ 为定值，底液不同，$E_{1/2}$ 亦不同，故要求在一定浓度的底液中测出试液的 $E_{1/2}$，然后查找有关专著资料，找出该相同底液的半波电位值，半波电位相同者，即为同一离子。

在实际工作中，用标准与样品比较测定即可，例如测 Cd^{2+}，配一标准（0.1mg/ml），另配一试液，都为 NH_4OH-NH_4Cl、动物胶、Na_2SO_3 底液，如果测得 Cd^{2+} 标准的半波电位为 0.83V，试样亦为 0.83V，则可确定试样产生的极谱波即为 Cd^{2+} 所为。虽然与资料值 0.85V 有差异，则可能是测量误差。

第三节　极谱定量分析

一、扩散电流

（一）电极上的电解与扩散电流

在静止的溶液中用滴汞电极进行电解时，由于滴汞电极的面积小，因而电极表面上的电流密度是很大的。当电解反应一开始，在汞滴表面一薄层溶液中，被测离子几乎都被还原，$C_0 \to 0$，而电解池中主体溶液的被测离子浓度仍为 C，此时就发生了浓差极化。

由于 $C_0 \to 0$，溶液又是静止的，要维持电解反应继续进行，就靠主体中的被测离子（如 Cd^{2+}）扩散作用前去汞滴还原，形成了约 0.05mm 厚的扩散层，如图 9-5。

靠扩散前去汞滴上还原而产生的电流，故称扩散电流（i_d），扩散电流 i_d 的大小取决于扩散速度 $v_扩$，即

$$i_d \propto v_扩$$

而扩散速度又取决于浓度梯度（$C - C_0$），即

$$v_扩 \propto (C - C_0)$$

因为 $C_0 \to 0$，则

$$v_扩 \propto C$$

因而扩散速度 i_d 与浓度有正比关系：

$$i_d = KC \tag{9-1}$$

这就是极谱定量分析的理论依据。

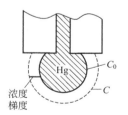

图 9-5　滴汞周围的浓差极化

C_0—滴汞表面 Cd^{2+} 的浓度；

C—溶液中 Cd^{2+} 的浓度

（二）扩散方程式

式（9-1）中的比例常数 K，在极谱分析中称尤考维奇常数。

$$K = 607nD^{1/2}m^{2/3}t^{1/6}$$

所以扩散电流为

$$i_d = 607nD^{1/2}m^{2/3}t^{1/6}C \tag{9-2}$$

式中　i_d——平均扩散电流；

　　　n——电极反应中的电子转移数；

　　　D——被测物质在溶液中的扩散系数，cm^2/s；

　　　m——单位时间流出的汞量，mg/s；

　　　t——每一滴汞滴下所需时间，s；

　　　C——溶液中被测物浓度。

上式即扩散电流方程或称尤考维奇方程。从式中可知 i_d 与毛细特性（$m^{2/3}t^{1/6}$）有关；与溶液的组成、黏度有关，因为扩散电流与扩散系数 $D^{1/2}$ 成正比。被测离子的电子得失数 n，更影响 i_d 的大小。

二、干扰电流及其消除

（一）迁移电流

迁移电流来源于电解池的正极和负极对被测离子的吸引或排斥，例如 Cd^{2+} 向滴汞电极表面移动，除受扩散力的作用外，还受电场的库仑力作用。因为汞滴电极为负、Cd^{2+} 为正，被吸引而还原，迁移电流与浓度无正比关系，应当消除。

消除迁移电流的方法，是在电解池中加入大量的支持电解质。这种电解质在被测离子的还原电位附近并不起还原反应，所以又称惰性支持电解质。加入支持电解质以后，电极附近的电荷大部分（99％以上）被支持电解质的正、负离子所平衡，例如测 Cu^{2+}、Cd^{2+}、Ni^{2+} 都可加入大量的 NH_4OH-NH_4Cl，则汞滴电极周围被 NH_4^+ 所包围，而对被测离子的吸引就可以忽略不计了，达到了消除迁移电流。常用的支持电解质有碱金属的氯化物（KCl、$NaCl$）、硫酸盐、过氯酸盐等，使用量为被测离子的 $50\sim100$ 倍。

（二）残余电流

在未达到被测物的分解电压时，仍产生一种微小电流，称残余电流。残余电流来源于溶液中易在电极上起还原作用的杂质和汞滴的充电电流。

消除办法，一般用作图法扣除，如图 9-6，作基线的切线，将极限电流减去残余电流即为扩散电流。如果被测物的离子浓度很小，仪器还有补偿残余电流的装置。

（三）极大

在极谱分析中，常有一种特殊的现象发生，即在电解开始后，电流随电压的增加而迅速地增大到一个极大值，然后下降到扩散电流的数值，以后保持不变，如图 9-7 所示。这种在电流-电压曲线上出现不正常的电流峰，称为极谱的极大。极大产生的原因有争论，有的认为是由于汞滴表面的吸附作用，有的认为是由于汞滴表面张力不一致，引起的搅动所致。

显然，极大的产生将阻碍半波电位及扩散电流的正常测量，所以必须消除。一般的方法是在溶液中加入少量的表面活性物质，这些物质称为极大抑制剂。常用的极大抑制剂有明胶（动物胶）、聚乙烯醇、品红、甲基红等。加入量不宜过大，否则影响扩散电流。如明胶若水

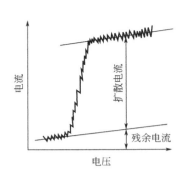

图 9-6　切线法扣除残余电流

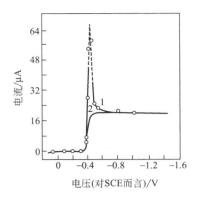

图 9-7　铅离子极大及其消除

1—50ml 2.3×10⁻³mol/L 硝酸铅在

0.1mol/L NaCl 溶液中；

2—加入 0.1ml 0.1% 甲基红

溶液中大于 0.01%，就会使扩散电流降低。图 9-7 中，曲线 1 是未加极大抑制剂的铅离子极谱曲线；曲线 2 是加入了极大抑制剂（甲基红）后，铅离子极谱曲线。

（四）氧波

在室温时，氧在溶液中的溶解度约为 8mg/L。在电解进行时，氧在滴汞电极上也被还原，产生两个极谱波：

① $O_2 + 2H^+ + 2e^- \rightleftharpoons H_2O_2$　$E_{1/2} = -0.2V$

② $H_2O_2 + 2H^+ + 2e^- \rightleftharpoons 2H_2O$　$E_{1/2} = -0.8V$

在 $-0.8 \sim -0.2$ 这一电压范围内，正是许多金属离子在此区域产生极谱波，干扰许多离子的测定，必须除去溶液中的氧。除去溶液中的氧，有以下两个办法。

① 当溶液是碱性的，可加入 Na_2SO_3。

② 当溶液是酸性或中性，可通入 H_2 或 Ar、N_2 驱赶溶液中 O_2。

三、极谱定量分析

（一）极谱波高的测量

极谱分析以扩散电流为依据，扩散电流即波高，常以厘米、毫米表示，只需测出标准与试样中产生波高的相对值，不必测出扩散电流的绝对值。正确测量波高，可以减小分析误差。测量波高的方法很多，下面介绍两种常用方法。

1. 平行线法

当波形良好时，通过极谱波上残余电流部分和极限电流部分的锯齿波纹中心作两条平行线 AB 和 CD，两线间的垂直距离 h 即为所求波高，如图 9-8 所示。平行线法简便易行，但只适用于波形良好的情况。对于残余电流和极限电流不平行的极谱波，这个方法就不能应用。

2. 三切线法

三切线法又称交点法。它是通过极谱波上残余电流、极限电流和扩散电流的波纹中心分别作 AB、CD 及 EF 三条直线，EF 与 AB 相交于 O 点、EF 与 CD 相交于 P 点。通过 O 与 P 作平行于横轴的平行线，此平行线间的垂直距离 h 即为波高，如图 9-9 所示。

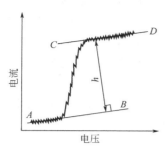

图 9-8 平行线法测量波高

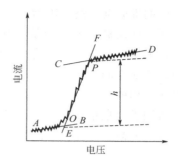

图 9-9 三切线法测量波高

（二）极谱定量的方法

因为在极谱图上，扩散电流 i_d 可由极谱波高 h 来代表，所以式(9-1)可改写为

$$h = Kc \tag{9-3}$$

极谱定量分析的方法虽然有许多种，但其基本原则都是根据式(9-3)，把在相同条件下测得的试液的波高和标准溶液的波高进行比较，求得物质的含量。

1. 比较法

比较法是一种最简单的方法。它是用一个已知浓度的标准溶液 c_s 和样品溶液 c_x，在完全相同的实验条件下，分别作出极谱图，并测出它们的波高 h_s 及 h_x，然后根据两者的波高及标准溶液的浓度，即可求出试样溶液中待测物的浓度 c_x。根据式(9-3)可知

$$h_s = Kc_s$$
$$h_x = Kc_x$$

两式相除得

$$\frac{h_s}{h_x} = \frac{c_s}{c_x}$$

$$c_x = \frac{c_s}{h_s} h_x \tag{9-4}$$

比较法简单易行，适宜单个或少量试样的分析。但这种方法要求标准溶液与试样溶液的基本组成要尽可能一致，并且在相同的实验条件下进行实验，否则会产生较大的误差。

2. 标准加入法

取一体积为 V_x（单位为毫升）的样品溶液，作出极谱图，然后加入浓度为 c_s 的标准溶液 V_s 毫升，再在相同的条件下作出极谱图，如图 9-10 所示。分别测出未加标准溶液和加入标准溶液后极谱图的波高 h 和 H。设样品溶液中待测物浓度为 c_x，根据式(9-3)可得

$$h = Kc_x$$

$$H = K \frac{c_x V_x + c_s V_s}{V_x + V_s}$$

两式相除可以得到

$$\frac{h}{H} = \frac{c_x(V_x + V_s)}{c_x V_x + c_s V_s}$$

上式经整理后得

$$c_x = \frac{h c_s V_s}{H(V_s + V_x) - h V_x} \tag{9-5}$$

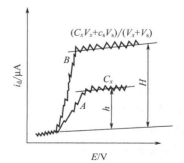

图 9-10 标准加入法的极谱图

A—未加标准溶液的试液；

B—加入标准溶液后的试液

标准加入法的准确度较高。因为加入的标准溶液的量很少，所以引起底液浓度的改变可以忽略不计，而且两次极谱测定的条件基本一致。在使用这一方法时，加入标准溶液的量要适当。加入量太少，则波高的差值小，测量误差大；如果加入的量太大，则将引起底液浓度的改变，而且不能在同一灵敏度下记录两次测定的极谱波高。标准加入法对单个或少量试样的测定，是很适用的。

当分析同类大批量试样时，一般采用工作曲线法比较方便。工作曲线的横坐标为浓度，纵坐标为极谱波高。工作曲线的绘制类似比色分析，这里不再赘述。

第四节　示波极谱法

应用阴极射线示波器作为测量工具的极谱分析，可统称为示波极谱法。这种方法主要有两种。一种与经典极谱法一样，在电解池两极间加上直流电压，根据电压的线性扫描得到电流-电压曲线来进行分析，这种方法称为线性扫描示波极谱或单扫描示波极谱。另一种方法是，两极间所加电压为一恒振幅的交流电压，用示波器观察记录电压随时间变化的曲线，称为交流示波极谱。这里仅介绍目前应用较多的线性扫描示波极谱。

一、基本原理

线性扫描示波极谱由于施加极化电压的速度非常快，因此在示波极谱仪中，必须用锯齿波脉冲发生器产生快速的扫描电压，代替经典极谱仪中的电位器线路，电流的测量和电流-电压曲线的记录，必须用阴极射线示波器代替检流计。图 9-11 为线性扫描示波极谱仪的工作原理示意图。锯齿波脉冲发生器（极化电压发生器）产生快速的扫描电压，通过电阻 R 加于电解池的两极上，则产生一定的电流，此电流讯号在电阻 R 上引起电压降。将电解池两端的电压经水平放大器放大后输入示波器的水平偏向板上，而将电阻 R 上的电压降经垂直放大器放大后输入至示波器的垂直偏向板上。因此，示波器的水平偏向板代表极化电压坐标，而垂直偏向板代表电流坐标，故从示波器的荧光屏上就能直接观察到完整的电流-电压曲线，或称示波极谱图，如图 9-12 所示。

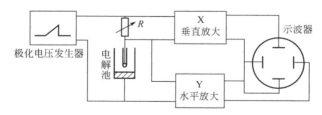

图 9-11　示波极谱仪工作原理图

线性扫描示波极谱法是对每一滴汞周期内，加入一次扫描电压，随之在示波器荧光屏上出现一次电流-电压曲线，所以这类仪器叫做单扫描示波极谱仪。但是，观测示波极谱曲线，往往不是在一个汞滴上完成的，因此要求每个汞滴的电流-电压曲线必须重合。这就要求不仅滴汞电极要有稳定的滴汞周期，而且扫描电压必须与滴汞周期同步。为了解决这个问题，JP-1A 型示波极谱仪在电极架上安装有振动器，用以控制滴汞周期使之与扫描电压同步。用振动器控制滴汞周期为 7s，每 7s 强制汞滴滴下，并开始记时。前 5s 不扫描，随后扫描 2s，扫描完毕汞滴同时滴下，然后开始第二滴汞滴的成长和扫描。这样就达到扫描电压和滴汞周期同步的目的，使每个汞滴的电流-电压曲线有良好的重现性，在荧光屏上有较稳定的图像。这种关系如图 9-13 所示。

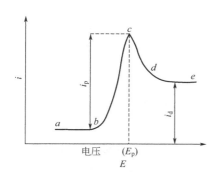

图 9-12 单扫描示波极谱的
电流-电压（i-E）曲线

i_p—峰电流；i_d—极化电流；ab—基线；
de—波尾；c—波峰

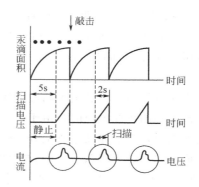

图 9-13 滴汞周期和扫描
周期静止周期的关系

二、与经典极谱法的区别及特点

单扫描示波极谱法与经典极谱法有许多相似之处，它们都是以直流低压电源作为滴汞电极的极化电压，并根据获得的电流-电压曲线对被测物作定量或定性分析。一般来说，在经典极谱法中能测定的物质，在单扫描示波极谱法中亦能测定。它们之间的主要区别在以下几个方面。

① 经典极谱法是通过很多个汞滴（一般在 40～80 滴）来获得电流-电压曲线，而单扫描示波极谱法是在一个汞滴上获得。

② 经典极谱法极化电压变化的速率很慢，一般在 0.005V/s 左右，而单扫描示波极谱法极化电压变化的速率非常快，一般在 0.25V/s 左右。

③ 经典极谱法的电流-电压曲线是锯齿形的阶梯状的波，而单扫描示波极谱法的电流-电压曲线是尖峰状的波。

与经典极谱法比较，单扫描示波极谱法有以下特点。

① 灵敏度高，其检出极限一般为 10^{-7}mol/L，甚至可达 $5×10^{-8}$mol/L。特别适用于环境监测和痕量物质的测定。

② 分辨率高。单扫描示波极谱法对两个半波电位相差 50mV 的物质可以分开，而在相同的情况下，经典极谱法需要相差 100mV 以上才能分开。

③ 准确度高。因为测量峰高远比测量波高容易，而且可以多次观察测量。

④ 抗先还原物质的能力强。在经典极谱法中，若先还原物质的浓度较大时，后还原被测物的波形就有很大的振荡。一般情况下，若先还原物质的浓度大于被测物 5～10 倍时，测定就困难了。而单扫描示波极谱法，允许先还原物质浓度为被测物浓度的 100～1000 倍，而不产生干扰。

⑤ 操作简便、分析速度快。经典极谱法完成一个波形的绘制需要数分钟（一般为 2～5min）的时间，而单扫描示波极谱法只需数秒钟（一般为 7s）的时间就绘一次曲线，而且是在荧光屏上直接读取峰高。

三、定性与定量分析

1. 单扫描示波极谱曲线的解释

从图 9-12 可知，单扫描示波极谱波与经典极谱波的形状不同。其原因主要是对电解池施加电压的速度（即极化速度）不同。我们以图 9-12 为例，解释单扫描示波极谱曲线的形状。

当极化电压尚未达到被测物质的还原电位时，没有还原电流产生（ab 段）；当继续增加电压到被测物的还原电位时，由于极化速度很快，电极表面的被测物迅速地被还原，产生很大的电解电流，因而曲线急剧上升（bc 段）；电压继续增加时，由于电极附近的物质已被还原，形成一个"贫乏层"，层外的被测物来不及扩散到电极表面，因此电流迅速地下降（cd 段）；直至电极反应与扩散速度平衡时，电流稳定在扩散电流的数值（de 段）。所以单扫描示波极谱是具有尖峰状的不对称波。曲线的 ab 段称作基线；de 段称作波尾；c 称作波峰。从波峰到基线的垂直距离称作峰电流，通常用 i_p 表示。波峰对应的电位称作峰电位，以 E_p 表示。

2. 单扫描示波极谱的电流方程式及峰电位

单扫描示波极谱的峰电流与被测物浓度间的关系为

$$i_p = 2.72 \times 10^5 n^{3/2} A D^{1/2} \nu^{1/2} c \qquad (9\text{-}6)$$

式中　n ——电极反应中电子转移的个数；

　　A ——电极面积，cm^2；

　　D ——扩散系数，cm^2/s；

　　ν ——电压变化速度，V/s；

　　c ——被测物浓度，mol/L。

从式(9-6) 可以看出，当 n、A、D、ν 维持恒定时，峰电流正比于被测物的浓度，即

$$i_p = Kc \qquad (9\text{-}7)$$

这就是单扫描示波极谱进行定量分析的基础。

峰电位 E_p 取决于被测物质的特性，与被测物的浓度无关。它与经典极谱中半波电位 $E_{1/2}$ 的关系为

$$E_p = E_{1/2} - 1.11 \frac{RT}{nF} \qquad (9\text{-}8)$$

可见，利用单扫描示波极谱也可以进行定性分析。

四、影响峰电流的因素

从式(9-6) 可以看出影响峰电流的主要因素。

1. 电子得失数（n）

当其他条件固定时，同浓度的不同物质 n 越大，则 i_p 越大。另一方面，n 还决定电流-电压曲线上峰的宽度，n 越大，峰的宽度越窄。

2. 电压变化速度（ν）

其他条件固定时，极化电压变化的速度越快，则峰电流越大。可以适当增加极化电压变化的速度来提高测量的灵敏度。也说明在测量过程中极化电压变化的速度要保持恒定，才能使测量的结果准确。

3. 电极的面积（A）

电极面积的变化会使峰电流发生变化。因此在测定时，汞滴的面积应保持不变。引起汞滴面积的因素有储汞瓶的高度等。

4. 极大抑制剂

在示波极谱分析中也有极大产生，少量（如 0.005% 的动物胶）极大抑制剂即可抑制并起到稳定波高的作用。但过多会使波高降低。

5. 扩散系数（D）

底液的性质及浓度等会影响被测物的扩散系数，从而影响峰电流。所以在测定过程中应保持各溶液中加入的底液其组成和浓度应当一致。

第五节　溶出伏安法

溶出伏安法包含电解富集和电解溶出两个过程，首先是电解富集，它是将工作电极固定在产生极限电流电位上进行电解，使被测物质富集在电极上，为了提高富集效果，可同时使电极旋转或搅拌溶液。然后溶出，获得电流-电压曲线，称溶出曲线，呈峰状，峰电流大小与浓度有关。溶出的方法有三种。

一、阳极溶出伏安法

阳极溶出伏安法是在适当的支持电解质溶液中，选择好预电解电位（被测物能还原的电位），经过一定时间的富集，使被测离子沉积在工作电极上（目前仍是汞电极或镀汞电极），生成汞齐，然后进行反向电位扫描，使沉积在汞电极上的被测金属物溶出，其反应式为

$$M^{n+} + ne^- + Hg \underset{\text{电压扫描溶出}}{\overset{\text{恒电位电解富集}}{\rightleftharpoons}} M(Hg)$$

式中　M——金属；

　　　e^-——电子；

　　M(Hg)——汞齐。

（一）富集过程

在一定的条件下，通过预电解使被测离子沉积在工作电极上，从而达到富集目的，使灵敏度大大提高，可测 $10^{-12} \sim 10^{-9}$ mol/L 的物质。被测物在电极上沉积的量，可由下式表示。

$$Q = 0.62nFAD^{2/3}\omega^{1/2}\mu^{1/6}ct \tag{9-9}$$

式中　n——金属离子的电荷数；

　　　F——法拉第常数；

　　　A——电极面积；

　　　ω——溶液搅拌的速度；

　　　D——金属离子的扩散系数；

　　　μ——溶液的黏度；

　　　c——被测金属离子的浓度；

　　　t——预电解时间。

从式（9-9）可看出，影响电解沉积的金属量 Q 的因素很多，但是在一定条件下，这些

因素是可以控制的。因此对于给定的金属离子来说，它们可视为常数。则式（9-9）可表示如下

$$Q = K'c \tag{9-10}$$

式（9-10）表明在一定条件下，电解沉积在电极上的被测金属的量，与溶液中被测金属离子浓度成正比。

应当特别指出的是，公式中的 Q 不是溶液中所含被测物之总量，而是其中的一部分。它是在控制一定的电解条件下，电解沉积溶液中一定比例的被测金属的量。这个关系在严格控制搅拌速度、电解时间的条件下才成立。

（二）溶出过程

这个过程的目的是将电解沉积在工作电极上的被测物，在反向电压扫描的条件下溶出，产生氧化电流。记录其电流-电压曲线，即阳极溶出曲线的峰位、峰高进行定性定量。

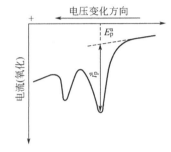

图 9-14　溶出曲线

溶出曲线的形状如图 9-14 所示。峰值电流用 i_p^a 表示，在一定的条件下它与沉积在电极上被测金属的量成正比，而沉积金属的量是与溶液中被测金属的浓度成正比。所以峰值电流 i_p^a 与溶液中被测金属离子浓度 c 之间的关系可表示为

$$i_p^a = Kc \tag{9-11}$$

这就是溶出伏安法定量计算的依据。在实际测定中必须控制的条件是：电极、电解富集的时间、搅拌速度、反向电压扫描速度、溶液的组成。对于给定的被测离子，只要上述条件固定，就可根据上式作定量分析。E_p^a 为峰值电位，在一定的条件下是被测离子特征常数，可作定性分析的依据。

（三）定量方法

阳极溶出伏安法可测 30 多种元素，经常测定的有铋、镉、铜、镓、铟、铊、锑、铅、锡、锌等十多种。其定量方法有标准曲线法、标准加入法和内标法。

1. 标准曲线法

分析样品较多时，宜采用工作曲线法（标准曲线法），即配制一系列标准溶液，测绘出溶出曲线，以浓度为横坐标，以峰高为纵坐标作一条标准曲线。测出样品的溶出峰高后，在标准曲线上找出被测物浓度。

制作标准曲线的操作条件应该与实际样品的操作条件完全相同，溶液的成分、温度、黏度都应控制一致。

2. 标准加入法

标准加入法是最常用的方法，与原子吸收分析的标准加入法相似。当样品富集，静止溶出后，又经恒速搅拌以除去工作电极上残存的金属杂质。然后成比例地加入被测离子标准，从预电解开始，重复上述程序。加入标准不少于 3 次。同时作空白试验。

以加入的被测离子质量 m_1、m_2、m_3（μg）为横坐标，以其相应之峰高 h（mm）为纵坐标绘图，连接三点并外推相交于横坐标 m_x，即为被测物的含量。如图 9-15 所示。

按质量分数表示样品中被测物含量

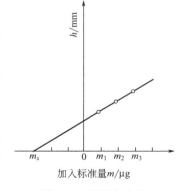

图 9-15　标准加入法

$$w = \frac{m_x \times 10^{-6}}{m_{样}}$$

式中　m_x——从图中外推求得；

$m_{样}$——称取试样的质量；

w——被测物的质量分数。

因加入的是标准溶液，对被测溶液体积将增大，故应对峰高 h 进行修正。

$$h_{修} = h \frac{V_0 + V_s}{V_0}$$

式中　h——实测峰高，mm；

V_0——电解液原体积，ml；

V_s——加入标准溶液的体积。

3. 内标法

在样品中和标样都加入一定量的、样品中没有的内标物，比较测定之，根据样品中和标样中的溶出峰高和称样量，标准物量，内标物量，可计算出被测物的质量分数。

$$w = \frac{m_x}{m_{样}} = \frac{m_i / h_i}{m_s / h_s} \cdot \frac{h_{ix}}{h_{sx}} \cdot \frac{P}{m_{样}}$$

式中　m_i——标样中被测物 i 的质量，g；

h_i——标样中被测物 m_i 产生的溶出峰高，mm；

m_s——加入标样中内标物 s 的质量，g；

h_{ix}——样品中被测物 i 产生的溶出峰高，mm；

h_{sx}——样品中加入的内标物 s 产生的溶出峰高，mm；

P——加入样品中内标物的准确质量，g；

$m_{样}$——称取样品的质量，g。

如果样品中有几个被测元素（如 Cu^{2+}、Pb^{2+}、Zn^{2+}），则配标样时也要加几个元素，都可用同一内标物（如 Cd^{2+}），用上述相同的方法进行计算。因内标法定量是测定其相对比值去计算被测物含量，能提高分析结果的准确度。

（四）溶出伏安法中的工作电极

1. 机械挤压式悬汞电极

电极的构造如图 9-16(a)，玻璃毛细管上端连接于密封的金属储汞器中，旋转顶端螺旋将汞挤出，使其悬挂在毛细管口，汞滴大小由旋转圈数控制。这类悬汞电极使用方便，能控制汞滴大小，汞滴纯净。缺点是当电解富集时间较长时，汞齐中的金属原子会向毛细管深处扩散，影响分析结果的准确度。

2. 挂吊式悬汞电极

在玻璃管的一端封入直径为 $0.1 \sim 0.2$mm 铂丝，露出部分长约 $0.1 \sim 0.2$mm，另一端焊接单丝铜导线（或灌入水银再插入铜导线），将露出部分铂丝用 10% HNO_3 洗净，然后浸入硝酸亚汞溶液作

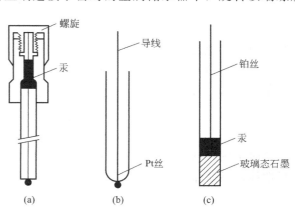

图 9-16　溶出伏安法工作电极

(a) 挤压式悬汞电极；(b) 吊式悬汞电极；(c) 玻碳电极

阴极电镀，汞沉积在 Pt 丝上，可制得直径约为 1～2mm 的悬汞滴，如图 9-16(b)。

3. 汞膜电极

汞膜电极以玻璃石墨电极［如图 9-16(c)］为基质，在下端表面镀上很薄的一层汞，可代替悬汞电极使用。由于汞膜很薄，被富集的能生成汞齐的金属原子，不会向内部扩散，因此长时间富集，也不会影响分析结果。玻碳电极有较高的氢过电位，具有导电性能良好，表面光滑不易吸附气体及污物等优点，常作伏安法的工作电极。

阳极溶出伏安法，常使用经典的记录极谱仪。例如 883 型记录极谱仪。

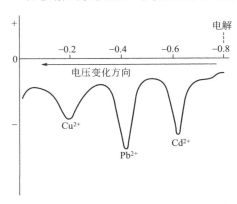

图 9-17　盐酸中铜、铅、镉溶出伏安曲线

（五）应用

【例 9-1】　盐酸溶液中微量 Cu^{2+}、Pb^{2+}、Cd^{2+} 的分析。

首先在 $-0.8V$ 电压下预电解 3min，此时溶液中的一部分 Cu^{2+}、Pb^{2+}、Cd^{2+} 在汞膜电极上（或悬汞电极）还原，并成为汞齐。然后使汞膜电极电位均匀地由负向正电压扫描，首先镉汞齐氧化，产生相应的氧化电流。当电位继续变正时，达到铅的氧化电位，铅产生氧化电流，最后达到铜的氧化电位，获得铜的溶出峰。图 9-17 是 Cu、Pb、Cd 的溶出曲线。

阳极溶出伏安法的灵敏度较高，它可以与无火焰原子吸收分析法媲美，现已广泛应用纯物质中微量杂质的测定。

二、阴极溶出伏安法

（一）原理

阴极溶出伏安法与阳极溶出伏安法相反，待测物质在电解池中在较正的电位下，以形成难溶盐膜状物的形式富集于工作电极上。然后向负电位方向扫描，使难溶盐膜电溶析出。

在测定时，首先将工作电极作阳极，经阳极氧化，电极材料本身溶解而产生金属离子，该金属离子与溶液中被测的微量阴离子生成难溶化合物薄膜，包在电极表面而富集。

$$M \longrightarrow M^+ + e^-$$

$$nM^+ + A^{n-} \longrightarrow M_nA$$

式中　M —— 电极金属；

　　　A^{n-} —— 被测阴离子。

当电极电位由正向负方向连续变化时，所生成的薄膜被阴极溶出

$$M_nA \longrightarrow nM^+ + A^{n-}$$

$$M^+ + e^- \longrightarrow M$$

这时生成的 A^{n-} 扩散到溶液中去，M^+ 则被还原留在电极表面。产生的溶出峰状电流-电压曲线，根据峰值大小可计算待测物含量。

（二）应用

阴极溶出法适用于能与电极金属生成难溶化合物的阴离子（含有机阴离子）测定。

【例 9-2】　溶液中痕量硫离子（S^{2-}）的测定。

在 0.1mol/L NaOH 底液中，于 $-0.4V$ 电压下电解富集一定时间，这时汞膜电极或悬汞电极上便生成难溶性的 HgS 薄膜

$$Hg + S^{2-} \Longrightarrow HgS\downarrow + 2e^-$$

溶出时，悬汞电极的电位由正向负的方向扫描，当达到还原电位时，则由下列还原反应而得到阴极溶出峰，如图 9-18。

$$HgS\downarrow + 2e^- \Longrightarrow Hg + S^{2-}$$

阴极溶出所使用的仪器、工作电极、定量方法与阳极方法相同。

关于峰电流 i_p^a 的测量，图 9-14 已有示范，但测定的方法，根据峰形不同，其测量方法不完全相同，图 9-19 是几种测量峰电流的方法。

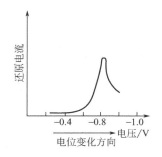

图 9-18　硫离子的溶出伏安曲线

（悬汞电极，$-0.4V$ 电解富集）

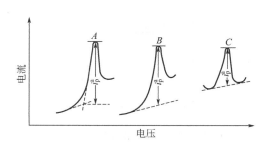

图 9-19　几种测量峰电流的方法

阴极溶出伏安法，适用的浓度范围为 $10^{-7} \sim 10^{-3} mol/L$。

三、电位溶出分析法

（一）基本原理

在恒电位下将被测物质电解富集在工作电极上，然后断开恒电位电路，然后由溶液中的氧化剂氧化溶出，同时由记录仪记录出电位-时间（E-t）曲线，根据溶出曲线的阶梯长度（参见图 9-20）或溶出峰高（参见图 9-21）来定量，这种方法称电位溶出分析。

电位溶出分析具有灵敏度高、抗干扰强、准确度较高的特点，自 1976 年瑞典化学家 Daniel Jagner 提出以后，得到较快发展。例如测定血、尿等样品，不需消化处理，可将样品稀释后直接测定。目前已能测 30 多种无机离子和部分有机物。在环境监测中得到应用，例如测水中痕量汞，灵敏度高于冷原子吸收法。测定金属元素与无火焰原子吸收法比较，其分析结果很接近。

（二）电位溶出分析类型

电位溶出分析法有多种，下面介绍两种主要分析方法。

1. 经典电位溶出分析

在含被测的离子（M^{n+}）溶液中，再加入 Hg^{2+}，用玻碳电极为工作电极，在电极上加一个较负的恒电位，使 M^{n+} 与 Hg^{2+} 都能电解还原，形成汞齐富集在玻碳电极上。

$$Hg^{2+} + 2e^- \Longrightarrow Hg$$
$$Hg + M^{n+} + ne^- \Longrightarrow Mg(Hg)$$

金属富集的速度由电极表面的传质和还原反应的动力学所决定。传质速度与溶液中金属离子浓度、扩散液层厚度、被测金属离子的扩散系数所支配。为了加快离子扩散，富集过程

都在一定的搅拌速度下进行。

富集结束后，采用静止溶出，先断开恒电位电路，利用溶液中的氧化剂（如溶解 O_2、Hg^{2+}、MnO_4^- 或 $Cr_2O_7^{2-}$）将汞齐中的金属氧化溶出，回到溶液中，这就是溶出过程，用电位计和记录器，测量其电位的变化，并记录其变化的曲线，如图 9-20。实践证明，静止溶出的灵敏度比搅拌下溶出要高很多倍。

汞齐中的金属氧化过程，元素氧化的先后，按照氧化还原电位顺序，最容易被氧化的金属（如图中 Zn）首先溶出。待第一个 Zn 全溶出后，然后是 Cd、Pb。图 9-20 为阶梯形曲线，台阶的长度为氧化所需要的时间，与被测金属离子浓度成正比，是定量分析的依据。

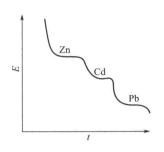

图 9-20　锌、镉、铅的电位溶出曲线

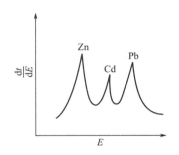

图 9-21　锌、镉、铅的微分溶出曲线

2. 微分电位溶出分析

微分电位溶出分析是在经典电位溶出分析的基础上提出来的，将电位溶出的 E-t 曲线方程经微分，再取倒数，为 $\dfrac{\mathrm{d}t}{\mathrm{d}E}$-$E$ 曲线，如图 9-21 所示。在经典溶出分析中，溶出时间（t）这个参数是不放大的，而微分溶出曲线中 $\dfrac{\mathrm{d}t}{\mathrm{d}E}$ 为电压信号，可以经电子放大器放大，信号呈峰形，容易分辨和测量，峰高为 $\dfrac{\mathrm{d}t}{\mathrm{d}E}$ 的极大值。峰高与被测物浓度成正比，是定量分析的依据。峰高所对应的电位是定性的依据。定量方法与阳极溶出伏安法完全相同。

（三）分析条件的选择

1. 电极

电极溶出分析，采用三电极系统。工作电极常用玻碳电极。参比电极采用饱和甘汞电极或 Ag-AgCl 电极。辅助电极用铂丝电极。

2. 电解富集电位和时间

电解富集的工作电极电位，一般控制在被测物的半波电位或峰电位低 0.3V。

电解富集时间要根据被测物的浓度而定，如果含量低则电解时间要长些，反之，电解时间就可短些。

3. 氧化剂

对电位较低的元素溶出时，氧化剂可用溶解 O_2 或 Hg^{2+} 或 O_2+Hg^{2+} 联合使用；对电位较高的元素可用 MnO_4^- 或 $Cr_2O_7^{2-}$。

4. 辅助电解质

常用的辅助电解质有配位剂、催化剂、离子强度调节剂等。当二峰很近分不开时，可加入一种配位剂，使其中一种离子形成配位化合物，可改变其溶出电位，使二峰分开。溶液 pH 值也影响二峰的分开程度。

5. 搅拌

为了提高电解富集效率，溶液必须搅拌。搅拌的方法，通常为电磁搅拌，也可以用旋转电极搅拌，旋转电解杯搅拌，N_2 或空气搅拌。

6. 温度的影响

温度影响离子的扩散和还原金属在汞齐中的溶解。要求标准和样品在相同的温度下测定。

（四）应用实例

【例 9-3】 某混合液中微量 As 的测定

吸取 1.0ml 试液置电解杯中，加 9mol/L 盐酸溶液 3.5ml，加 $AuCl_3$ 溶液（1mg/ml）0.3ml，插入玻璃态石墨电极、饱和甘汞电极、铂丝电极，于 $-0.5V$（对 SCE），在溶液搅动下电解 5min（如图 9-22），静止 20s 溶出，记录 $\dfrac{dt}{dE}$-E 曲线，如图 9-23 所示。

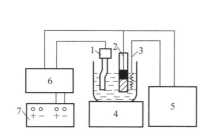

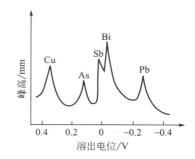

图 9-22 电位溶出分析装置

1—甘汞电极或 Ag-AgCl 电极；2—玻璃态石墨电极；3—丝状

铂电极；4—电磁搅拌器或电解杯旋转器；5—恒电位

电解装置，如专用的 DPSA-1 型微分电位仪，如果

经典电位法溶出，则可用其他极谱仪或自己组装

电解装置；6—电位测量装置，如 ZD-2 型电位

滴定计；7—函数记录仪，如 LZ-104 型

函数记录仪，X-Y 函数记录仪

图 9-23 Cu、As、Sb、Bi、Pb 溶出峰

可采用标准加入法测定 As 的含量。

思 考 题

1. 什么叫残余电流、迁移电流、极限电流、扩散电流？

2. 何谓极大？它对极谱测定有何影响？如何消除？

3. 溶解氧对极谱有何影响？如何消除？

4. 常用哪些物质作支持电解质？

5. 极谱定性分析的依据是什么？如何测量？

6. 极谱定量分析的依据是什么？

7. 示波极谱的原理是什么？示波极谱比经典极谱分析有哪些优点？

8. 什么叫溶出伏安法？它有什么特点？

9. 溶出伏安法有哪几种类型？

10. 溶出伏安法有哪几种定量分析方法？

11. 溶出伏安法需要哪些仪器和部件？

习　题

1. 有一含镍的未知液，测得波高为 3.75cm，取 20ml 此未知液，加入 1ml 浓度为 0.01mol/L 的镍标准溶液后，测得波高为 6.80cm，求未知液中镍的浓度。

2. 3.000g 锡矿样以 Na_2O_2 熔融后溶解之，将溶液转移至 250ml 容量瓶中稀释至刻度。吸取稀释后的溶液 25ml 进行极谱分析，测得扩散电流为 24.9mm，然后在此溶液中加入 5ml 浓度为 6.0×10^{-3} mol/L 的锡标准溶液，测得扩散电流高度为 28.3mm，求矿样中锡的质量分数。

3. 溶解 0.2000g 镉试样，测得其极谱波高为 41.7mm，在相同实验条件下测含镉 $150\mu g$、$250\mu g$、$350\mu g$ 及 $500\mu g$ 标准溶液的波高分别为 19.3mm、32.1mm、45.0mm 及 64.3mm。计算试样中镉含量。

4. 电位溶出法测定含 Cu^{2+} 的试液，测得溶出峰高为 15.1mm，采用标准加入法定量，每次加 $3\mu g$ Cu^{2+} 标准溶液共 3 次，得到溶出峰高分别为 17.6mm、20.2mm、22.7mm，求 Cu 试液 Cu^{2+} 含量（μg）。

第十章

原子发射光谱

◆ 概述
◆ 光谱分析的仪器
◆ 光谱定性定量分析
◆ ICP 光谱法

第一节　概　　述

原子发射光谱分析，习惯上简称光谱分析。它是利用物质发射的光谱而判断物质组成的一门分析技术。因为在光谱分析中所使用的激发光源能量都很高，被测物质在激发光源的作用下，一般都能解离为原子或离子，因此被激发后发射的光谱是线状光谱。线光谱只能反映出原子或离子的性质，而与产生原子或离子的分子的性状无关。所以光谱分析只能用于确定待测物质的元素组成与含量，而不能提供出待测物质分子结构方面的信息。

一、光谱分析的基本原理

原子发射光谱分析和原子吸收光谱分析的原理基本上相同，都是以原子中电子能级跃迁为基础而建立起来的分析方法。其不同之处仅仅是，原子发射光谱分析是通过测量电子能级跃迁时发射谱线的波长和谱线的强度，对元素进行定性、定量分析；而原子吸收光谱分析，是测量电子能级跃迁时吸收同种元素发射谱线的强度，对元素进行定量分析的方法。

当电子在每两个轨道间跃迁时，就以光的形式释放出多余的能量（见图 4-2）。由于原子轨道是不连续的，其价电子的跃迁也是不连续的，因此得到的光谱不是连续光谱，而是线状光谱。这些谱线的波长取决于两能级间的能量差。辐射光的波长与两能级间能量差的关系为

$$\Delta E = E_j - E_n = \frac{hc}{\lambda} \tag{10-1}$$

即

$$\lambda = \frac{hc}{\Delta E}$$

式中　ΔE ——两能级间的能量差；

　　　E_j ——电子在离核较远轨道上的能量；

　　　E_n ——电子在离核较近轨道上的能量；

　　　h ——普朗克常数；

　　　c ——光速；

　　λ ——辐射光波长。

　　由式(10-1)可见，两能级间的能量差越大，则辐射光的波长越短。在电子跃迁时，每种跃迁都发射出相应波长的光，产生一条谱线。原子中有许多电子轨道，跃迁的形式很多，产生许多谱线，因此各种物质的光谱是很复杂的。

　　不同元素原子结构各有差异，能级间的能量差各不相同。当原子受激发时，就辐射出各元素所固有的特征谱线。光谱分析就是利用光谱仪检查光谱图中某波长特征谱线的有无，来判断试样中某元素是否存在。同时，当试样中某元素的含量多时，该元素特征谱线的强度就大。因而又可根据辐射光的强度，测定元素的含量。

　　为了使元素产生谱线，必须将其原子由低能级激发至高能级。即必须供给原子 ΔE 能量后，才能使其激发，这个能量称为激发电位。各种元素的激发电位不同，因此应根据激发电位的大小选择适当的激发光源。激发电位低的元素可用能量较低的光源，如 Na、K 的谱线可用火焰激发。激发电位高的元素，则须用能量较高的光源，如电弧、火花等光源。某些激发电位低的元素用高能量光源激发时，往往会使其电离成离子，这种使元素的原子达到电离所需的能量，称为电离电位。离子与中性原子一样，也能被激发产生光谱，这种光谱称为离子线。

二、光谱分析的特点

（一）灵敏度高

　　用直接光谱法测定时，相对灵敏度可达 $10^{-7} \sim 10^{-5}$，绝对灵敏度可达 10^{-9} 级。如果预先用化学或物理方法对样品进行浓缩或富集，则相对灵敏度可达 10^{-9} 级，绝对灵敏度可达 10^{-11} 级。

（二）选择性好

　　因为每种元素都有一些可供选用而不受其他元素光谱干扰的特征谱线，若选择适当的实验条件，能同时测定十几种元素，而无需复杂的分离手续。对于化学性质相近的元素如铪、铌、钽等，当它们共存时，用化学分析方法难以单独测定，而用光谱分析方法却能比较容易地实现各组分的分别测定。

（三）准确度高

　　光谱分析的准确度，随被测元素含量的不同而异。当被测元素含量大于 1% 时，分析的准确度较差；含量小于 0.1% 时，其准确度优于化学分析法。所以光谱分析适用于微量分析。

（四）分析速度快

　　能同时测定许多元素。采用直读光谱仪，在几分钟内可获得 20 多种元素的分析结果。

（五）样品用量少

　　进行光谱分析只需几毫克至几十毫克的试样，就可以完成光谱全分析。

　　光谱分析的缺点是，由于取样量少，往往因为样品不均匀而使分析结果的误差增大；光谱分析是一种相对的分析方法，需要一套标准样品对照，往往由于标准品不易制备，给光谱分析造成一定的困难；对一些非金属元素，如硫、硒、碲、卤素等，光谱分析的灵敏度很低，不宜采用。此外，光谱仪价格较高、实验费用较大，一般的化验室很难普遍采用。

第二节　光谱分析的仪器

进行光谱分析的仪器设备，主要由光源、摄谱仪及观测系统三部分组成。

一、光源

在光谱分析中，光源的作用是对试样的蒸发和激发提供所需的能量。首先把试样中的组分蒸发解离为气态原子，然后使这些气态原子激发，使之产生特征光谱。目前光谱分析中常用的经典光源主要有直流电弧、交流电弧、电火花。新型光源有激光和等离子体光源等。

（一）直流电弧

直流电弧可算是电光源中最简单的一种。它采用上下两个电极，在两极上施加一定的直流电压（220～380V、5～30A），使两极之间产生高温电弧。待测试样若为导体，则其本身可作为一个电极，借电弧的高温使试样电极蒸发进入电极间隙而受激发（激发温度为 1000～7000K），如为粉末或液体则采用其他方式（如装入电极端头预备好的孔穴中）引入电极间隙。

直流电弧电极的温度较高，易于使试样蒸发，所以这种光源适用于难挥发的元素、矿石及微量杂质的分析；但不适用分析低熔点金属及合金。分析的灵敏度高，但稳定性和重现性较差，因此适合于元素的定性分析。

（二）交流电弧

交流电弧光源分为高压交流电弧和低压交流电弧两种，目前应用较多的是低压交流电弧。它两极间的电压是 110～220V，利用高频放电使电极间隙击穿引燃电弧，使作为两极之一的试样激发，激发温度可达 4000～7000K。

由于电极的温度较低，蒸发能力差，所以分析的绝对灵敏度较直流电弧低。但交流电弧较稳定、重现性和精确度较好，适用于定量分析。

（三）高压火花

利用高压（8000～15000V）给电容充电，当充电电压达到电极间隙的击穿电压时，就产生火花放电。放电时电流密度可高达 $10^5 \sim 10^6 A/cm^2$，激发温度为 20000～40000K。由于它的激发温度高，有利于难激发元素的测定；它的稳定性和再现性较高，适合于定量分析；电极头的温度较低，有利于低熔点金属及合金的分析。但是不适合于粉末及难挥发试样的分析。

（四）激光光源

激光是一种高强度、高单色性的光。以它为光源照射到试样表面时，其局部温度可达 10000K 以上，这时它能使微小区域内的物质蒸发，并使微克量级的物质原子化同时被激发发光。将发出的光引入光谱仪，即可进行光谱的定性定量分析。使用激光光源可以对直径 10～250μm 的微小区域进行显微分析，通常称为激光显微光谱分析。我国已研制成一些激光显微光谱分析仪，如 JXF-74 型和 WPJ-1 型等。一些进口光谱仪也配备激光光源零件。

（五）电感耦合高频等离子体焰炬（ICP）

电感耦合高频等离子体焰炬，如图 10-1 所示。它是利用高频

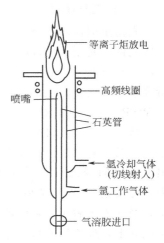

等离子炬放电
高频线圈
喷嘴
石英管
氩冷却气体
（切线射入）
氩工作气体
气溶胶进口

图 10-1　电感耦合高频等
离子体焰炬示意图

感应激发的光源，在外观上与火焰类似。目前被认为是分析溶液最有发展前途的激发光源之一。

它由高频发生器和感应圈、炬管和供气系统、试样引入系统三部分组成。在高频感应圈内，装一个由三个同心石英管组合而成的等离子管（简称炬管）。外层气流以切线方向通入，使等离子体离开管的内壁并冷却外壁；中层气流为工作气体，起维持等离子体的作用；内层气体为载气，由它将气溶胶带入焰炬。所用气体均为等离子气，常用的等离子气为氩气。

由超雾化装置产生的试样的气溶胶，由载气从下端引入内层石英管，由喷嘴喷出。工作气体从下端由中层石英管引入，当经过感应圈时，由于感应圈的感应加热，使工作气体电离从而形成等离子体焰炬，温度可高达 10000K。被雾化的试样在焰炬内被蒸发、原子化并进而被激发。将发射的光引入光谱仪，即可进行定性、定量分析。

二、摄谱仪

光源发射的光，经色散元件色散为按波长顺序排列的光谱，并用照相的方法记录光谱的仪器叫摄谱仪。摄谱仪根据所使用色散元件的不同，可分为棱镜摄谱仪和光栅摄谱仪两大类。

（一）棱镜摄谱仪

根据棱镜分辨能力的不同，棱镜摄谱仪分为大型摄谱仪、中型摄谱仪和小型摄谱仪。其中大型摄谱仪的分辨力最好，而小型摄谱仪的分辨力较差。图 10-2 为国产 WGP-1 型中型摄谱仪的基本光学系统。

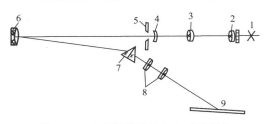

图 10-2　中型摄谱仪的基本光学系统

1—光源；2～4—三透镜照明系统；5—狭缝；6—准光镜；7—色散棱镜；8—物镜组；9—光谱感光板

置试样于光源 1 处，经激发后产生的光，经起保护作用的石英片及三透镜（2，3，4）照明系统后，聚焦在入射狭缝 5 上。狭缝的宽度可以调节。经狭缝入射的光由凹面反射准光镜 6 变成平行光束，然后投射到色散棱镜 7 上。由于棱镜对不同波长光的折射率不同，波长短的光折射率大，波长长的光折射率小。因此平行光经过棱镜色散之后，就以不同的角度折射出来，由物镜组 8 分别聚焦在光谱感光板 9 上，于是便得到按波长顺序展开的光谱。

（二）光栅摄谱仪

光栅摄谱仪的光路和棱镜摄谱仪的光路基本相同，差别只在于前者用光栅代替棱镜作为色散元件。光栅摄谱仪的性能优于棱镜摄谱仪，其色散率和分辨率都高，适用于分析那些谱线比较复杂的元素。图10-3为国产 WSP-1 型平面光栅摄谱仪的光路图。

从光源 A 发出的光，经三透镜照明系统 1 及狭缝 2 投射到反射镜 3 上，经反射之后折向球面反射镜下方的准光镜 4 上，经反射以平行光束射至平面光栅 5 上，经分光之后再投射到球面镜上方聚焦物镜 6 上，最后按波长顺序排列聚焦于感光板 7 上。转动光栅 5 改变光栅的入射角，便可改变所需的波段范围。8 为二次

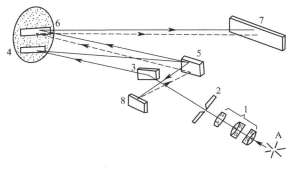

图 10-3　WSP-1 型平面光栅摄谱仪光路

1—三透镜照明系统；2—照明狭缝；3—平面反射镜；4—球面反射镜（准光镜）；5—平面光栅；6—球面反射镜（聚焦物镜）；7—感光板；8—二次衍射反射镜

衍射反射镜，衍射到它表面上的光反射回到光栅，再衍射一次，然后再被聚焦物镜 6 聚焦成像于感光板 7 上。这样经过两次衍射的光谱，色散率和分辨率都比一次衍射的大一倍，图中用虚线表示二次衍射的光路。为了避免一次衍射和二次衍射光谱的互相干扰，在感光板的暗盒前设一光栏，可将第一次衍射光谱挡掉。在不用二次衍射时，可转动仪器面板上的旋钮，使用挡光板将二次衍射反射镜 8 挡住。

三、观测系统

（一）感光板

感光板是将感光层涂在玻璃片上而成。感光层是由许多细小（直径约为 $0.1 \sim 0.3 \mu m$）的卤化银（最普通是溴化银）晶体，均匀地分布在特制的明胶内组成。这种感光层通常称为乳剂。感光板感光能力的强弱决定于卤化银晶体的大小，晶体粒度越大，感光能力就越强，即灵敏度越高。

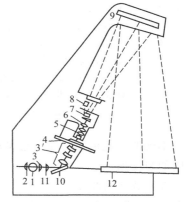

感光板经曝光（即经光谱照射）后，再经过显影、定影等处理过程，就可以得到永久性的用于光谱定性定量分析的谱板（或称谱片）。在谱板上，其曝光部分变为黑色，在光谱分析中称为黑度，以"S"表示。若样品中某元素的含量越大，则在样品被激后，该元素发射谱线的强度就越大，因而在谱板上该元素的谱线就越黑。

（二）光谱投影仪（映谱仪）

在光谱定性分析时用此设备。将谱片放在谱片台上，即可在白色的屏幕上看到放大 20 倍左右谱线的像，观察谱片、寻找谱线十分方便。图 10-4 是国产 WTY 型光谱投影仪的光路图。

图 10-4 光谱投影仪光路图
1—光源；2—球面反射镜；3—聚光镜；
3'—聚光镜组；4—光谱底板；5—透镜；6—投影物镜组；7—棱镜；8—调节透镜；9—平面反射镜；10—反射镜；11—隔热玻璃；12—投影屏

光源所发出的光，经球面反射镜 2 反射，通过聚光镜 3 及隔热玻璃 11，再经反射镜 10 将光线折转 55°，由聚光镜组 3'射向被分析的光谱底板 4，使光谱底板上直径为 15mm 的面积得到均匀的照明。投影物镜组 6 使被均匀照明的谱线，经过棱镜 7，再由平面反射镜 9 反射，最后投影于白色投影屏上。透镜 5 能上下移动，使此仪器的放大倍数可在 $19.75 \sim 20.55$ 的范围内进行调整。8 为调节透镜，可转至光路中，作为调节照明强度之用。

（三）测微光度计（黑度计）

测微光度计又称黑度计，是光谱定量分析常用的仪器，用以测量谱线的黑度。

在光谱分析时，照射到感光板上的光越强、时间越长，则谱片上的谱线越黑。若将一束光强为 a 的光束投射在谱片的空白（未受光）处（图 10-5），透过光的强度为 I_0；投射在谱板变黑（谱线）处，透过光的强度为 I，则谱板变黑处的透光度为

$$T = \frac{I}{I_0}$$

而黑度则定义为

$$S = \lg \frac{1}{T} = \lg \frac{I_0}{I}$$

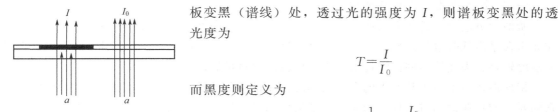

图 10-5 黑度的测量

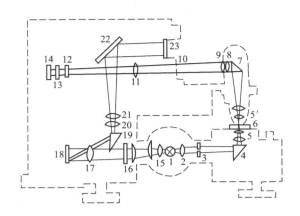

图 10-6　测微光度计光路图

1—光源（12V，50W）；2，11，15，17，20，21—透镜；3—照明狭缝（绿玻璃片）；4，7，19—直角棱镜；5，5′—显微物镜；6—谱板；8，9—附加透镜（改变放大倍数）；10—测量狭缝；12—灰色圆楔（减光器）；13—灰色滤光片；14—光电池；16—读数标尺；18—检流计悬镜；22—反射镜；23—毛玻璃屏

可见在光谱分析中所谓的黑度，实际上相当于分光光度法中的吸光度。其差别是测微光度计所测量的面积较分光光度法小，一般只有 $0.02 \sim 0.05 mm^2$，所以被测物体（谱线）需经放大。其次，只是测量谱线对白光的吸收，而不必使用单色光。国产 9W 型测微光度计的光路图，如图 10-6 所示。

测微光度计的光学系统分为两部分，即光电测量部分和读数照明部分。这两部分都是以同一个灯泡发出的光作为光源的。在光电测量部分中，由光源 1 发出的光，经透镜 2 和狭缝 3、直角棱镜 4 折射后，经过显微物镜 5 聚焦于谱板 6 上，谱线的像经显微物镜 5′放大，由直角棱镜 7 将光折射，经过测量狭缝 10、透镜 11、灰色圆楔（减光器）12、灰色滤光片 13 照射到光电池 14 上。由于谱线的黑度不同，透过光的强度则不同，因而使光电池产生不同的光电流，检流计悬镜产生不同角度的偏转，所以不同的谱线在毛玻璃屏上显示出不同的黑度值。

在读数照明部分中，由光源发出的光经透镜 15 照亮检流计的读数标尺 16，经过透镜 17 变成平行光，照射在检流计悬镜 18 上。检流计的悬镜因光电流大小的不同而偏转不同的角度，所以将读数标尺上的不同读数反射到直角棱镜 19 上，折射后经透镜 20、21 照射至反射镜 22，经反射后，将放大后的读数标尺上的读数，投影至毛玻璃屏 23 上。调节平面反射镜 22，可使三种标尺的任一种标尺出现在屏幕上。

第三节　光谱定性定量分析

一、光谱定性分析

光谱定性分析是以在试样光谱中能否检出元素的特征谱线为依据。每种元素都有许多条谱线，进行定性分析时，不必把元素所有的谱线都一一找出，实际上只要找出元素的几条灵敏线或者特征谱线组，就可确定试样中该元素是否存在。

（一）元素的灵敏线及特征谱线组

所谓"灵敏线"是指元素所有谱线中最容易激发或激发电位较低的特征谱线。因为它们在元素含量很低时也能出现，所以称为"灵敏线"。当试样中该元素的含量不断降低，其他灵敏度较差、强度较弱的谱线逐渐消失，但灵敏线将最后消失，因此又可称为"最后线"。

特征谱线组是由于某元素的存在而同时出现的一组强度差不多，具有一定特征的谱线。它随元素的存在而同时出现；随元素的消失而同时消失。每种元素的灵敏线和特征谱线组都可从元素发射光谱图及谱线表中查到。

（二）元素标准光谱图

在光谱定性分析时，一般以铁的光谱为基准进行比较。铁光谱的谱线较多，在 210～660nm 的波长范围内，大约有 4600 条谱线，人们对每条谱线的波长都作了精确的测定。因此，可以用铁的光谱作为波长的标尺。一般把各个元素的灵敏线和特征谱线组，按波长插标在铁光谱的相应位置上，放大 20 倍后制成"元素标准光谱图"。元素标准光谱图由波长数值、铁光谱图及各元素的灵敏线、特征谱线组三部分组成。为了使用方便，一般将元素标准光谱图分成若干张，每张只包括某一波段范围的元素标准光谱，如图 10-7 所示。

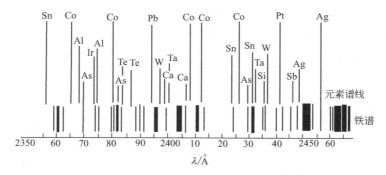

图 10-7 元素标准光谱图

由于铁光谱是作为波长标尺用的，作定性分析时通常以铁光谱为基准，判断其他元素的谱线是否存在。因此，光谱分析工作者对铁光谱应当很熟悉。

（三）定性分析方法

光谱定性分析通常用比较法进行。即将试样与已知的欲测元素的纯物质或其化合物在相同条件下并列摄谱，然后将所得到的谱图进行比较，以确定试样中是否存在某元素。观察比较光谱图，以确定某元素是否存在的过程，叫做"识谱"。

1. 标准试样光谱比较法

在光谱定性分析时，如果只检查试样中少数几种指定的元素，同时这几种元素的纯物质又比较容易得到，采用与标准试样光谱图比较的方法识谱是比较方便的。例如，欲检查某 TiO_2 试样中是否含有铅，只需将 TiO_2 试样与已知含铅的 TiO_2 标准样品（或纯铅），在相同条件下并列摄谱于同一块感光板上，比较并检查试样光谱中是否有铅的谱线存在，便可确定试样中是否含铅。

2. 与元素标准光谱图比较法

对于复杂组分的测定以及进行光谱定性全分析时，上述方法已不再适用，需要用元素标准光谱图比较来进行定性。将铁与试样并列摄谱于同一块感光板上，将所得谱板在映谱仪上放大，使所摄铁光谱与元素标准谱图上的铁光谱中各谱线的位置重合。然后应用元素标谱图上各元素的灵敏线及特征谱线组，识别试样中存在哪些元素。

例如，检查试样中是否有铜，首先在元素标准光谱图中找出铜的灵敏线 3247.54Å（1Å＝0.1nm）及 3273.96Å，若试样光谱中恰有谱线与之重合，即可认为试样中存在铜。然后察看试样光谱中其他谱线，最后加以综合分析作出判断。

（四）摄谱方法

在摄取光谱时，为了避免感光板移动机构的机械误差，造成摄取的铁光谱与试样光谱波长位置的不一致，在摄取每一组相互比较的光谱时，通常用移动哈特曼光栏来得到光谱。

哈特曼光栏由金属片制成，其形状如图 10-8 所示。使用时置于狭缝前的导槽内，可以前

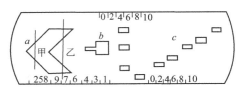

图 10-8 哈特曼光栏

后移动，用以限制狭缝的高度，以得到不同高度的光谱图。光栏上共有三种形状的缺口。a 为燕尾形状的，如将甲处放在狭缝的前面，则狭缝上下两端被挡住，只能照射中部；如将乙处放在狭缝前面，则中间部分被挡住，只照射上下两端。因此光栏的 a 处拍摄两种试样的比较光谱最为合适，在乙处可拍摄标准试样或铁光谱，在甲处拍摄试样光谱。b 为固定光栏，有高度不同的两种缺口（可根据情况选择使用），经常用于定量分析摄谱。c 是由 9 个高度不同的长方形缺口组成。1、3、4、6、7、9 各处可拍摄试样光谱，2、5、8 可拍摄标准试样或铁光谱，常用于定性分析摄谱。

二、光谱定量分析

（一）谱线强度与浓度的关系

光谱定量分析是依据待测元素谱线的强度 I 来确定元素浓度 c 的。两者间的关系可用下式表示

$$I = ac^b \tag{10-2}$$

式中 a ——与激发温度和试样蒸气扩散速度等因素有关的参数；

b ——谱线的自吸系数，无自吸时 $b=1$，有自吸时 $b<1$。

在一定的实验条件下，a 和 b 都是常数。将式（10-2）两边取对数，则得

$$\lg I = b \lg c + \lg a \tag{10-3}$$

上式是光谱定量分析的基本依据。该式表明，若以 $\lg I$ 对 $\lg c$ 作图，所得曲线在一定范围内为直线，如图 10-9 所示。图中曲线的斜率为 b，在纵轴上的截距为 $\lg a$。由图可见，当试样的浓度较高时，由于 b 不是常数，且小于 1，所以工作曲线发生弯曲（bc 部分），这段曲线不适宜做定量分析。以上所说的定量分析方法称为绝对强度定量法。

绝对强度定量法要求每次测定时的实验条件绝对一致，实际上是很难做到的。因此根据谱线强度的绝对值来进行定量分析，是得不到准确结果的。所以，在光谱定量分析中，常采用内标法。

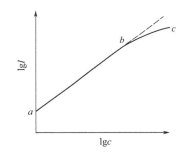

图 10-9　光谱定量分析的工作曲线

（二）内标法的原理

内标法也叫相对强度法，这种方法可以消除操作条件的变化，对测定结果带来的影响。

在同一块感光板上，在待测元素的谱线中选一条谱线作为分析线，在基体元素（或定量加入的其他元素）的谱线中选一条与分析线均称的谱线作为内标线（或称比较线），这两条谱线组成所谓"分析线对"。分析线与内标线绝对强度的比值称为谱线的相对强度，以 R 表示。内标法就是借测量分析线对的相对强度来进行定量分析的方法。这样就可以使谱线由于实验条件的变化而产生的影响得到补偿。内标法定量分析的基本公式是

$$\lg R = \lg \frac{I_1}{I_2} = b_1 \lg c + \lg A \tag{10-4}$$

式中的 b_1 及 A 在一定实验条件下是常数。由公式可见以 $\lg R$ 对 $\lg c$ 所作的曲线即为相应的工作曲线，其形状与图 10-9 基本相同。因此，只要测出谱线的相对强度 R，便可从相应的工作曲线上求得试样中待测元素的含量。由于分析线对是在同一感光板上摄谱，实验条

件稍有改变，两条谱线所受影响相同，相对强度保持不变，所以可以得到较准确的结果。

应用内标法时，对内标元素和分析线对的选择是很重要的，选择时主要应考虑以下几点。

① 所测试样中应不含或仅含极少量所加的内标元素。若试样的主要成分（基体元素）的含量较恒定，亦可选此基体元素为内标元素。

② 分析线对应具有相同或相接近的激发电位和电离电位。

③ 两条谱线的波长、强度及宽度应当尽量接近。这样才能消除感光板乳剂性质、实验条件等因素的影响。

④ 所选谱线应不受其他元素谱线的干扰，而且自吸要小。

⑤ 内标元素与待测元素应具有相接近的沸点、化学活性及相对分子质量。

（三）乳剂特性曲线

感光板上谱线变黑的程度，与谱线的强度、元素的浓度、感光板曝光的时间、乳剂的性质及显影条件等因素有关。如果其他条件固定不变，则感光板上谱线的黑度仅与照射在感光板上谱线的强度有关。因此，测量谱线的黑度就可以比较谱线的强度。谱线黑度的大小，取决于感光板的曝光量（H）。黑度与曝光量 H 之间的关系是很复杂的，不能用简单的数学公式表达，通常只能用图解的方法表示，这种图解曲线称为乳剂特性曲线。它是以黑度 S 为纵坐标，曝光量的对数 $\lg H$ 为横坐标作图，如图 10-10 所示。图上的曲线因乳剂的不同而异，故称为乳剂特性曲线。由图可见，曲线分为三部分，AB 为曝光不足部分，它的斜率是逐渐增大的；CD 为曝光过度部分，它的斜率逐渐减小；BC 为曝光正常

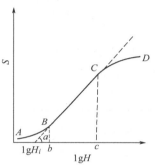

图 10-10 乳剂特性曲线

部分。光谱定量分析一般在曝光正常部分工作，因为这部分曲线的斜率是恒定的，黑度与曝光量对数之间可以用简单的数学式来表示，即

$$S = \gamma \lg H - i \tag{10-5}$$

式中，γ、i 为与感光板乳剂性质有关的参数。因为曝光量 H 等于谱线的强度 I 与曝光时间 t 的乘积，故上式可写作

$$S = \gamma \lg It - i \tag{10-6}$$

因为在光谱定量分析时，测量的是分析线对的相对强度，所以设 S_1、S_2 分别为分析线及内标线的黑度，则

$$S_1 = \gamma_1 \lg I_1 t_1 - i_1 \tag{10-7}$$

$$S_2 = \gamma_2 \lg I_2 t_2 - i_2 \tag{10-8}$$

因为在同一块感光板上，曝光时间相等，即 $t_1 = t_2$；当分析线对的波长、强度及宽度相近，且其黑度值均落在乳剂特性曲线的直线部分时，$\gamma_2 = \gamma_1$，$i_2 = i_1$，则分析线对的黑度差为

$$\Delta S = S_1 - S_2 = \gamma \lg \frac{I_1}{I_2} = \gamma \lg R \tag{10-9}$$

将式（10-3）代入上式，得

$$\Delta S = S_1 - S_2 = \gamma b_1 \lg c + \gamma \lg A \tag{10-10}$$

这就是用内标法进行定量分析的基本公式。由公式可见，在一定条件下分析线对的黑度差与试样中待测元素含量 c 的对数成线性关系。

（四）光谱定量分析三标准试样法

由公式（10-10）可以看出，分析线对的黑度差与待测元素含量间为一直线关系，这一公

式便是三标准试样法工作曲线的基本关系式。

本法是用三个或三个以上不同含量的标准样品在选定的实验条件下摄谱，经显影、定影等处理后，用测微光度计测出每一分析线及内标线的平均黑度值，然后再求出每一分析线对

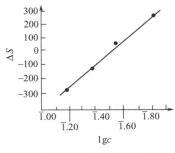

图 10-11　低镍钢中镍的工作曲线

的黑度差。例如试样中待测元素的平均黑度值为 S_1，内标元素的平均黑度值为 S_2，则分析线对的黑度差为 $\Delta S = S_1 - S_2$。以分析线对的黑度差 ΔS_1、ΔS_2……为纵坐标，该元素含量的对数 $\lg c_1$、$\lg c_2$……为横坐标作图，即得一工作曲线。样品光谱也摄在同一块感光板上。只要测出待测元素分析线对的黑度差，便可从工作曲线上求算出元素的含量。

例如，分析低镍钢中镍的含量，其步骤是，在同一块感光板上拍摄四个含镍量不同的标准样品及试样的光谱。为了提高分析的准确度，每一样品各拍摄三条光谱。选择分析线对，测其黑度差，取平均值，绘制工作曲线，得图

10-11。如测得试样的平均黑度差为 -6.7，从工作曲线上找出对应的 $\lg c$ 值为 $\overline{1}.51$，求算出试样中镍的含量为 0.32%。低镍钢中镍的测定值见表 10-1。

表 10-1　低镍钢中镍的测定值

| 分析编号 | 黑度 S | | 黑度差 ΔS | 平均黑度差 $\Delta \overline{S}$ | Ni 含量/% | $\lg c$ |
	分析线 Ni3050Å	内标线 Fe3655Å				
标样 1	690 720 680	960 980 980	-270 -260 -300	-276	0.15	$\overline{1}.18$
标样 2	810 780 770	910 860 880	-100 -80 -110	-97	0.24	$\overline{1}.38$
标样 3	870 870 850	825 800 820	45 70 30	48	0.38	$\overline{1}.58$
标样 4	990 1000 1010 720	755 780 775 730	235 220 235 -10	230	0.71	$\overline{1}.85$
试样	640 700	630 720	10 -20	-6.7	0.32	$\overline{1}.51$

注：1Å＝0.1nm。

三标准试样法的标准样品与待测试样的光谱均摄于同一块感光板上，因而保证了分析条件的一致性，使得分析结果的准确度较高。它的缺点是消耗较多的标准样品和感光板，制作工作曲线费时，所以不适合快速分析。

三、光谱半定量分析

当分析的准确度要求不高，只需知道元素大致含量的情况下，应用半定量方法可以简单快速地解决问题。光谱半定量分析的方法，常用的有比较光谱法、显线法等。

（一）比较光谱法

将待测元素制备成含量（或浓度）不同的标准系列。将样品与标准系列在相同条件下摄谱于同一块感光板上，然后在映谱仪上用目视法直接比较试样与标样光谱中待测元素分析线

的黑度。若试样中待测元素分析线的黑度与某一标样中该元素分析线的黑度相近，则表明试样中待测元素的含量等于此标样中该元素的含量。

例如分析黄铜中铅的含量。摄谱后在映谱仪上找出试样与标样中铅的分析线 Pb2833Å，然后观察比较两条谱线的黑度，如果试样中分析线的黑度与含铅 0.01% 标样中该谱线的黑度相似，则此试样中铅的含量大约也是 0.01%。

比较光谱法相当于目视比色法。该法的准确度，取决于被测试样与标样组成的相似程度，以及标准系列中被测元素含量间隔的大小。

（二）显线法（谱线呈现法）

谱线的数量随元素含量的降低而减少。当元素含量足够低时，仅出现少数灵敏线；当元素含量逐渐增加时，则谱线的数量也随之逐渐增加。于是，可以编制一张谱线出现与含量的关系表，在一定实验条件下借以进行半定量分析。以铅的含量与谱线出现的关系为例，列于表 10-2 中。该法的优点是简单快速，不需制备标准样品。但是对于谱线简单的元素，要选一组合适的谱线是有困难的。另外，这种方法受试样组成的变化影响较大。要想获得好的分析结果，一定要设法保持分析操作条件的一致性。

表 10-2　铅含量与谱线出现的关系

铅含量/%	谱线/×0.1nm	铅含量/%	谱线/×0.1nm
0.001	2833.07 清晰可见，2614.18 和 2802.00 很弱	1.0	以上谱线增强，2410.95、2433.83 和 2446.2 出现，2411.7 模糊可见
0.003	2833.07、2614.18 增强，2802.00 清晰	3	上述谱线增强，出现 3220.5，2332.42 模糊可见
0.01	上述谱线增强，另增 2633.17 和 2873.32，但不太明显	10	上述谱线增强，2426.64 和 2399.60 模糊可见
0.1	以上谱线增强，没有出现新的谱线	30	上述谱线增强，3118.90 和浅灰色背景中 2697.50 出现

第四节　ICP 光谱法

ICP 光谱法是以 ICP（电感耦合等离子体的英文缩写）为发射光源的光谱分析法，其全称为电感耦合等离子体原子发射光谱法，简称为 ICP-AES。

一、方法特点

ICP-AES 具有如下独特优点。

① 测定元素范围广。从原理上讲，它可以测定除 Ar 以外的所有元素。

② 线性范围宽。其校准曲线的线性范围一般宽达 5 个数量级，待测元素的质量浓度在 $1000\mu g/ml$ 以下都有良好的线性关系。

③ 检出极限 $1\sim100\mu g/L$。

④ 可供选择的波长多。每个元素都有好几个可供测定的、灵敏度不同的波长，因此 ICP-AES 适用于微量和常量分析。

⑤ 精密度好。测定的相对偏差一般在 1%～3%。

⑥ 干扰少。基本上没有什么化学干扰，基体效应较小。

⑦ 可同时测定多元素。多通道光谱仪在 30s 内能完成 30～40 种元素的分析，只消耗 0.5ml 试液。

ICP 光谱不足之处是：有的元素（例如铷）的灵敏度相当差；基体效应仍然存在；光谱干扰仍不可能避免；Ar 气消耗量大。

二、基本原理

等离子体是一种原子或分子大部分已电离的气体。它是电的良导体，因其中正、负电荷密度几乎相等，所以从整体来看它是电中性的。ICP 属低温等离子体，温度可达 5000～10000K。

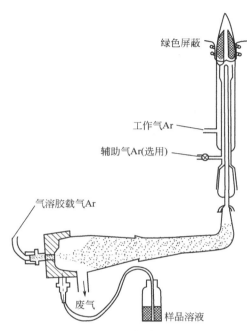

绿色屏蔽

工作气Ar

辅助气Ar(选用)

气溶胶载气Ar

废气

样品溶液

图 10-12　ICP 光谱雾化装置

ICP 光谱的测定操作如图 10-12 所示。被测定的溶液首先进入雾化系统，并在其中转化为气溶胶，一部分细微颗粒被 Ar 气载入等离子体的环形中心，另一部分较大颗粒者被排出。进入等离子体的气溶胶在高温作用下，经历蒸发、干燥、分解、原子化和电离的过程（此过程与原子吸收分析相似），由于火焰温度很高，所产生的原子、离子被激发，并发射各种特定波长的光，这些光经光学系统通过入射狭缝进入光谱仪，照射在光栅上，光栅对光产生色散，使之按波长的长短分解成光谱线。让被测波长的光通过出射狭缝，照射在光电倍增管上，产生电信号，此信号输入电子计算机后，与标准的电信号相比较，从而计算出试液的浓度。

炬管由三层同心石英管组成，有三股氩气分别进入炬管。外管上端环绕着通水冷却的铜螺管，铜管与高频发生器连接。高频发生器输出的高频电流在感应螺管中流动，在螺管的轴线方向产生一个强烈振荡的磁场。此时炬管中的 Ar 呈中性而不放电，但经火花发生器（Tesla 线圈）触发，氩气部分电离，产生带电粒子（电子和离子），以密闭的环形线路流动，氩气流在此刻起了变压器中只有一匝闭路的次级线圈的作用，它与铜管线圈发生耦合。从高频发生器输给的大量能量，使带电粒子高速运动发生碰撞，形成了越来越多的电子和离子并产生热量。这一过程像雪崩一样瞬时完成，形成了等离子体火焰。等离子体所需能量，则通过上述耦合作用从高频发生器上源源不断地供给。

等离子体焰炬如此高的温度，必须在石英管与火焰之间有热隔离，否则石英管将熔化。热隔离通过从切线方向引入氩气流的涡流稳定技术来达到。外管的 Ar 气流为冷却气，切线方向引入，流量 10～15L/min，它向上流动，使外管的内壁冷却，同时使等离子体约束在管子中央而与管壁相接触。内管输入的氩气称为载气，流量为 1～1.5L/min，其作用是将样品（气溶胶、粉末或气体）载入等离子体。中管输入的 Ar 称辅助气，其作用是将等离子体火焰高出炬管。火焰点燃后可以保留，也可以切断。

高出螺管上方 10～30mm 的 ICP 火焰部位，为发射光谱分析的观测区。自由原子主要在该区间内形成并发射光谱，该区间光谱背景低，分析元素可获最大信倍比。

三、ICP 光谱的仪器设备

ICP 光谱的装置由进样系统、ICP 炬管、高频发生器、光谱仪、计算机等组成。

（一）进样系统

雾化装置的作用是利用载气流 Ar 将液体试样雾化成细微的气溶胶状态并输入等离子体中。雾化装置由雾化器和雾室组成。

（1）雾化器 图 10-13 为同心气动雾化器，又叫做迈恩哈德雾化器，它由硼硅酸盐玻璃吹制而成。该雾化器通过小孔的高速气流产生低压提升液体，并将其粉碎为雾滴。这种雾化器的氩气流约为 1L/min，线性压力比大气压高 300kPa，水的提升量为 1.6ml/min，雾化率为 1%～3%。

同心气动雾化器是一种常用雾化器。液体可直接提升自吸喷雾，也可以利用蠕动泵输入。除同心雾化器外，常用的还有交叉流动雾化器、超声波雾化器、巴宾顿型雾化器，图 10-12 是其中的第一种雾化装置。

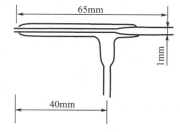

图 10-13 同心气动雾化器

（2）雾室 它的作用是将较大的液滴（直径>10μm）从细微的液滴中分离出来，从废液口流出，阻止进入火焰。

雾室的容积一般为 100～200 cm³，雾室的种类有多种，目前采用带撞击球的雾室，这与原子吸收分析中的火焰原子化的雾化装置完全相似。雾室形状见图 10-12。

（二）等离子炬管

炬管为三管同轴石英管，图 10-1 是目前使用最多的一种炬管，其外径为 20 mm，内管直径 5 mm，喷嘴直径 1.5 mm，高 125mm，中管与外管的环形间隙 1.0mm。耐氢氟酸气溶胶的炬管的内壁以聚四氟乙烯衬里，其喷嘴用氮化硼制成。

（三）高频发生器

ICP 系统中的高频发生器的功能是向感应螺管提供高频电流。高频发生器主要有两类。

（1）"自激"式发生器 它能使振荡电流的频率随等离子体阻抗的变化而变化。

（2）"它激"式石英稳频发生器 它是利用压电晶体的振荡来调节电流频率，从而保持频率恒定。

高频发生器的螺管中产生高频电流，为 ICP 的工作提供了振荡磁场。螺管中产生的废热，靠通过铜管内的冷却水来散失。

高频发生器的振荡频率一般为 27.12MHz 或 40.68MHz，输出功率为 1～1.5kW。厂家出品的高频发生器都有良好的屏蔽装置，不会对人体造成伤害。高频发生器应有良好的接地装置，其接地电阻应不大于 4Ω。

（四）光谱仪

ICP 光谱所用的光谱仪有两种类型，即多通道光谱仪和元素顺序测定的扫描单色仪。

顺序扫描单色仪靠计算机来控制波长的移动。计算机控制的步进（变速）电动机，能使仪器高速传动到恰好比预选波长小的地方，然后，波长传动装置再一小步一小步地慢慢移动，跨越并超过预测的波峰位置，同时在每一点上进行短时间积分。再将数据拟合到峰形的特定数学模拟式中，即可算出被测波峰的真实位置和最大强度。在波峰两侧的预选波长可估算出波峰下面的光谱背景值。测定完毕后，单色仪转到为下一个元素确定的波长处，重复上述过程。

目前采用如图 10-14 所示的平面光栅装置。它是通过转动光栅来实现波长的回转和扫描的，使需要扫描的光谱依次通过出口狭缝，而光栅的转动是用步进电动机控制。这种步进电动机极其精确，但是由于不可避免的机械不稳定性和热不稳定性，它还不可能精确到可以直

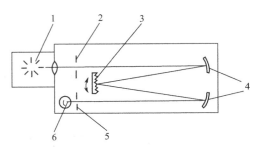

图 10-14　扫描单色仪的光系统

1—ICP；2—入射狭缝；3—光栅；4—反射镜；

5—出口狭缝；6—光电倍增管

接转到波峰上立即进行强度测定。

多通道 ICP 光谱仪可以在不到 1min 的时间内，同时测定数十种元素，具有速度快、氩气和试液消耗少的优点。但因其通道固定，灵活性差，有的仪器增加了一个手调波长的通道，称作 $n+1$，来弥补其不足。而顺序扫描 ICP 光谱仪具有灵活性大、可测元素多、价格低廉的优点，但速度较慢，Ar 消耗量较大。有的厂家已生产出多通道与顺序扫描组合在一起的光谱仪，兼有二者的优点。需要指出的，摄谱仪也可以用作 ICP 光谱仪，也就是说，使用 ICP 光源，也可以采用经典摄谱的方法来完成发射光谱分析。

四、干扰与检出限

（一）干扰

由于 ICP 具有高温、高电子密度，所以化学干扰微不足道。只有当易电离元素大量存在时，才需考虑电离干扰。ICP 光谱分析中主要干扰为光谱干扰和基体效应。

（1）**光谱干扰**　光谱干扰概括为三种情况：①谱线直接重叠；②谱线部分重叠；③背景漂移。前两种干扰的消除可采用另选谱线的办法或者用元素间的数学校正系数进行校正。而背景漂移需要在谱线两边测背景，进行背景的校正。

（2）**基体效应**　它是因基体成分的变化而引起的干扰效应。基体效应有两种类型：①基体成分的增加使雾化率降低。当溶液中所含酸的浓度以及溶解固体量的增加，溶液的密度、黏度、表面张力也增大，使雾化率降低，被测元素的信号强度也降低。各种无机酸的影响按以下次序递增：$HCl < HClO_4 < H_3PO_4 < HNO_3 < H_2SO_4$。一般都不采用 H_3PO_4、H_2SO_4 作 ICP 分析的介质。以 HCl 和 $HClO_4$ 为佳。②基体成分的变化，影响被测元素的激发过程，从而影响信号输出。例如大量 K、Na、Mg、Ca 存在能使背景增加。

总体来说，ICP 光谱分析的基体效应相应较小，克服基体效应最有效的办法是使标准溶液与试样溶液进行基体匹配，使二者基体基本一致。内标法也可克服基体效应。

（二）检出限

检出限是指能鉴别的最小浓度。表 10-3 是 ICP-AES 的常用波长及检出限（ARL3520型顺序光谱仪的检出限）。

表 10-3　ICP 光谱常用波长及检出限

元　素	波长/nm	检出限/(μg/ml)	主要光谱干扰	元　素	波长/nm	检出限/(μg/ml)	主要光谱干扰
Ag	328.07	0.003		B	208.96	0.008	Mo
Al	309.27	0.008	V,Fe,Mg	B	(182.59)	0.01	
Al	396.15	0.01	Mo,Ca	Ba	455.40	0.0002	
Al	237.34	0.01	Mn	Be	313.04	0.0001	V
Al	308.22	0.025		Be	234.86	0.0002	
As①	189.04	0.03		Bi	223.06	0.04	
As①	193.76	0.04	Al	Ca	393.37	0.00002	
Au	242.80	0.008	Mn	Ca	317.93	0.003	
Au	267.60	0.02	Ta	Cd	214.44	0.002	Pt
Au	208.21	0.03		Cd	228.80	0.002	As
B	249.77	0.002	Fe	Cd	226.50	0.003	Ni
B	249.68	0.004		Ce	413.76	0.02	

续表

元　素	波长/nm	检出限/(μg/ml)	主要光谱干扰	元　素	波长/nm	检出限/(μg/ml)	主要光谱干扰
Co	238.89	0.004	Fe	Mn	257.61	0.0005	
Co	228.62	0.005		Mn	259.37	0.0008	Fe,Mo,Nb,Ta
Cr	205.55	0.003		Mo	202.03	0.004	Fe
Cr	206.15	0.004	Bi,Zn,Pt	Na	589.00	0.02	Ar
Cr	267.72	0.004	Pt	Na	589.59	0.02	
Cr	283.56	0.004	Fe	Nb	309.42	0.005	V
Cu	324.75	0.002		Nb	316.34	0.005	
Cu	224.70	0.004		Nd	401.23	0.03	Ce,Nb,Ti
Cu	327.40	0.005		Nd	430.36	0.04	Pr
Dy	353.17	0.008		Nd	406.11	0.05	
Er	337.27	0.005	Ti	Nd	415.61	0.06	
Eu	381.97	0.001		Ni	221.65	0.008	Co,W
Fe	238.20	0.002		Ni	232.00	0.009	Cr,Pt
Fe	239.56	0.002		Ni	231.60	0.009	
Fe	259.94	0.002		Os	225.59	0.0004	Fe
Ga	294.36	0.02		P	213.62	0.05	Cu
Gd	342.25	0.007		P	214.91	0.05	Cu
Gd	335.05	0.01		P	(178.29)	0.1	I
Ge[①]	209.43	0.02		Pb[①]	220.35	0.03	Pd,Sn
Ge[①]	265.12	0.03	Ta,Hf	Pd	340.46	0.02	V,Fe,Mo,Zr
Hf	277.34	0.008	Cr,Fe	Pd	363.47	0.03	Co
Hf	273.88	0.008	Ti,Mo,Fe	Pr	390.84	0.02	Ce,U
Hf	264.14	0.01	Fe,Mo	Pr	422.30	0.025	
Hf	232.25	0.01	Mo	Pt	214.42	0.02	Cd
Hg[①]	194.23	0.02	V	Pt	203.65	0.03	Rh,Co
Hg[①]	(187.05)	0.02		Pt	204.94	0.04	
Hg[①]	253.65	0.05	Fe	Pt	265.95	0.04	
Ho	345.60	0.004	Er	Rb	780.02	0.3	
I	(178.28)	0.008	P	Re	221.43	0.006	Os,Pt,Pd
I	(183.04)	0.02		Re	227.53	0.006	Ag
I	206.24	0.1	Cu,Zn	Rh	233.48	0.02	Sn
In	230.61	0.04		Rh	249.08	0.03	Fe
Ir	224.27	0.02	Cu	Rh	343.49	0.03	
K	766.49	0.06	Cu	Ru	240.27	0.02	Fe
K	769.90	0.15		S	(180.73)	0.04	Al
La	394.91	0.002	Ar	Sb[①]	206.83	0.03	Cr,Ge,Mo
La	379.48	0.005	Fe	Sb[①]	217.59	0.04	Cb
Li	670.78	0.002		Sc	361.38	0.0008	
Lu	261.54	0.0005	Er,Fe,V,Ni	Se[①]	196.09	0.06	Pd
Lu	291.14	0.003	Er,V	Si	251.61	0.008	V,Mo
Lu	219.55	0.004		Si	212.41	0.01	Mo
Mg	279.55	0.00005		Si	288.16	0.015	
Mg	279.08	0.02	Ti	Sm	359.26	0.02	Nd,Gd,V

续表

元素	波长/nm	检出限/(μg/ml)	主要光谱干扰	元素	波长/nm	检出限/(μg/ml)	主要光谱干扰
Sm	428.08	0.04	Nd	V	309.31	0.003	Al
Sn①	189.98	0.02	Ti	V	310.23	0.003	Ni
Sr	407.77	0.00008	La	V	292.40	0.004	
Ta	226.23	0.03	Pd	W	207.91	0.015	Ni,Cu
Ta	240.06	0.03	Pt,Rh,Hf	W	239.71	0.03	
Tb	350.92	0.02	Ru,V	Y	371.03	0.001	
Te①	214.28	0.04		Yb	328.94	0.001	Fe,V
Th	283.73	0.04	Fe	Yb	211.67	0.005	Mo,Rh
Ti	334.94	0.002	Cr,Nb	Yb	212.67	0.005	Ir,Ni,Pd
Ti	336.12	0.003		Zn	202.55	0.002	Mg,Cu
Tl	190.86	0.04	Mo,V	Zn	206.19	0.003	Cr,Bi
Tm	313.13	0.004	Be	Zn	213.86	0.005	Ni,V
U	385.96	0.08	Nd,Fe	Zr	343.82	0.002	Hf
U	409.01	0.1		Zr	339.20	0.002	Er,Th,Fe,Cr
U	424.17	0.1		Zr	349.62	0.003	Yt,Mn

① 表示可用氢化法测定,其检出限比表中数据可低 100~200 倍。

注:1. 划线者为最佳谱线。

2. 有 ( ) 者需用真空光路。

思 考 题

1. 光谱是怎样产生的?

2. 光谱定性定量的依据是什么?

3. 什么叫半定量分析?

4. 简述光谱分析过程及所需仪器的名称及其作用?

5. 什么叫黑度?什么叫相对强度?

6. 什么叫三标准法?

7. 什么叫 ICP-AES?

8. ICP 光谱有何优点?

9. 高频发生器的作用是什么?

10. ICP 多通道光谱仪和顺序扫描单色仪各有何优缺点?

11. 当试样量少又必须进行多元素测定时应选用下列哪种方法?为什么?

    A. 单道 ICP-AES

    B. 原子吸收光谱法

    C. 摄谱法原子发射光谱法

12. ICP 雾化装置与原子吸收分析中的火焰原子化的雾化装置有何异同?

第十一章

三种仪器分析方法简介

◆ 质谱分析法
◆ 核磁共振波谱法
◆ X 射线荧光分析

第一节　质谱分析法

一、质谱分析概述

质谱分析是将试样转变成快速运动的正离子后再进行分离和鉴定的一种分析方法。不同的离子按照物质的质量与电荷的比值（质荷比），在磁场或静电场或二者都存在下，其飞行速度的不同而达到分离的目的。分离后的离子通过检测器，记录或摄谱获得按质荷比顺序排列的图谱。根据质谱图可进行定性定量分析。

质谱法是一种有效的分离、分析手段，利用质谱仪可以进行同位素分析，利用电磁分离器，离子注入机等质谱装置可以制备纯同位素和优质的半导体材料。1940 年就用质谱仪成功地分离了 ^{235}U。1941 年即实现了 ^{235}U 这种重要核燃料的大规模电磁法制备，为发展原子武器奠定了物质基础。目前在美国生产 ^{235}U 的工厂中，质谱仪已成为"在线"的分析仪器。在我国进行了铀、锂、硼、重水等重要材料的同位素分析，制备了纯同位素，为发展我国原子能事业作出了贡献。

质谱法在现代分析领域中起着重要作用，它能测定高纯气体中和高纯金属中的微量杂质，以及中草药、农药、增塑剂的结构等。色谱-质谱联用已成为水质污染、致癌物质、地球化学样品、石油化工产品、中草药有效成分的分离、分析和结构鉴定的重要手段。

20 世纪 60 年代以来，人们用质谱进行复杂化合物的鉴定和结构分析方面进行了许多研究工作，实践证明，质谱、红外光谱、核磁共振都是复杂化合物的鉴定和物质结构分析的重要工具。

（一）质谱分析过程

质谱分析要根据分析对象的不同，选择不同的进样系统，并进行离子化，然后利用质量分析器对不同质荷比的离子进行分离，最后进行检测，用记录仪进行质谱峰的记录，或用感光板进行照相摄谱。

分析气体和容易挥发的液体样品，一般采用常温进样系统。分析固体或不易挥发的液体样品时，通常采用高温进样系统，使样品在真空、高温条件下气化，然后进行质谱分析。固体样品可以做棒状电极，使电极在真空中进行火花放电，也可用 ICP（等离子体）激发放电而实现质谱分析。图 11-1 是电检测所获得记录质谱图，横坐标表示质量（或质荷比），是定性分析依据，纵坐标表示离子流强度（峰高），是定量分析依据。

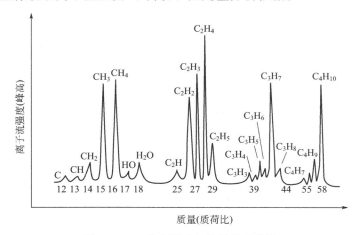

图 11-1　一种电测法气体样品质谱图

图 11-2 是一种采用高频火花型离子源的双聚焦质谱仪进行固体样品分析所得的照相质谱图。测定其谱线间的距离，可以得出定性分析结果，根据黑度可以进行定量分析。

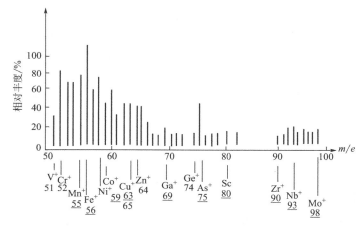

图 11-2　一种固体样品的照相质谱图

横坐标为质量 m 与电荷 e 的比值（m/e），纵坐标为相对丰度，或称相对强度，即将最强的峰作为标准峰（100%），而以对它的百分比来表示其他离子峰的强度。

（二）离子化过程

质谱分析首先要将样品的被测组分转变成带电粒子，离子化的方法有电子轰击法、高频火花法、等离子体法等多种方法，现在以电子轰击法为例，说明其离子化的过程。

1. 原子形成离子

当一束电子轰击气态蒸发原子 A，只要电子的能量大于原子的第一电离能，便可能将 A 中的电子轰击出来而形成正离子。

$$A + e^- \longrightarrow A^+ + 2e^-$$

如果电子束的能量更高，则可能将原子中更多的电子轰击出来形成多价正离子。

$$A+e^- \longrightarrow A^{n+}+(n+1)e^-$$

也有极少数（约千分之一）的原子捕获电子变成负离子。

2. 分子形成离子

现以四个不同原子 A、B、C、D 组成的分子 ABCD 为例。

（1）分子形成离子的过程

$$ABCD+e^- \longrightarrow ABCD^+ +2e^-$$

（2）碎裂过程

（3）重排后的碎裂过程

（4）碰撞后的碎裂过程

$$ABCD^+ +ABCD \longrightarrow (ABCD)_2^+ \longrightarrow BCD\cdot +ABCDA^+$$ 对于大的分子，则可能产生更多的正离子和中性游离基。

二、质谱仪

质谱仪通常由四部分组成：

进样系统 → 离子源 → 质量分析器 → 离子检测器

进样系统把被分析的物质送进离子源；离子源把样品的原子、分子电离成离子；质量分析器按质荷比的大小进行分离；检测器用以测量，记录离子流强度而得出质谱图。

质谱仪器有单聚焦质谱仪、双聚焦质谱仪等。双聚焦质谱仪比单聚焦质谱仪分辨率更高，但仪器价格较贵，常见单聚焦质谱仪结构原理如图 11-3 所示。

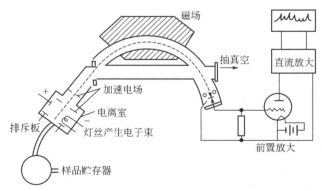

图 11-3 质谱仪结构原理

（一）进样系统

最通常的情况是：样品气体从一个 $1\sim5L$ 的样品贮存器中引入，因此贮存器的压力比离子室中的压力要高 $1\sim2$ 个数量级，以保持有一稳定的气流通过小孔流入离子室，一般试样压力为 1.33Pa，对于沸点在 150℃以下的液体，在室温就有适量样品蒸发进入抽空的样品贮存器中，对于难挥发的试样则可将样品和样品贮存器加热，或制成棒状电极用火花放电进行分析。

（二）离子源

使样品被测组分转化为离子的离子源有多种多样，如电子轰击、离子轰击、场致电离、光电离、高频火花电离、激光电离、等离子体电离、化学电离等。但以电子轰击型离子源最常用，其原理是基于蒸气进入电离室后，受到 50～100eV（一般用 70eV）电子流轰击下，样品的原子或分子就转变为离子或碎片离子，这些带正电荷的离子，被排斥极排斥进入加速室。离子源是质谱仪的心脏，因为它影响仪器的灵敏度和分辨本领。

（三）质量分析器

质量分析器又称离子分离器。它的功能是分离不同质荷比（m/e）的离子，一般要求有 0.01 质量单位的分辨本领，各种不同质谱仪的主要差别是基于离子分离系统的不同。

图 11-3 是单聚焦半圆形质谱仪。设仪器的磁场强度为 H，粒子的速度为 v，离子的电荷为 e，则磁向心力 F_M 为

$$F_M = Hev \tag{11-1}$$

离心力 F_C 为

$$F_C = \frac{mv^2}{R} \tag{11-2}$$

式中　m——粒子质量；

　　　R——分离器的曲率半径。

则离子的动能 E 为

$$E = eV = \frac{1}{2}mv^2 \tag{11-3}$$

式中　V——离子室加速电压，800～8000V。

一个粒子要想通过圆形通道到达收集极，则必须满足

$$F_C = F_M$$

故

$$Hev = \frac{mv^2}{R} \tag{11-4}$$

将式（11-4）代入式（11-3）并重排得

$$\frac{m}{e} = \frac{H^2 R^2}{2V} \tag{11-5}$$

当质谱仪的磁场强度 H 与质量分析器的曲率半径 R 是固定的，则到达狭缝上的粒子质荷比（m/e）反比于加速电压 V，只要连续改变加速电压（电压扫描），就可以使具有不同质荷比的离子按顺序到达检测器产生信号而获得质谱图。也可固定 V、R，连续改变 H（磁场扫描），也同样可以获得质谱图。式（11-5）是设计质谱仪的主要依据。

所谓单聚焦一般是方向（角度）聚焦，能把质荷比相同而入射方向不同的离子聚焦而最后到达检测器。双聚焦质谱仪还能把质荷比相同而能量不同的离子实现聚焦，故有更高的分辨本领。

（四）检测器

离子源所产生的离子，经过质量分析器分离后，到达接收检测系统，目前有如下三种检

测器。

1. 筒状或平板金属电检测器

它结构简单，配合前置放大，直流放大器可测 $10^{-15} \sim 10^{-9}$ A 电流。

2. 电子倍增检测器

利用 Be-Cu 合金或其他材料所做成的电极，将离子转换成二次电子，并使一个二次电子的数量倍增为 $10^4 \sim 10^6$ 个二次电子，然后测量电子流。这种检测器可测出 10^{-17} A 的微弱电流。

3. 照相干板

在双聚焦质谱仪上，常在玻璃板上涂覆 AgBr 材料的照相感光板作为离子检测器，控制曝光时间可以获得较高灵敏度，常用于高频火花质谱分析中。

三、质谱分析的应用

（一）定性分析

质谱图可以提供分子结构的许多信息，因而定性能力强是质谱分析的重要特点。所以质谱分析被列为确定物质结构的重要手段之一。

每一种物质被电子轰击时，其电离和碎裂的形态有各自的特征，其中部分分子获得一个电子而形成分子离子，大部分分子发生键的断裂而形成碎片离子。根据质谱图上各个质谱峰的位置，可以知道分子离子和碎片离子的质荷比，根据分子离子和碎片离子的质荷比，可以推断这个有机物的分子量。同时，质谱图中各个峰的相对丰度和分子结构有密切关系，高丰度的质谱峰代表一个稳定的碎片离子，而且这个碎片离子与分子中其余部分比较，是容易断裂的。当了解了几个主要碎片离子的组成后，运用有关分子断裂、重排等规律，结合实践经验，就可以推断其分子结构。为了确证，还可以用红外光谱验证。下面举例说明之。

1. 辛酮的质谱图

（1）$m/e=128$ 是分子离子峰 $C_3H_7-\overset{O^+}{\overset{\|}{C}}-C_4H_9$

（2）碎片峰

$$C_3H_7-\overset{O^+}{\overset{\|}{C}}-C_4H_9 \xrightarrow[\alpha\,裂解]{\alpha\,裂解} \begin{cases} C_3H_7-C\equiv O^+ & m/e=71 \\ C_3H_9-C\equiv O^+ & m/e=85 \end{cases}$$

$$C_3H_7-C\equiv O^+ \xrightarrow{-CO} C_3H_7^+ \quad m/e=43$$

图 11-4 为辛酮的质谱图。

$$C_4H_9-C\equiv O^+ \xrightarrow{-CO} C_4H_9^+ \quad m/e=57$$

$$C_3H_7-\overset{O}{\overset{\|}{C}}-C_4H_9 \xrightarrow{-CH_2=CH_2} CH_2=\overset{\overset{+}{O}H}{\overset{|}{C}}-C_4H_9 \quad m/e=100$$

$$C_3H_7-\overset{O^+}{\overset{\|}{C}}-C_4H_9 \xrightarrow{-CH_2=CH-CH_3} CH_2=\overset{\overset{+}{O}H}{\overset{|}{C}}-C_3H_7 \quad m/e=86$$

（3）二次重排碎片离子

$$CH_2=\overset{\overset{+}{O}H}{\overset{|}{C}}-C_3H_7 \xrightarrow{-CH_2=CH_2} CH_2=\overset{\overset{+}{O}H_2}{\overset{|}{C}}-CH_2 \quad m/e=58$$

2．未知物分子结构式的推测

图 11-5 为一未知物的质谱图。已知 Cl 与 Br 含有同位素，其丰度比为

$$^{35}Cl：^{37}Cl＝100：32.5≈3：1$$
$$^{79}Br：^{81}Br＝100：98≈1：1$$

（1）从丰度比推测

$$m/e93：m/e95≈1：1$$
$$m/e79：m/e81≈1：1$$

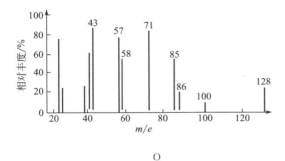

图 11-4　辛酮（$C_3H_7\overset{O}{\overset{\|}{C}}C_4H_9$）的质谱图

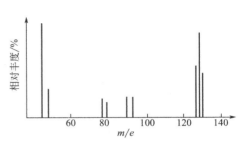

图 11-5　一未知物质谱图

因此推测分子会有一个 Br。又因 93－79＝14，

$$（Br）$$

相当于一个 CH_2。

$$m/e49：m/e51≈3：1$$

因此推测可能会有一个 Cl，又因 49－35＝14，相当于一个 CH_2。

$$（Cl）$$

从以上推测分子结构式为

$$BrCH_2Cl　　相对分子质量＝128$$

（2）因为已推测相对分子质量为 128，所以 $m/e＝128$ 为分子离子峰，130、132 为同位素峰。

（3）$BrCH_2Cl^+ \longrightarrow Br \cdot ＋CH_2 \!=\! Cl^+$　$m/e＝49$

（4）$Br^+CH_2Cl \longrightarrow Cl \cdot ＋CH_2 \!=\! Br^+$　$m/e＝93$

（5）$Br^+CH_2Cl \longrightarrow Br^+ ＋ \cdot CH_2 \!-\! Cl$　$m/e＝79$

用 $BrCH_2Cl$ 分子结构能解释各主要峰，所以推测是合理的。

（二）定量分析

质谱定量分析是基于用电检器记录质谱峰高（或乳胶板上的黑度）与组分的分压（含量）有正比关系。它与红外光谱相似，要选定一个被测组分的特征质谱峰，成功的质谱分析必须在一定的条件下进行。

1．基本要求

① 被测组分必须至少有一个与其他组分明显不同的峰。

② 各组分的裂解状态应有重现性。

③ 每种组分对峰的贡献必须呈线性加和性。

④ 必须有标准样品作仪器校正用。

2. 灵敏度的测定

灵敏度系指单位分压所具有的峰高（此分析峰一般可选择被测组分的母离子峰）。灵敏度的求法是，将记录的峰高、被样品贮存器内的总压相除而得到。

3. 试样的测定

如果试样组分中也能找到不受干扰的单组分峰（如母离子峰），则可测出单组分记录峰的峰高，被相应的灵敏度系数除，即得各组分的分压。将这些分压值被分析试样贮存器内的总压除，即为各组分的摩尔分数。

如果所分析的混合物的质谱图中找不到单组分峰，分析就复杂些，需要解多元联立方程。因质谱定量分析目前还应用不广，此处不拟详述。

四、色谱-质谱联用

多机联用是现代仪器分析的发展趋势，它能解决复杂的课题。色谱有最佳的分离功能，质谱有定性能力强的特点，同时色谱和质谱的灵敏度都很高，最小检测量接近，分析样品也都必须化成蒸气状态，因而色谱-质谱联用非常适宜，图 11-6 是色谱-质谱联用示意图。

由色谱柱分离后的组分经分子分离器进入电离室并被电子轰击而产生相应的正离子，其中一部分离子进入气相色谱离子检测器获得色谱图；另一部分正离子引入质量分析器进行离子分离，得到与色谱图相对应的质谱图。

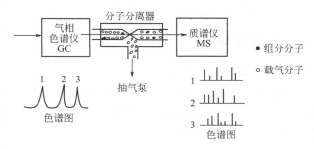

图 11-6　色谱-质谱联用示意图

实现色谱-质谱联用的关键是两仪器的接口，因为色谱柱出口处于常压，而质谱仪则要求在高真空（＜1.33×10^{-4} Pa）下工作，所以将这二者连接起来存在着压力差和将载气与被测组分分离的困难。使用分子分离器能较好的解决这个问题，分子分离器有两个作用。

① 分离载气，浓缩被测组分，从而提高灵敏度。

② 起减压作用，使之适应质谱高真空的要求。

使用较多的是喷嘴式分子分离器，如图 11-6 所示。由色谱柱出口流出的具有一定压力的气流，通过狭窄的喷嘴进入真空室时，在喷嘴出口端产生扩散作用，扩散速率与摩尔质量的平方根成反比，质量小的载气（氦）大量扩散，被真空泵抽除；组分分子一般具有大得多的质量，因而扩散慢，大部分按原来的方向前进，进入质谱仪部分，这样就达到了分离载气、浓缩组分的目的。在色谱-质谱联用仪中通常用氦作载气，其原因是：

① 氦的电离电位 24.6eV，远大于氢、氮的电离电位 15.8eV，不易电离，因而不影响色谱图的基线波动；

② 氦的相对分子质量只有 4，易与其他组分分子分离。同时，它的质谱峰很简单，主要在 $m/e4$ 处出现，不干扰后面的质谱峰。

色谱-质谱联用分析在定性鉴定、结构分析、定量分析等方面得到较广应用。如石油馏分是一种多组分和宽沸程的混合物，使用高效能的毛细管色谱-质谱联用分析，可分离和定性鉴定出 240 多个单体烃的组成。在化工生产中由于原料和中间产品带来的杂质使催化剂中毒，而影响生产。对于这些杂质的分析若单用色谱分析难以得出正确结果，如果采用色谱-

质谱联用分析，能快速准确得出结论。此外在环境保护、病理检验、化学致癌物质、中草药有效成分结构的测定等方面都得到较好的应用。

核磁共振波谱技术是测定有机化合物结构的重要工具之一。目前比较普遍的有氢（^{1}H）核磁共振和碳（^{13}C）核磁共振波谱两种，而以^{1}H核磁共振波谱最为普遍。核磁共振波谱也属于吸收光谱。紫外光谱是由于分子吸收了紫外光后，引起价电子跃迁而产生的光谱。红外光谱是由于分子吸收了红外光后，引起化学键的振动-转动能级跃迁所产生的光谱。而核磁共振波谱是将波长很长的电磁波（10～100m 射频区）照射分子，由于波长长，能量小，不可能产生振动-转动能级的跃迁，更不可能产生电子能级的跃迁。但是射频电磁波能够与暴露在磁场中的原子核相互作用，并对射频波产生强弱不同的吸收，产生核磁能级的跃迁，它主要用于有机物的结构分析，也可应用于复杂无机化合物结构分析，例如以磷、钨组成的杂多酸等。以这种原理建立起来的分析方法叫核磁共振波谱法。

一、基本原理

（一）原子核的自旋

原子核是带正电荷的粒子，若有自旋现象即会产生磁矩。实验证明，不是所有的原子核都有自旋现象，当元素的原子序数与原子核的质量数都为偶数的原子，如^{12}C、^{16}C、^{32}S 等没有自旋现象，自旋量子数（I）为零。当元素的原子序数为奇数的原子都有自旋现象。并且当原子序数为奇数，原子核的质量数也为奇数的原子，如^{1}H、^{19}F 等，其自旋量子数为$\frac{1}{2}$的倍数。若原子序数为奇数，原子核的质量数为偶数，如^{2}H、^{14}N，其自旋量子数（I）为整数值，如表 11-1 所示。

表 11-1　不同原子核的自旋量子数

原子序数	质 量 数	自旋量子数(I)	例 子
偶数	偶数(中子偶数,质子偶数)	O	^{12}C、^{16}O、^{32}S
奇数	奇数(中子偶数,质子奇数)	1/2 3/2	^{1}H、^{19}F、^{13}P ^{11}P、^{79}Br
偶数	奇数(中子奇数,质子偶数)	1/2 3/2	^{13}C ^{127}I
奇数	偶数(中子奇数,质子奇数)	1,2,3	^{2}H、^{14}N、^{10}B

一个原子核置于磁场中，其自旋轴不能任意排列，只能采取一定的方向自旋。原子核在磁场中共有 $2I+1$ 个取向。当 $I=1/2$ 时，则有两个取向，即磁量子数 $m=1/2$，$-\frac{1}{2}$，如氢原子核就只有两个取向。实验证明磁量子数 m 为$-1/2$ 的自旋取向能量高于$+1/2$ 的自旋取向，它们的能量差 $\Delta E=h\nu$。若要产生核磁跃迁，由$+1/2$ 取向跃迁至$-1/2$ 取向，则要吸收 ΔE 的能量。

原子核在磁场中的自旋，其自旋轴是倾斜于磁场方向，像陀螺一样的旋转，如图 11-7 所示。

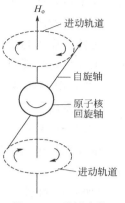

图 11-7　磁场内的
自旋原子核

当原子核置于磁场内时，它受外磁场 H_o 的作用，因而原子核除了自旋之外，还附加一个以外磁场方向为轴（回旋轴）的转动，称为回旋（或称进动）。回旋频率 ν 与外磁场强度 H_o 成正比：

$$\nu=\frac{r}{2\pi}H_o \qquad (11-6)$$

式中　r——各种核的特征常数，称为旋磁比。

（二）原子核的共振

当外用一个频率为 ν 的电磁波照射到已置于磁场中的原子核，若让外磁场强度使原子核的回旋频率等于照射到核上的电磁波频率，则发生共振，即产生了核磁跃迁，原子核由低能级跃迁至高能级。

式 (11-6) 说明了能量的转换和共振的条件。共振条件的 r 值由各原子核的本质决定，各个核都有自己的旋磁比 r 值。具体的共振条件 H_o 与 ν 则有多种，例如在 1.4T 的磁场下，氢（^{1}H）核与 60MHz 的射频发生共振，而氟能与 56.4MHz 的射频发生共振，当外加磁场强度变了，其共振频率也将发生变化。

当原子核吸收了 ΔE 的能量后，即产生了核磁跃迁，而

$$\Delta E=h\nu=2\mu H_o$$

式中　h——普朗克常数；

　　　μ——核磁矩，质子的核磁矩为 2.793 核磁子。

原子核吸收了 $2\mu H_o$ 的射频电磁波，便产生共振，原子核由 $m=+\frac{1}{2}$ 的取向，跃迁至 $m=-\frac{1}{2}$ 的取向，如图 11-8。

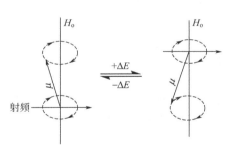

图 11-8　核在外加磁场中与电磁辐射的相互作用

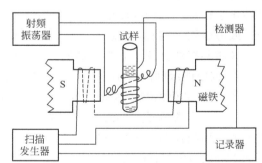

图 11-9　核磁共振波谱仪示意图

由图 11-8 可以看出，在外磁场中，核吸收 ΔE 的能量后，核由低能级跃迁至高能级，乃是由于原子核自旋取向的改变。

应当注意，当射频照射过强时，低能态核过量减少，会带来吸收信号降低，甚至消失，吸收无法进行。这是因为在室温和 1.4T 的外加磁场中，处于低能态的核仅比高能态的核多 7%，所以激发后易达到饱和。虽然高能态的核能及时回复到低能态，可以保持稳定信号，但强辐射照射仍应避免。

二、核磁共振波谱仪

核磁共振波谱仪包括六个基本单元：磁铁、射频振荡器、试样探头、检测器、记录器、

扫描发生器，如图 11-9 所示。

（一）磁铁

磁铁的作用是提供一个强磁场，以分离核自旋能态，对磁铁的要求是：功率大、稳定度高，磁场均匀且反复使用后不变。

（二）射频振荡器

射频振荡器是供给一个固定频率的电磁辐射部件，射频振荡器的线圈垂直于磁场。

（三）试样探头

试样探头包括试样管和连接射频的线圈。样品由小风轮推动旋转，使管内样品所受磁场趋于均化。

（四）检测器

检测器是用来检测射频信号的变化。检测器线圈垂直于磁场扫描线圈和振荡器线圈。振荡器线圈又名接收线圈，检测器频率必须调成与射频振荡器的频率一致。当某种氢原子核的回旋频率与射频频率共振时，检测器能检测出能量吸收的情况。检测器又名射频接收器。

（五）记录器

记录器有电子电位差计和示波器两种，能自动记录核磁波谱图。纵坐标表示信号强度，横坐标表示磁场强度或频率。共振信号的强度直接反映原子核的数目，所以峰面积是共振数目的量度。目前许多仪器有电子自动积分装置，峰面积大小以"阶梯"的高低自动扫绘在图上，能直观共振核的数目。

（六）扫描发生器

扫描发生器是以磁场扫描通过共振区产生波谱。它是在磁铁上绕一扫描线圈，在线圈中通以直流电，电流由小至大线性地增加，产生的附加磁场可以用来调节原有磁场，以便记录各种化学位移，磁场强度增加的数值折合成频率（Hz）被记录下来。用 1.4T 的磁铁（永久磁铁或电磁铁），扫描速度在 $11\sim12\text{Hz/min}$。

核磁共振波谱仪与光学仪器的区别有两个方面：

① 核磁能级间隔很小，因此需要用能量很小的射频来诱发跃迁；

② 射频是单色的，因此无需光栅或棱镜。

目前大多数核磁共振波谱仪，采用磁场强度为 1.4T，射频频率为 60MHz，是作为常规质子测定用的仪器，是比较便宜且易于操作的仪器。核磁共振波谱仪除 60MHz 频率外，还有 90MHz、100MHz、200MHz、300MHz 的仪器。

三、核磁波谱与分子结构的关系

目前核磁波谱的探讨，主要是研究化学位移，耦合常数与分子结构的密切关系。

（一）化学位移

原子核的磁矩与外磁场的相互作用，要受到核外电子的屏蔽影响，从而使磁共振频率发生位移。在一定的外磁场中实际观察到的磁共振频率与完全没有核外电子时的磁共振频率之差叫做化学位移。

所以同种核的共振位置不是一个定值，而是随着核所处的化学环境不同而稍有差异，因而可以研究有机物的分子结构。构成有机物的主要组成元素为 H、O、C，而其中 ^{12}C、^{16}O 没有磁矩不产生共振信号，而自然界 99.98% 的 ^{1}H 能产生核磁共振。所以目前主要是研

究 ^{1}H 的核磁共振，根据 ^{1}H 的化学位移来确定分子结构。例如 CH_2 和 CH_3 中 ^{1}H 所处的化学环境不同，它们的核磁共振频率也就有差异，其频率就会产生位移。

因为化学位移的频率差异很小，不能精确地测出绝对值。又因为电子的屏蔽作用大小与外加磁场强度有关系，同一种核用不同磁场强度或不同电磁波频率的仪器测定时，化学位移不同，无法互相比较，现均以相对数值表示，以某一标准物，如四甲基硅烷（TMS）标准物的峰为原点，测出各峰与原点的距离，所测量的化学位移 δ 值与外加磁场无关。

$$\delta = \frac{H_{样品} - H_{标准}}{H_{标准}} \times 10^6$$

式中　$H_{样品}$——样品中氢核共振时的磁场强度；

　　　$H_{标准}$——标准物中氢核共振时的磁场强度。

在波谱图中的横坐标常以频率 ν 表示，所以化学位移亦可用下式表示

$$\delta = \frac{\nu_{样} - \nu_{标}}{\nu_{标}} \times 10^6$$

乘 10^6 表示 10^{-6} 单位。

图 11-10 为 CH_3OCH_2COOH 的核磁共振波谱图，以 TMS 作标准，测得几种不同氢的化学位移。

图中虚线表示积分强度，与 ^{1}H 个数有关。峰位与 H^1 周围环境有关，环境不同 δ 亦不同。

（二）耦合常数（J）

核与核之间的相互作用能使本应为锐共振线分裂成为多重谱线，这种现象称为自旋-自旋耦合。产生多重谱线的原因是基于核磁矩与干预键内强磁性电子间的相互作用。多重谱线之间的距离（以 Hz 为单位）称为耦合常数（J），J 值的大小与两核的位置有关，例如苯环中邻位质子的耦

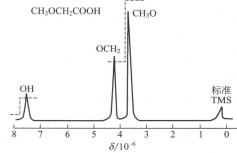

图 11-10　CH_3OCH_2COOH 的 ^{1}H 核磁共振波谱

合，其耦合常数为 $7\sim9$Hz，间位中质子的耦合，其耦合常数为 $2\sim3$Hz，对位的耦合常数为 $0.5\sim1.0$Hz。表 11-2 为不同位置的 ^{1}H 相互作用的耦合常数。

表 11-2　自旋-自旋耦合常数

结　构　类　型	J/Hz	结　构　类　型	J/Hz	结　构　类　型	J/Hz
（C连接两个H）	$12\sim15$	（C连接H、F）	$44\sim81$	（C=C连接H、CH）	$4\sim10$
CH—CH	$6\sim8$	CH—CHO	$1\sim3$	CH—C≡CH	$2\sim3$
CH—CHO	$1\sim3$	（C=C连接两个H）	$0\sim3$	（苯环 CH—CH）	邻位 $7\sim9$ 间位 $2\sim3$ 对位 $0.5\sim1$
—CH_2—CH_3	7				

从表 11-2 中可以看出耦合常数的数值与分子结构有密切关系。

图 11-11 系氯乙烷的核磁共振波谱图。氯乙烷中 H_a 与 H_b 是不同的，H_b 靠近电负性大

的 Cl 原子，核外电子云密度小，而 H_a 与 H_b 相互作用，以 H_a 对 H_b 耦合来说，三个全同的质子 H_a 对 H_b 发挥同等的磁效应，使 H_b 的峰分裂为 $1:3:3:1$ 强度比的四重峰；而两个 H_b 把 H_a 分裂强度比为 $1:2:1$ 的三重峰，它们之间的距离彼此相等。

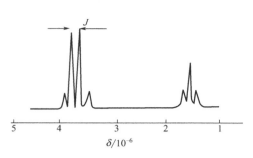

图 11-11　氯乙烯的核磁共振波谱图

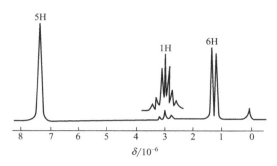

图 11-12　未知物的核磁共振波谱图

（三）积分强度

积分强度即共振吸收强度，图 11-10 中的虚线至横坐标的垂直距离代表每个吸收峰的面积，峰面积与共振核的数目成正比。如图中 CH_3O 中有三个共振 ^1H；OCH_2 中有两个共振 ^1H，OH 中只有一个共振 ^1H 它们的积分强度比为 $3:2:1$，所以积分强度可获得共振质子的数目。

（四）应用

从以上讨论可知，核磁共振波谱分析主要用于鉴定有机物的分子结构，所以它的主要用途有以下几个方面：

① 确定物质的分子结构；

② 确定晶体中 H 原子的位置；

③ 利用 OH 中 H 在形成氢键前后的化学位移不同来确定化合物是否形成氢键；

④ 测定有机物的相对分子质量；

⑤ 鉴定恶性肿瘤与正常肿瘤的区别等。

【例 11-1】　图 11-12 系一种无色的，只含碳和氢的核磁共振波谱，试鉴定此化合物。

解　从左至右出现单峰、七重峰和双重峰。$\delta=7.2$ 处的单峰其峰的相对面积相当于 5 个 ^1H，表明有一个苯环结构。并由此可推测此化合物是苯的单取代衍生物。$\delta=2.9$ 处出现单一质子的七个峰和 $\delta=1.25$ 处出现 6 个质子的双重峰，只能解释结构有异丙基存在，因为异丙基的 2 个甲基中的六个质子是等效的。而且苯环质子以单峰出现，表明异丙基对苯环的诱导效应很小，不致使苯环质子发生分裂。所以可初步推断此化合物为异丙苯。

$$\underset{H}{\overset{CH_3}{\underset{|}{\overset{|}{C}}}}—CH_3$$

第三节　X 射线荧光分析

一、概述

X 射线又名伦琴射线，是一种波长短，能量高的电磁波，在遇到晶体时会发生衍射。由于电子技术、超高真空技术及计算机技术的发展，X 射线在现代分析仪器中得到了广泛的应用，除 X 射线荧光分析、X 射线衍射分析外，还有电子探针、光电子能谱等多种仪器。

目前，X 射线荧光分析已广泛用于冶金、矿石、玻璃、陶瓷、油漆、石油、塑料等材料的元素分析。适用于固体、粉末和液体样品。

X 射线荧光分析具有以下特点。

① 分析元素范围广，除少数轻元素外，周期表中几乎所有元素都能使用 X 射线荧光分析。目前已扩展到 F、C、O 等轻元素。

② 荧光 X 射线其谱线简单、干扰少，对于化学性质相似的元素，如稀土、锆、铪、铂系不需经过复杂分离就可进行分析。

③ 分析的含量范围较宽，从常量到痕量都可分析。目前主要用于常量分析。

④ 分析迅速、准确，且为无损分析，不破坏样品。

⑤ 自动化程度高。带微机 X 射线荧光仪能自动显示、打印分析结果，且能电传至各个需要分析结果的车间。

⑥ 仪器构造较复杂，价格较贵，使用受到一定限制。

二、基本原理

（一）特征 X 射线

在 X 射线管内，电子由炽热的灯丝发射出来，被高压电场加速，这高速运动的电子就投射到由铜或钼等金属制成的靶极上，损失其能量。电子损失的能量绝大部分转变成热能，小部分转变为波长在 $1\overset{\circ}{A}(0.1nm)$ 左右连续变化的电磁波，即连续 X 射线。当电子的能量大到某一数值时，不仅可以得到连续 X 射线，而且可以得到强度很高的单色 X 射线，即特征 X 射线。

特征 X 射线的产生是由 X 射线管内靶电极本身的原子结构所决定的。具有高能量的电子与原子相碰撞时，将原子内层电子击出而形成空穴，使原子处于激发状态，这时外层电子随即落入内层空穴，并放出 X 射线，其能量与两个电子的能量差相当。

K 层电子被逐出后，其空穴可以被外层中任一电子所填充，从而可产生一系列的 K 谱线。电子由 L 层跃迁到 K 层辐射出的 X 射线叫 K_α 射线，由 M 层跃迁至 K 层的叫 K_β 射线，……。L 特征谱线也是以相同的方式产生的，即 L 层中的一个电子被撞走之后，留下的空穴由 L 层外面的任一层电子所填充，从而产生 L 系辐射。图 11-13 为产生 K 系和 L 系谱线示意图。

特征 X 射线的强度取决于 X 射线管的管电压和管电流。

（二）荧光 X 射线的产生

如果以 X 射线作为激发手段来照射样品，样品立即发射次级 X 射线，这种射线叫做荧光 X 射线。这是模仿紫外线照射某些物质产生分子荧光而命名的。

荧光 X 射线产生机理与特征 X 射线相同，只是荧光 X 射线是以 X 射线作为激发手段，因此荧光 X 射线本质上就是特征 X 射线。如图 11-14 所示。

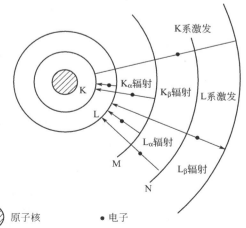

图 11-13 产生 K 系和 L 系辐射示意图

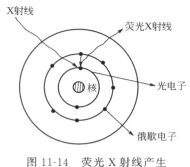

图 11-14　荧光 X 射线产生
过程示意图

当 X 射线的能量使 K 层电子激发生成光电子后，L 层电子落入 K 层空穴，此时就有能量 $\Delta E = E_K - E_L$ 释放出来，如果这种能量是以辐射形式释放，产生的就是 K_α 射线，即荧光 X 射线。莫斯莱发现，荧光 X 射线与元素的原子序数有关，随着元素的原子序数增加，荧光 X 射线的波长变短。莫斯莱定律为

$$\lambda = K(Z - S)^{-2}$$

式中　λ——波长；

K，S——常数；

Z——原子序数。

因此，只要测出荧光 X 射线的波长，就可知道元素的种类。从谱线的强度可以了解该元素的含量，这就是 X 射线荧光分析。

在产生荧光 X 射线的同时，还有俄歇电子发射。当 L 层电子向 K 层跃迁时所释放的能量 ΔE 也可能使另一核外电子激发而跃出原子，成为自由电子，该电子就称为俄歇电子，如图 11-14 所示。俄歇电子也具有特征能量，其能量近似地等于发生跃迁的各电子能量之差。图 11-14 中俄歇电子的能量为 $\Delta E = E_K - E_L$。各元素的俄歇电子的能量都有固定值，利用俄歇电子不同能量进行分析的仪器就称俄歇电子能谱仪。

三、X 射线荧光谱仪

用 X 射线照射试样时，试样激发出各种波长的荧光 X 射线。得到的是一种混合 X 射线，必须将它们按光子能量（或波长）分开，分别测量不同光子能量（或波长）的 X 射线强度，以进行定性和定量分析。这就是 X 射线荧光谱仪的任务。

根据分光原理，可将 X 射线荧光谱仪分成两种基本类型：能量色散型和波长色散型，如图 11-15。

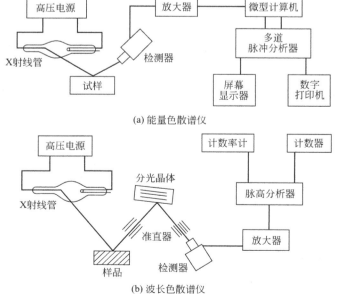

图 11-15　X 射线荧光谱仪原理示意图

波长色散型 X 射线荧光仪由 X 射线管、试样室、晶体分光器、探测器和计数系统组成。能量色散型谱仪则由分辨率较高的半导体探测器和多道脉冲分析器代替晶体分光器和一般探测器。

（一）X 射线管

X 射线管由一个热阴极（电子发射极）和一个阳极（或称靶）的大型真空管。阴极发射的电子通过靶和阴极之间的高压电场时被加速。电子流撞击阳极（靶），将 K 层电子或 L 层电子逐出，并发射出 X 射线。

高压发生器为 X 射线管提供稳定的直流或交流电源。从使用角度看，直流电源能获得更大的 X 射线强度，特别是对短波长 X 射线更为有利。高压发生器的最大输出电压为 50～100kV，最大输出电流 50～100mA。但使用时通常不超过 60～70kV。

（二）晶体分光器

晶体分光器是利用晶体（LiF 等）的衍射现象使不同波长的 X 射线分开，以便从中选择被测元素的特征 X 射线进行测定。根据分光晶体是平面还是弯曲，可分为平行光束法分光器和聚焦光束法分光器两大类。

一般 X 射线荧光仪多用平行法分光器，其结构原理如图 11-16。

分光晶体的 X 射线入射面磨成平面，所利用的晶体点阵面与表面平行。根据晶体的衍射原理，当一束平行的 X 射线以 θ 角投射到晶体上时，从晶体表面的反射方向可以观测到一级衍射线波长

$$\lambda = 2d \sin\theta$$

式中　d——晶面间距。

此式说明 θ 角与波长有关。

实际上来自样品的荧光 X 射线是发散的，为了得到近似平行的 X 射线束，常使用准直器，它是由一些金属片按一定间距排列成的。金属板平面与晶体转动轴平行，X 射线只能从间隙直线通过，其他方向的 X 射线被金属板吸收。

（三）X 射线探测器

荧光 X 射线分析中常用比例计数器、闪烁计数器和半导体探测器来检测荧光 X 射线的强度。比例计数器的结构如图 11-17 所示。

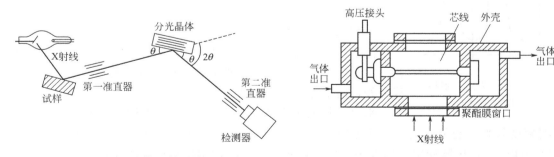

图 11-16　平面晶体反射 X 线示意图　　　　图 11-17　比例计数器结构

外壳为圆柱形金属壁，在轴线位置上有一根金属芯线，芯线与外壳绝缘，分别接高压直流电源的正、负极。管内充有由工作气体（氩、氪等）和抑制气体（甲烷、酒精等）组成的混合气体。在一定电压下，进入计数器的 X 射线光子与工作气体产生非弹性碰撞而使其电

离，产生初始离子-电子对。一个 X 射线光子产生的离子对的数量与光子的能量成正比，与工作气体的电离电位成反比。每个初始离子-电子对的电子向阳极移动过程中被高压加速，又可使其他原子电离，如此继续进行，即可产生连锁反应，在瞬间内可使电子数目增加 $10^2 \sim 10^5$ 倍。这种雪崩式放大作用，使瞬时电流突然增大，高压降低而产生脉冲输出。在一定条件下，脉冲幅度与入射光子能量成正比。所以这种计数器又名正比计数器。正比计数器可分为气体不断流动的流气型和气体被密封的密封型。后者的窗口多用云母、铍等材料以保证良好的密封性能。

闪烁计数器是由闪烁体和光电倍增管组成。闪烁体是铊激活的 NaI 晶体。当 X 射线光子射入闪烁体时就产生一定数量的可见光子，可见光子的数量与 X 射线光子的能量成正比。产生的可见光再由光电倍增管检测，转换成脉冲信号。脉冲高度与 X 射线光子能量成正比。比例计数器适宜于测定波长大于 2Å 的 X 射线；闪烁计数器可用于检测小于 2Å 的 X 射线。闪烁计数器的能量分辨率较差。

半导体探测器，是一块渗有锂的锗或硅半导体，当探测器上加 $300 \sim 400$V 电压时并无电流通过。但是，如果有 X 射线光子射入中间层，则形成电子空穴而产生电子移动，产生电脉冲，脉冲幅度与 X 射线光子能量成正比。它具有能量分辨率高的特点，但是它不管使用与否都要液氮冷却保护，以消除噪声和避免探测器损坏。

（四）记数记录单元

本单元是把检测器的脉冲信号进一步放大，然后通过脉冲高度分析器分离出欲测波长的 X 射线的脉冲；然后进入记数器（计数率计），统计在一定时间内的脉冲个数，计数率可以直接从电压表上读出。

（五）荧光 X 射线光谱图

利用 X 射线荧光仪的最终目的，是为了获得样品的荧光 X 射线光谱，以便进行定性定量分析。

用计数率计测量 X 射线的强度，并用记录器记录，在记录纸匀速移动的同时，亦匀速转动分光晶体的角度 θ，这样就得到荧光 X 射线谱图。如图 11-18。

横坐标常以检测器转动角度 2θ 表示，因此应注明使用何种晶体或晶面距。纵坐标表示 X 射线强度（I_L）和连续背景（本底）强度 I_B。

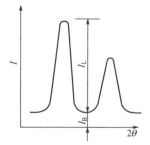

图 11-18　荧光 X 射线局部光谱图

（六）能量色散谱仪

能量色散谱仪是利用半导体探测器能量分辨率高的特点，直接测定试样的荧光 X 射线，然后通过计算机处理就可把特征 X 射线分开，而不必使用分光晶体。

来自试样的荧光 X 射线依次被半导体检测器检测，得到一系列幅度与光子能量成正比例的脉冲，经放大器放大后送到多道脉冲幅度分析器（一般 1000 道以上），按脉冲幅度的大小分别统计脉冲数。脉冲幅度可以用光子的能量标度，从而得到计数率随光子能量大小不同的分布曲线，即能谱图。这样的能谱图再经仪器内部的计算机进行校正，然后再由荧光屏显示出来。纵坐标代表 X 射线强度，横坐标代表光子能量。

能量色谱仪的优点是可以同时测定样品中几乎所有的元素，因此分析速度快。缺点是探测器必须在低温下保存使用。

四、定性定量方法

（一）定性分析

不同元素的荧光 X 射线具有各自的波长值，几乎与化合状态无关。因此可根据 X 射线的波长确定元素的组成。

当使用波长色散谱仪时，首先根据待测元素选择合适的分光晶体（LiF、异戊四醇、Ge、硬脂酸铅等）然后用荧光仪画出试样的荧光 X 射线谱图，如图 11-19 为某合金钢试样的荧光 X 射线谱。

根据所用晶体的晶面距 d 和峰位 2θ，用布拉格衍射方程式 $n\lambda = 2d\sin\theta$ 计算出荧光 X 射线的波长（式中 n 为衍射级数）。从元素-波长表中可以查出该峰所代表的元素及特征 X 射线的名称。在实际工作中经常备有元素-2θ 表，可以从元素直接找到其特征 X 射线在不同晶体时的 2θ 值，也可以由谱线峰位 2θ 值查出所属元素和谱线名称。

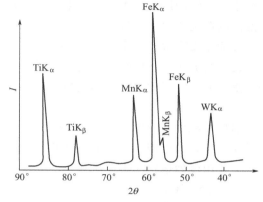

图 11-19 某合金钢的荧光 X 射线谱

（二）定量分析

当一定强度的 X 射线照射固定面积的样品时，荧光 X 射线强度与待分析元素含量有关。但是样品中其他组分也有吸收性质，产生次生荧光 X 射线，对被测元素的荧光 X 射线强度产生影响，这种影响称基体效应，在定量分析中应注意基体的影响问题。

1. 标准曲线法

首先制备一套标准样品，其主要成分与待测试样相同，然后在同样条件下测定标样与试样的分析线强度。用标准样品的强度与含量的对应关系作图，即得标准曲线。根据试样的分析线强度，就可以从标准曲线上查出相应的含量。谱线强度可以用绝对强度 I_i 表示，也可以用相对于某标准的相对强度 R（强度比）表示。

这种方法要求标准样品的主要成分与待测试样的成分一致。因此，只适用于测定二元组分和杂质含量。如欲测多元组分试样中主要成分，可用稀释法，即将标样与试样按同样比例稀释，用熔剂熔融或与纯试剂混研，从而得到新的样品。在新样品中，稀释剂成为主要成分，被测元素由主要成分变成杂质成分，这样就可以用标准曲线进行分析了。

2. 增量法

当测定个别试样中次要组分的含量可采用增量法定量。先把试样等分成若干份，除一份试样外，其余各份分别加入 1～3 倍的待测元素的标准纯物质，然后分别测定分析线强度，以加入含量为横坐标，分析线强度为纵坐标作工作曲线，将直线外推与横坐标轴相交，交点坐标值（负值）的绝对值即为试样中被测元素的含量。此法宜测含量小于 10% 的被测组分。其方法与原子吸收分析中的标准加入法相似。

3. 内标法

内标法是在分析样品中和标准样品中，分别加入一种内标元素，且加入的量相同。当内标元素的原子序数与分析元素的原子序数之差为±1时，基体效应对内标元素与分析元素的影响大致相同。利用内标元素与分析元素的同系谱线，以 I_i/I_s 为纵坐标，以分析元素含量为横坐标作标准曲线，它能适合各种类型试样的分析。

（三）试样的制备

试样制备对测定误差将带来很大影响，必须引起足够的重视。

1. 试样厚度

由于 X 射线具有穿透物质的能力，所以荧光 X 射线来自一定深度的试样表层。因此试样要求有足够的厚度，否则易产生测定误差。通常水溶液的厚度要在 5mm 以上，同时各样品溶液的深度要保持一致。

2. 防止试样成分偏析和表面凸凹不平

化学组成相同，但热处理过程不同的样品，得到的计数率不同。表面凸凹不平是产生误差的重要原因，因此，表面必须抛光。

3. 粉末样品

粉样的粒度一般要在 300～400 目，必要时仍需进行逐级研磨试验。粉末样品可直接放在样品槽中，也可用 10～50t 压力机压成片状。要注意表面平滑而没有污染。粉样也可制成难溶盐或用硼砂熔融注入金属环中，冷却后可得到光滑表面。

4. 高分子聚合物

通常用热压成型得到表面光滑试样。

5. 易挥发液体样品

一般置于密闭的样品槽中进行测定。

6. 试样位置

试样在仪器中的位置，高度要保持固定，0.5mm，就会产生明显的强度变化。

五、应用

X 射线荧光分析目前广泛应用于钢铁工业、有色冶金工业、石油工业、化学工业等工矿企业与研究单位。

例如，钢铁工业的炉前分析。利用带微机的 X 射线荧光仪几分钟可以测出 20 多个元素，满足了钢铁工业快速分析的要求；有色冶金工业在测定铜、铅、锌等金属及其杂质铁、钴、镍、铝等，X 射线荧光分析也显示了分析速度快、自动化程度高等优势。石油中铁、镍、钒的测定。石油提炼过程中，Fe、Ni、V 能使触媒中毒，因此需要测定石油中这些元素的含量。由于钒的荧光 X 射线较弱，可将石油灰化后，以溶液的方式转到轻金属板上进行测定。聚丙烯中铁、铝、氯的测定。由于聚丙烯工艺过程中会带入 Fe、Al、Cl 等元素，超过一定含量就影响产品质量，所以要对成品中上述元素进行控制分析。把试样用热压机成型为厚 6mm 的圆片进行测定。

思 考 题

1. 有机化合物在离子源中有可能形成哪些类型的离子？

2. 使化合物电离有哪些方法？

3. 以单聚焦质谱仪为例，说明各主要部件的作用原理。

4. 质谱定性、定量的依据是什么？

5. 什么叫化学位移？它与物质结构有何关系？

6. 何谓耦合常数？它有何意义？

7. 核磁共振波谱仪由哪几个主要部件组成？各部件的作用是什么？

8. 荧光 X 射线是如何产生的？

9. 画简图说明 X 射线荧光谱仪的工作原理。

10. X 射线荧光分析定性定量的依据是什么？

附录　国际相对原子质量表

元素		原子序数	相对原子质量	元素		原子序数	相对原子质量
符号	名称			符号	名称		
H	氢	1	1.00794	Ru	钌	44	101.07
He	氦	2	4.002602	Rh	铑	45	102.90550
Li	锂	3	6.941	Pd	钯	46	106.42
Be	铍	4	9.012182	Ag	银	47	107.8682
B	硼	5	10.811	Cd	镉	48	112.411
C	碳	6	12.0107	In	铟	49	114.818
N	氮	7	14.0067	Sn	锡	50	118.710
O	氧	8	15.9994	Sb	锑	51	121.760
F	氟	9	18.9984032	Te	碲	52	127.60
Ne	氖	10	20.1797	I	碘	53	126.90447
Na	钠	11	22.989770	Xe	氙	54	131.293
Mg	镁	12	24.3050	Cs	铯	55	132.90545
Al	铝	13	26.981538	Ba	钡	56	137.327
Si	硅	14	28.0855	La	镧	57	138.9055
P	磷	15	30.973761	Ce	铈	58	140.116
S	硫	16	32.065	Pr	镨	59	140.90765
Cl	氯	17	35.453	Nd	钕	60	144.24
Ar	氩	18	39.948	Pm	钷	61	
K	钾	19	39.0983	Sm	钐	62	150.36
Ca	钙	20	40.078	Eu	铕	63	151.964
Sc	钪	21	44.955910	Gd	钆	64	157.25
Ti	钛	22	47.867	Tb	铽	65	158.92534
V	钒	23	50.9415	Dy	镝	66	162.500
Cr	铬	24	51.9961	Ho	钬	67	164.93032
Mn	锰	25	54.938049	Er	铒	68	167.259
Fe	铁	26	55.845	Tm	铥	69	168.93421
Co	钴	27	58.933200	Yb	镱	70	173.04
Ni	镍	28	58.6934	Lu	镥	71	174.967
Cu	铜	29	63.546	Hf	铪	72	178.49
Zn	锌	30	65.409	Ta	钽	73	180.9479
Ga	镓	31	69.723	W	钨	74	183.84
Ge	锗	32	72.64	Re	铼	75	186.207
As	砷	33	74.92160	Os	锇	76	190.23
Se	硒	34	78.96	Ir	铱	77	192.217
Br	溴	35	79.904	Pt	铂	78	195.078
Kr	氪	36	83.798	Au	金	79	196.9665
Rb	铷	37	85.4678	Hg	汞	80	200.59
Sr	锶	38	87.62	Tl	铊	81	204.3833
Y	钇	39	88.90585	Pb	铅	82	207.2
Zr	锆	40	91.224	Bi	铋	83	208.98038
Nb	铌	41	92.90638	Po	钋	84	
Mo	钼	42	95.94	At	砹	85	
Tc	锝	43		Rn	氡	86	

续表

元 素		原子序数	相对原子质量	元 素		原子序数	相对原子质量
符号	名称			符号	名称		
Fr	钫	87		Cm	锔	96	
Ra	镭	88	226.03	Bk	锫	97	
Ac	锕	89		Cf	锎	98	
Th	钍	90	232.0381	Es	锿	99	
Pa	镤	91	231.03588	Fm	镄	100	
U	铀	92	238.0289	Md	钔	101	
Np	镎	93		No	锘	102	
Pu	钚	94		Lr	铹	103	
Am	镅	95		104～112 号元素略			